农产品地理标志

内蒙古自治区农畜产品质量安全中心　编

中国农业科学技术出版社

图书在版编目（CIP）数据

内蒙古农产品地理标志 / 内蒙古自治区农畜产品质量安全中心编 . 一北京：中国农业科学技术出版社，2023.5

ISBN 978-7-5116-6263-7

Ⅰ. ①内… Ⅱ. ①内… Ⅲ. ①农产品－地理－标志－内蒙古－图解 Ⅳ. ① F762.05-64

中国国家版本馆 CIP 数据核字（2023）第 071830 号

责任编辑 陶 莲
责任校对 贾若妍 李向荣
责任印制 姜义伟 王思文

出 版 者 中国农业科学技术出版社
北京市中关村南大街 12 号 邮编：100081
电 话 （010）82109705（编辑室）（010）82109702（发行部）
（010）82109709（读者服务部）
网 址 https://castp.caas.cn
经 销 者 各地新华书店
印 刷 者 北京建宏印刷有限公司
开 本 185 mm × 260 mm 1/16
印 张 21
字 数 388 千字
版 次 2023 年 5 月第 1 版 2023 年 5 月第 1 次印刷
定 价 128.00 元

版权所有·侵权必究

《内蒙古农产品地理标志》

编委会

总 主 编： 杨红东

统筹主编： 云岩春　乌日罕　张福柱

技术主编： 郝贵宾　崔丽光　王　冠　许大伟　苏　亚　张　利　李志明

副 主 编： 李　刚　赵　英　郝　璐　陈文贺　刘　强　孙丽荣　张瑞娥　赵丽君　王建军　李曙光　包丰艳　邢明勋

参编人员：（按姓氏笔画排序）

一　力　于海东　马德惠　王立岩　王向红　石诚泰　巴特尔　白丽君　邢晓冬　任丽民　华晓青　刘林林　刘俊梅　杜大勇　李世华　李克江　李国栋　李艳丽　李　强　李锦瑞　李鹏飞　佟臻昊　张伊敏　张　妍　范　慧　孟建国　郝晓昱　徐海峰　郭林云　郭　媛　彭晓光　韩胜利　斯庆托亚

前 言

内蒙古自治区[①]位于中国北部边疆，气候属温带大陆性季风气候，人均耕地多，草原广袤，森林茂密，天蓝水清，环境优势突出，农牧业资源丰富。多样的自然环境决定了多样的生产方式，多样的生产方式决定了厚重的历史文化和多姿多彩的民俗风情，孕育出了众多独具特色的优质产品。依托资源优势，全区开展农产品地理标志登记保护工作较早，自2008年被列入农业部[②]第一批农产品地理标志登记保护试点工作省区以来，内蒙古农产品地理标志登记保护135个，涉及果品、蔬菜、粮食、畜产品、水产品和药材等10余个类别，登记总数在全国排名位居前列。近年来我区安排资金1.6亿元，先后对苏尼特羊肉、乌兰察布马铃薯、乌海葡萄、达里湖华子鱼等39个产品实施地理标志农产品保护工程，有力推动了全区绿色农畜产品基地建设。2022年，被农业农村部评为地理标志农产品保护工程项目绩效考评优秀省区。

习近平总书记交给内蒙古的“五大任务”指明了内蒙古全面贯彻新发展理念和融入新发展格局的努力方向和着力重点。2023年，中央一号文件以“推进农业绿色全面转型”为主题，提出要“深入推进农业生产和农产品‘三品一标’，扩大绿色、有机、地理标志和名特优新产品规模”。自治区政府工作报告明确把完成好“五大任务”作为政府工作的重中之重，内蒙古自治区农牧厅紧紧围绕“五大任务”谋篇布局、铺陈展开。加强农产品地理标志登记和保护工作成为建设农畜产品生产基地的重要举措，为增强地区特色产业造血功能，提升品牌价值，促进特色产业融合发展提供了基础。

为了更好地宣传全区农产品地理标志，提高产品知名度和品牌影响力，满足管理者、生产经营者、消费者、证书授权单位等各方面需求，我们组织编写了《内蒙古农产品地理标志》一书，本书包括全区12个盟市135个产品，详细介绍了每个农产品地理标志的地域范围、品质特色、人文历史、生产特点、授权单位，并配有精美图片。本书编写过程中得到了各级农产品地理标志工作机构及登记证书持有人的大力支持，在此表示感谢。由于个别产品资料收集不够全面，加之编写时间仓促，难免出现纰漏，敬请读者批评指正。

内蒙古自治区农畜产品质量安全中心

2023年4月

① 全书简称内蒙古。

② 现农业农村部。

目　录

第一章 农产品地理标志基础概念……001

第一节 农产品地理标志定义……001

第二节 相关名词解释……002

第三节 农产品地理标志的特性与功能……003

一、农产品地理标志的特性……003
二、农产品地理标志的功能……004

第四节 国际地理标志保护模式……005

一、专门立法保护模式……005
二、商标法保护模式……006

第五节 我国地理标志登记保护……006

一、原有保护制度：“商标法＋部门规章”混合模式……007
二、现有保护趋势：“商标法＋部门规章”协同模式及品牌化……012

第六节 地理标志农产品保护工程……014

一、主要建设内容……015
二、实施情况……015
三、地理标志农产品保护工程的重要意义……017

第二章 农产品地理标志简介……018

呼伦贝尔市篇……019

呼伦贝尔油菜籽……020
呼伦贝尔芸豆……022
莫力达瓦大豆……024
莫力达瓦菇娘……026
莫力达瓦苏子……028
莫力达瓦黄烟……030
阿荣旗白瓜籽……032
阿荣玉米……034
阿荣大豆……036
阿荣马铃薯……038

扎兰屯大米 040
扎兰屯沙果 042
扎兰屯黑木耳 044
扎兰屯榛子 046
扎兰屯白瓜籽 048
扎兰屯葵花 050
根河黑木耳 052
根河卜留克 054
鄂伦春蓝莓 056
鄂伦春黑木耳 058
鄂伦春北五味子 060
牙克石马铃薯 062
阿荣旗柞蚕 064
阿荣旗白鹅 066
扎兰屯鸡 068
三河马 070
三河牛 072
呼伦湖秀丽白虾 074
呼伦湖鲤鱼 076
呼伦湖白鱼 078
呼伦湖小白鱼 080
陈旗鲫 082

兴安盟篇 085

阿尔山卜留克 086
阿尔山黑木耳 088
五家户小米 090
扎赉特大米 092
吐列毛杜小麦粉 094
兴安盟小米 096
溪柳紫皮蒜 098
兴安盟羊肉 100
兴安盟牛肉 102

通辽市篇 105

开鲁红干椒 106
库伦荞麦 108

通辽黄玉米……110
扎鲁特草原羊……114
科尔沁牛……116

赤峰市篇……121

赤峰小米……122
赤峰荞麦……126
赤峰绿豆……128
天山明绿豆……130
敖汉旗荞麦……132
林东毛毛谷小米……134
夏家店小米……136
牛家营子桔梗……138
牛家营子北沙参……140
喀喇沁山葡萄……142
喀喇沁番茄……144
喀喇沁苹果梨……146
喀喇沁青椒……148
克旗黄芪……150
克什克腾旗亚麻籽……152
巴林大米……154
昭乌达肉羊……156
巴林羊肉……158
巴林牛肉……160
达里湖华子鱼……162
达里湖鲫鱼……164

锡林郭勒盟篇……167

阿巴嘎黑马……168
苏尼特羊肉……172
乌冉克羊……174
乌珠穆沁羊肉……176
锡林郭勒奶酪……180

乌兰察布市篇……185

乌兰察布马铃薯……186
乌兰察布莜麦……188

化德大白菜……190
商都西芹……192
丰镇胡麻……194
察右前旗甜菜……196
凉城 123 苹果……198
四子王旗杜蒙羊肉……200
四子王旗戈壁羊……202
呼和浩特市篇……205
毕克齐大葱……206
哈素海鲤鱼……208
清水河花菇……210
武川莜麦……212
武川土豆……214
包头市篇……217
固阳黄芪……218
固阳马铃薯……220
固阳荞麦……222
海岱蒜……224
固阳羊肉……226
土默特羊肉……228
达茂草原羊肉……230
达茂草原牛肉……232
巴彦淖尔市篇……235
河套番茄……236
河套向日葵……238
巴彦淖尔河套枸杞……240
巴彦淖尔河套肉苁蓉……242
河套蜜瓜……244
河套西瓜……246
五原灯笼红香瓜……248
五原黄柿子……250
五原小麦……252
三道桥西瓜……254
杭锦后旗甜瓜……256

黑柳子白梨脆甜瓜 258
明安黄芪 260
新华韭菜 262
河套巴美肉羊 264
巴彦淖尔二狼山白绒山羊 266
乌拉特后旗戈壁红驼 268
河套黄河鲤鱼 270

鄂尔多斯市篇 273

鄂尔多斯红葱 274
鄂尔多斯细毛羊 276
阿尔巴斯白绒山羊 278
鄂托克阿尔巴斯山羊肉 280
杭锦旗塔拉沟山羊肉 282
风水梁獭兔 284
乌审马 286
乌审草原红牛 288
乌审旗皇香猪 290
鄂托克螺旋藻 292
鄂尔多斯黄河鲤鱼 294
鄂尔多斯黄河鲶鱼 296
巴图湾甲鱼 298
巴图湾鲤鱼 300

乌海市篇 303

乌海葡萄 304

阿拉善盟篇 309

额济纳蜜瓜 310
阿拉善沙葱 312
阿拉善肉苁蓉 314
阿拉善锁阳 316
阿拉善双峰驼 318
阿拉善白绒山羊 320
阿拉善蒙古羊 322
阿拉善蒙古牛 324

第一章
农产品地理标志基础概念

近年来，为进一步促进农牧民增收和农村牧区经济发展，加快乡村振兴战略实施步伐，内蒙古全区不断加强农业区域品牌和标准化建设。据有关数据显示，截至2022年，内蒙古自治区农产品地理标志登记保护135个，涉及果品、蔬菜、粮食、畜产品、水产品和药材等10余个类别。农产品地理标志品牌使用，对推进农业区域品牌建设，加快农牧业经济发展，促进农牧民增收起到了积极作用，体现了提升产品品质、增加农产品附加值、推进生产的专业化和集约化等功能，发挥了应有的经济效益，对实现乡村振兴有巨大推动作用。

第一节　农产品地理标志定义

农产品地理标志是指标示农产品来源于特定地域，产品品质和相关特征主要取决于自然生态环境和历史人文因素，并以地域名称冠名的特有农产品标志。这里的农产品是指来源于农业的初级产品，包括在农业活动中获得的植物、动物、微生物及其产品，因此经过工业加工的非初级农产品，是不能被认证为农产品地理标志的。

农产品地理标志的标识图案整体为圆形，基本组成色彩为绿色和橙色，代表农业环保和成熟丰收；标识图案由农产品地理标志的中英文字样、中华人民共和国农业农村部的中英文字样、麦穗、地球和日月构成。日月、麦穗和地球位于图案的正中心，凸显了农业、自然和全球化的核心内涵。1985年，我国加入了《保护工业产权的巴黎公约》。从此，拉开了我国地理标志保护工作的序幕。1993年，我国的《中华人民共和国农业法》[①]将农产品地理标志概念法定化；2004年，农业部与国家工商行政管理总局[②]共同发布《关于加强农产品地理标志保护与商标注册工作的通知》中提出了两部门协同加强农

① 全书简称《农业法》。

② 全书简称国家工商总局，2018年3月重新组建为国家市场监督管理总局。

产品地理标志保护与商标注册的程序及系统运作模式；2007 年，农业部出台《农产品地理标志管理办法》，使农产品地理标志的管理更为规范。

相较于英美等西方国家，虽然我国农产品地理标志的保护起步较晚，但发展迅猛。现阶段我国对地理标志的保护以《中华人民共和国商标法》[①]《中华人民共和国商标法实施条例》《集体商标、证明商标注册和管理办法》等法律法规为依据，统一由国家知识产权局管理。《商标法》也是国际上保护地理标志的主要方式之一。《中华人民共和国民法典》也将农产品地理标志规定为知识产权的客体之一从而对其进行相应的保护。农产品地理标志作为一种新型的知识产权，不仅是地方标志，更是促进区域特色经济发展的有效载体，是一种信誉标志，其所代表的产品具有巨大的市场潜力。

第二节 相关名词解释

知识产权：公民或法人等主体依据法律的规定，对其从事智力创作或创新活动所产生的知识产品所享有的专有权利，又称为“智力成果权”“无形财产权”，主要包括发明专利、商标以及工业品外观设计等方面组成的工业产权和自然科学、社会科学以及文学、音乐、戏剧、绘画、雕塑、摄影和电影摄影等方面的作品组成的版权（著作权）两部分。

农产品地理标志：证明某一产品来源于某一成员国或某一地区或该地区内的某一地点的标志。该产品的某些特定品质、声誉或其他特点在本质上可归因于该地理来源。

农产品地理标志公共标识：农产品地理标志实行公共标识与地域产品名称相结合的标注制度。

农产品：来源于农业的初级产品，即在农业活动中获得的植物、动物、微生物及其产品。

农产品地理标志产品品质鉴评：凭借感官对农产品地理标志申请登记产品的色、香、味、形等外在感官特性进行评价的活动。

外在感官特征：通过人的感官（视觉、味觉、嗅觉、触觉等）能够感知、感受到的特殊品质及风味特征。

内在品质指标：需要通过仪器检测的可量化的独特理化指标。

---

① 全书简称《商标法》。

农产品地理标志核查员：在农产品地理标志登记工作中承担申报材料审查、现场核查、现场确认检查等相关任务并取得注册资格的专业人员。

农产品地理标志现场核查：在审查农产品地理标志登记申报材料的过程中，根据需要对申请人相关情况进行实地核实确认的过程。

商标：商品的生产者、经营者在其生产、制造、加工、拣选或者经销的商品上或者服务的提供者在其提供的服务上采用的，用于区别商品或者服务来源的文字、图形、字母、数字、三维标志、颜色组合，或者上述要素的组合，具有显著特征的标志。

集体商标：以团体、协会或者其他组织名义注册，供该组织成员在商事活动中使用，以表明使用者在该组织中的成员资格的标志。

证明商标：由对某种商品或者服务具有监督能力的组织所控制，由该组织以外的单位或者个人使用于该商品或者服务，用以证明该商品或者服务的原产地、原料、制造方法、质量或者其他特定品质的标志。

第三节　农产品地理标志的特性与功能

我国是一个传统的农业大国，悠久的历史文化和得天独厚的地域优势孕育了种类丰富的农产品。这些具有地理标志特色的农产品是传承生产方式，展现地域特色，彰显独特品质的最好载体。因此，大力推进农产品地理标志的申请与注册，将开发与保护有机结合，对于推进我国农业产业化，提升农产品质量标准化，促进和实现农产品品牌化具有深远的意义。

一、农产品地理标志的特性

1. 命名地缘性

农产品地理标志的产品名称由地理区域名称和农产品通用名称构成。如武川莜麦、苏尼特羊肉等。这样一来，听到产品的名字便知道该产品的产地，有助于树立区域特色性品牌，助力产地的农业发展。

2. 产品独特性

农产品地理标志要求产品具有独特的品质特性，这可以是因自然生态环境导致的品种独特性，也可以是特别的人文历史等因素所赋予产品的独特品质特性。

3. 生产区域性

农产品地理标志限定了产品生产的区域范畴，因此，获得地理标志认证的农产品只能在指定区域内进行生产制造。

4. 公共性

农产品地理标志的注册人是对地理标志所标示商品的特定品质具有监督能力的社团、协会、行业团体等组织。只要是在限定的区域内生产的农产品符合地理标志认证要求，并获得认证保护管理部门或机构认可的合法生产企业或合作社，都能够获得授权使用，拥有生产权益。

5. 地域品牌特性

农产品地理标志的独特性源于该产品产地的特殊自然因素、地理条件和人文因素等。因此，农产品地理标志天然具有地域品牌的特性。这种天然特性可以为品牌创建打下良好的基础。

二、农产品地理标志的功能

1. 有效提升农产品的质量和品质

农产品地理标志的开发必须标准化生产，要获得商标注册，还要具备必要的产品质量检测能力和品质管理机制。这样一来就形成了一种倒逼机制，从源头开始进行种植加工全过程质量管理，通过规范管理进一步提升产品的质量和品质。

2. 促进农产品的品牌化

随着经济全球化的发展，我国农产品面临着国内市场竞争日趋激烈和进口农产品冲击的双重困境。通过注册农产品地理标志，提升其影响力，形成品牌效应，促进农产品品牌化可以直接提升农产品的市场竞争力，扩大农业出口，带动乡村产业振兴。

3. 促进传统农业向现代农业转变

我国农业经营具有高度分散性，农产品地理标志是培育和发展新型农业经营主体的有效载体，特色农产品通过实行统一的品牌的设计制作与注册、产品包装的设计与制作等，可以将分散的农户组织起来参与市场竞争，提高分散农户在市场竞争中的能力和地位，从而克服我国农业经营中非专业化、规模小和高度分散的难题，建立和完善具有现代特征的农业经营组织。

4. 提高农业产业化和集约化水平

农产品地理标志的合理利用，可以促进名、特、优、新等绿色农产品的产业化经营，打造农产品地理标志特色品牌，有利于围绕该农产品生产形成种养、产供销、服务等为一体的生产经营体系，将专业化和产业化有机结合在每一个环节，有利于提高农业产业化和集约化水平。

第四节　国际地理标志保护模式

农业知识产权是一国农产品质量及其竞争力的体现，在农业知识产权体系中，农产品地理标志是其重要组成部分。农产品地理标志作为一种识别性的商业标识，不仅直接标明了农产品的来源，更表明了农产品背后所代表的产品质量和市场信誉，具有无形的品牌价值。对农产品地理标志进行保护，不仅可以增加农民收入，推进乡村产业振兴，还可以提高农产品的国际竞争力，促进农业非物质文化遗产保护。

农产品地理标志保护起源于西班牙，之后在法国、意大利等国得到快速发展，实现了从产地到产权保护的全过程，打造了诸多具有世界知名度的国际特色农产品。世界贸易组织（WTO）在1994年出台了《与贸易有关的知识产权协议》（简称《TRIPS协议》），这是目前世界上对地理标志定义、保护最成熟的协议。《TRIPS协议》中规定："各成员有权在其各自的法律制度和实践中确定实施本协定规定的适当方法。"因此目前国际上在农产品地理标志保护上主要有以下两种模式：

一、专门立法保护模式

专门立法保护模式指通过专门的立法对地理标志进行全面保护。对60个主要国家和地区的调查研究表明，其中有47个国家和地区实施专门法保护，而这47个国家和地区以法国为代表。法国的第一部保护原产地名称的专门立法，是14世纪查理五世授予的关于洛克福奶酪生产的皇家许可证。采取这种模式的国家的农业一般比较发达，农产品资源丰富，同时国家权力体系庞大。专门立法保护模式是公权力参与保护力度最广的一种方式，准入门槛高，可以有针对性全方位地保护农产品地理标志。

二、商标法保护模式

商标法保护模式是指将地理标志视为一种商标，在商标法中作出特别规定，将农产品地理标志注册为普通商标、集体商标或证明商标。从各国的立法实践看，主要形式是集体商标和证明商标，普通商标是补充形式。这种模式以美国和加拿大为代表，是当今世界范围内采用最多的一种模式。这种保护模式的可操作性比较强，首先，将商标法延伸到农产品地理标志保护上，无须额外立法，节约立法成本和政府的管理成本；其次，民众对于商标的认知度高，便于接受；最后，有利于节省所有权人的注册成本，如果遇到侵权行为，可以按照商标侵权来进行法律救济。但是农产品地理标志毕竟与一般的商标具有一定的区别，按照商标法律体系来进行农产品地理标志保护，其准入标准比较宽松，消费者难以根据商标来判断农产品质量，商品难以获得差异化优势；同时维护商标的成本高，还有可能会将一些符合生产规范的生产者排除在外。

第五节 我国地理标志登记保护

《TRIPS 协议》第二部分第三节规定了成员对地理标志的保护义务。《TRIPS 协议》对地理标志的定义："地理标志是指证明某一产品来源于某一成员国或某一地区或该地区内的某一地点的标志。该产品的某些特定品质、声誉或其他特点在本质上可归因于该地理来源"。

地理标志的基本特征有三点：①标明了商品或服务的真实来源（即原产地的地理位置）；②该商品或服务具有独特品质、声誉或其他特点；③该品质或特点本质上可归因于其特殊的地理来源。由以上定义我们不难看出，《TRIPS 协议》要求各成员国保护的地理标志，实际上属于较特殊的地理标志，它更接近原产地名称。地理标志的主要功能是区分农产品的来源，通过对其生产地的标示来区分农产品，对制造或生产的地方的标示是地理标志的本质。地理标志的合法使用者有权阻止其农产品并非来源于该地理标志所标示的地方的任何人使用该地理标志。地理标志适用"特殊性"原则，即：所受到的保护仅限于其实际使用的产品种类上；还适用"领土"原则，即仅仅在一定领土范围内受到保护，并受该领土的法律、法规的约束。

1985 年以后，我国有三类地理标志产品注册、登记及保护管理体系，分别是：PGI（国家质量监督检验检疫总局[①]登记及管理保护的中国地理标志）、GI（国家工商总局登记及管理保护的中国地理标志）和 AGI（农业部登记及管理保护的农产品地理标志），保护措施和保护制度设计，属于欧洲模式与美国模式的结合“专门法＋商标法”混合模式的衍生模式“商标法＋部门规章”混合模式。

一、原有保护制度：“商标法＋部门规章”混合模式

1. 国家工商总局基于“商标法”的中国地理标志管理模式

1985 年我国的地理标志产品保护制度初步建立，成为《保护工业产权巴黎公约》正式成员国，并逐步展开相关工作。1986 年，国家工商总局颁布酒类商标标志上使用原产地名称的相关通知；1987 年，国家工商总局商标局首次采用行政措施保护地标产品“丹麦牛油曲奇”，向世界表明，中国负责任地履行国际公约义务。1993 年，全国人民代表大会常务委员会修订《商标法》、颁布《中华人民共和国产品质量法》《中华人民共和国反不正当竞争法》，对地理标志的使用进行了规范和限制，并在同年修订了《中华人民共和国商标法实施细则》。

1994 年 12 月 30 日，国家工商总局发布《集体商标、证明商标注册和管理办法》，将证明商品或服务原产地的标志作为证明商标纳入商标法律保护范畴。1995 年 3 月 1 日，开始接受地理标志注册申请。1996 年 11 月，“库尔勒香梨”被国家工商总局商标局核定注册为地理标志证明商标。

2001 年 10 月 27 日，全国人民代表大会常务委员会对《商标法》进行第二次修改。根据《中国加入世贸组织议定书》中的有关承诺，修改后的《商标法》第三条明确规定：“本法所称证明商标，是指由对某种商品或者服务具有监督能力的组织所控制，而由该组织以外的单位或者个人使用于其商品或者服务，用以证明该商品或者服务的原产地、原料、制造方法、质量或者其他特定品质的标志”；第十六条规定：“商标中有商品的地理标志，而该商品并非来源于该标志所标示的地区，误导公众的，不予注册并禁止使用；但是，已经善意取得注册的继续有效。”这是我国首次以法律的形式对地理标志进行明确规定。2003 年，重新发布《集体商标、证明商标注册和管理办法》，地理

① 全书简称国家质检总局，2018 年 3 月重新组建为国家市场监督管理总局。

标志明确纳入商标法律体系保护。该办法第七条规定："以地理标志作为集体商标、证明商标注册的，应当在申请书件中说明三方面内容：（一）该地理标志所标示的商品的特定质量、信誉或者其他特征；（二）该商品的特定质量、信誉或者其他特征与该地理标志所标示的地区的自然因素和人文因素的关系；（三）该地理标志所标示的地区的范围。"该办法第八条规定："作为集体商标、证明商标申请注册的地理标志，可以是该地理标志标示地区的名称，也可以是能够标示某商品来源于该地区的其他可视性标志。"

该办法规定"地理标志（GI）的注册申请人，可以是社团法人，也可以是取得事业法人证书或营业执照的科研和技术推广机构、质量检测机构或者产销服务机构等"。要求申请者对地理标志产品的特定品质受特定地域环境或人文因素决定进行说明，并规定"申请以地理标志作为集体商标注册的团体、协会或者其他组织，应当由来自该地理标志标识的地区范围内的成员组成""申请证明商标注册的，应当附送主体资格证明文件并应当详细说明其所具有的或者其委托的机构具有的专业技术人员、专业检测设备等情况，以表明其具有监督该证明商标所证明的特定商品品质的能力"（第四条、第五条），该办法同时规定"前款所称地区无需与该地区的线性行政区划名称、范围完全一致""集体商标不得许可非集体成员使用"（第十七条）、"证明商标的注册人不得在自己提供的商品上使用该证明商标"（第二十条）。

2004 年，国家工商总局协同农业部共同发布《关于加强农产品地理标志保护与商标注册工作的通知》，指出"地理标志和商标是知识产权法律制度的重要内容。地理标志是标示某商品来源于某地区，并且该商标的特定质量、信誉或者其他特征主要由该地区的自然因素或者人文因素所决定的标志。我国是通过商标法律以注册证明商标或集体商标的方式来保护地理标志的，这也是国际上保护地理标志的一种主要方式。对特色农产品实施地理标志保护，是国际通行的做法"，并提出了两部委的协同关系。

2007 年 1 月 30 日，国家工商总局商标局开始施行专用标志管理，其《地理标志产品专用标志管理办法》规定，专用标志的基本图案由国家工商总局商标局中英文字样、中国地理标志字样、GI 的变形字体、小麦和天坛图形构成，绿色（C:70 M:0 Y:100 K:15; C:100 M:0 Y:100 K:75）和黄色（C:0 M:20 Y:100 K:0）为专用标志的基本组成色、专用标志与地理标志必须同时使用。

截至 2022 年 10 月，我国累计批准地理标志产品 2 495 个，核准地理标志作为集体商标、证明商标注册 7 013 件。2021 年地理标志产品产值直接突破 7 000 亿元大关，达 7 033.76 亿元。

图 1　国家工商总局发布的地理标志保护专用标志

2. 国家质检总局“部门规章”地理标志保护模式

1999 年，国家质检总局借鉴法国模式颁布《原产地域产品保护规定》和《原产地域产品通用要求》、国家出入境检验检疫局颁布《原产地标记管理规定》，开始原产地标记登记。

2001 年，国家质检总局颁布《原产地标记管理规定实施办法》；12 月，我国成为世贸组织的成员国之一，《TRIPS 协议》关于地理标志保护的各项规定自动在我国生效。

2005 年，国家质检总局颁布《地理标志保护规定》，将原产地域产品改称为地理标志产品。强调“地理标志产品，是指产自特定地域，所具有的质量、声誉或其他特性本质上取决于该产地的自然因素和人文因素，经审核批准以地理名称进行命名的产品”。地理标志产品包括：（一）来自本地区的种植、养殖产品；（二）原材料全部来自本地区或部分来自其他地区，并在本地区按照特定工艺生产和加工的产品。《地理标志产品保护申请》第八条规定，“地理标志产品保护申请，由当地县级以上人民政府指定的地理标志产品保护申请机构或人民政府认定的协会和企业提出，并征求相关部门意见”。申请产品获得审核通过并公告后，申请单位的生产者即可在其产品上使用地理标志产品专用标志，获得地理标志产品保护。规定并同时废止了之前的《原产地域产品保护规定》。

根据国家质检总局的《地理标志产品专用标志使用申请书》，在地理标志产品保护范畴区域的协会或企业，申报地理标志的条件为：产品是具有鲜明地域特色的名、优、特产品；产品的原材料具有天然的地域属性；产品在特定地域内加工、生产；产品具有较悠久的生产加工历史或天然历史；产品具有稳定的质量。申报材料必须说明：产品生产地域的范围及地理特征；产品生产技术规范；产品的理化及感官等质量特色，与生产地域地理特征之间的关系；产品生产、销售、历史渊源等。

根据国家质检总局《地理标志保护产品专用标志说明》，标志的轮廓为椭圆形，淡黄色外圈，绿色底色。椭圆内圈中均匀分布四条经线、五条纬线，椭圆中央为中华人民共和国地图。在外圈上部标注“中华人民共和国地理标志保护产品”字样；中华人民共和国地图中央标注“PGI”字样；在外圈下部标注“PEOPLE'S REPUBLIC OF CHINA”字样；在椭圆形第四条和第五条纬线之间中部，标注受保护的地理标志产品的名称。印制标志时，允许按比例放大或缩小。外圆——长 12.9X，高 8.65X，颜色 C1，Y18。内圆——长 10.9X，高 6.65X，颜色 C84，M12，Y100，K1。外圆到内圆之间的距离——1X。地图全幅——长 7.1X，高 5.65X，从左到右渐变颜色——M1，Y2 到 M59，Y89。地图阴影——C1，Y1。主要岛屿一共 28 个红点，颜色：M26，Y36。经纬线颜色 C53，M7，Y48，K0。文字中文字体为华文中宋，字高 0.6X，颜色 C70，M68，Y64，K75；英文为华文细黑，字高 0.5X，颜色同中文。地理标志产品名称置于第四至第五条纬线之间，华文行楷，颜色 C0，M0，Y0，K0。PGI 整体居中，字高：P 和 G：0.8X，I：0.9X，颜色从左到右渐变，M15，Y21 到 M32，Y48。

该地理标志保护产品，由国家质检总局根据《地理标志产品保护规定》实施监督与管理保护，上述系列文件体现了“统一制度、统一名称、统一标志、统一注册程序、统一标准”的“五统一”原则。

图 2　国家质检总局发布的地理标志保护专用标志使用示例

2016 年，“中国国家地理标志产品保护网”（http://www.cgi.gov.cn/Home/Default/）建立，在网运行“工作动态、国内保护产品、国外保护产品、公示公告、专用标志使用核准企业、地理标志保护制度”等工作；7 月 19 日，发布了地理标志产品的品牌价值评估标准征求意见。

2017 年，《关于进一步加强地理标志产品保护工作的通知》发布，通知强调地理标志产品保护的重要意义，并加强了地理标志产品申请、审批、专用标志使用规范管理。

3. 农业农村部“部门规章”的农产品地理标志保护模式

我国的地理标志产品中，大多为农产品地理标志。1993 年，我国的《农业法》将农产品地理标志概念法定化，之后，经过多次修改并发布的《农业法》中，第二十三条规定“国家支持依法建立健全农产品认证和标志制度”，提出“符合规定产地及生产规范要求的农产品可以依照有关法律或者行政法规的规定申请使用农产品地理标志”；第四十九条规定“国家保护农产品地理标志等知识产权”。

2004 年，农业部曾与国家工商总局共同发布《关于加强农产品地理标志保护与商标注册工作的通知》，其中提出了两部门协同加强农产品地理标志保护与商标注册的程序及系统运作模式。

图 3　农业农村部农产品地理标志保护专用标志

2007 年，为系统规范农产品地理标志的使用，保证农产品地理标志的品质和特色，提升农产品市场竞争力，《农产品地理标志管理办法》发布。该办法所称农产品是指来源于农业的初级产品，即在农业活动中获得的植物、动物、微生物及其产品。该办法所称农产品地理标志，是指标示农产品来源于特定地域，产品品质和相关特征主要取决于自然生态环境和历史人文因素，并以地域名称冠名的特有农产品标志。该办法第七条规定，申请地理标志登记的农产品，应当符合以下五个条件：称谓由地理区域名称和农产品通用名称构成；产品有独特的品质特性或者特定的生产方式；产品品质和特色主要取决于独特的自然生态环境和人文历史因素；产品有限定的生产区域范围；产地环境、产品质量符合国家强制性技术规范要求。该办法第八条规定，申请人为县级以上地方人民政府根据下列条件择优确定的农民专业合作经济组织、行业协会等组织：必须具有监督和管理农产品地理标志及其产品的能力；具有为农产品地理标志生产、加工、营销提供指导服务的能力；具有独立承担民事责任的能力。2008 年 7 月，首批颁布农产品地理标志产品 28 个。

二、现有保护趋势："商标法 + 部门规章"协同模式及品牌化

1. 机构改革整合原有保护制度与保护模式

来自三部委的"商标法 + 部门规章"混合的地理产品保护制度及保护模式，在 1985—2017 年的 33 年间，在一定程度上，从"商标法""部门规章"两个方面、三方视角推动了中国地理标志产品的登记、注册、保护、管理，构建了"商标法 + 部门规章"混合的保护模式与保护制度，为中国地理标志产品的知识产权登记、注册、保护、管理、融入国际地理标志知识产权保护体系，做出了持续性贡献。

但三部委基本上各自为政的"商标法 + 部门规章"混合保护制度及保护模式，对我国的地理标志产品特别是农产品地理标志的生产经营者带来极大的困惑。三套不同的登记保护、监督管理制度导致了农产品地理标志的权利属性不明、多部门执法、多部门管理摩擦等问题。

2018 年，国务院机构改革，将国家知识产权局的职责、国家工商总局的商标管理职责、国家质量监督检验检疫总局的原产地地理标志管理职责整合，重新组建国家知识产权局，由国家市场监督管理总局管理；由隶属于农业农村部的中国绿色食品发展中心参与农产品地理标志有关规章制度、规划计划、政策措施的拟订及实施，负责相关质量标准、技术规范并组织实施，负责登记审查、实施登记相关检验检测工作。

2019 年 10 月，国家知识产权局发布地理标志专用标志官方标志。根据商标法、专利法等有关规定，国家知识产权局对地理标志专用标志予以登记备案，并纳入官方标志保护。地理标志专用标志以经纬线地球为基底，表现了地理标志作为全球通行的一种知识产权类别和地理标志助推中国产品"走出去"的美好愿景。标志以长城及山峦剪影为前景，兼顾地理与人文的双重意向，代表着中国地理标志卓越品质与可靠性，透明镂空的设计增强了标志在不同产品包装背景下的融合度与适应性。稻穗源于中国，是中国最具代表性农产品之一，象征着丰收。中文为"中华人民共和国地理标志"，英文为"GEOGRAPHICAL INDICATION OF P.R.CHINA"，均采用华文宋体。GI 为国际通用名称"Geographical Indication"的缩写，采用华文黑体。标志整体庄重大方，构图合理美观，体现官方标志的权威，象征中国传统的深厚底蕴，作为地理标志专用标志，

具有较高的辨识度和较强的象征性。原相关地理标志产品专用标志同时废止，原标志使用过渡期至 2020 年 12 月 31 日。

2020 年 4 月，国家知识产权局发布了《地理标志专用标志使用管理办法（试行）》。该办法明确了专用标志的官方标志属性、使用人义务、使用要求及使用监管责任，规范了地理标志专用标志的使用，为我国建立地理标志统一认定制度下的保护模式打下重要基础。

图 4　国家知识产权局发布的地理标志专用图标

2022 年 11 月，农业农村部发布公告，不再办理农产品地理标志登记。至此，我国对地理标志的保护将告别双轨制的混乱局面，今后对地理标志的保护，统一由国家知识产权局管理。

2 “商标法 + 部门规章”协同基础上的品牌化趋势

2004 年的通知曾提出“通过注册农产品商标和地理标志，实施品牌化管理战略，有利于培育地方主导产业，形成地域品牌”“尤其要加大对农产品地理标志注册工作的指导”等内容，之后的十多年时间里，如何通过地理标志保护、商标注册等，建设地理标志品牌、地域品牌、商标品牌，越来越成为有关文件的相关内容，近三年更甚。

2017 年，中央一号文件以“深入推进农业供给侧结构性改革、培育农业农村发展新动能”为主题，提出“建设一批地理标志农产品和原产地保护基地、推进区域农产品品牌建设，支持地方以优势企业和行业协会为依托打造区域特色品牌，引入现代要素改造提升传统名优品牌”的具体举措；2018 年，中央一号文件以“实施乡村振兴战略”为主题，提出“实施质量兴农战略”“培育农产品品牌、保护地理标志农产品、打造一村一品、一县一业发展新格局”等具体举措；2019 年，中央一号文件以“坚持农业农村优先发展做好‘三农’工作”为主题，提出要“健全特色农产品质量标准体系，强化农产品地理标志和商标保护，创响一批‘土字号’‘乡字号’特色产品品牌”的具体措施；同年2月，中国绿色食品发展中心发文，要“强化农产品地理标志保护”，具体措施为“挖掘特色农产品资源，开展农产品地理标志资源普查，严格农产品地理标志申报审核。修订农产品地理标志法规与相关制度，加强农产品地理标志知识产权保护。继续参与中欧地理标志互认产品谈判工作，落实第二批中欧地理标志互认清单。依托特色农产品优势区，创建农产品地理标志培育样板，开展地标农产品保护提升行动，叫响一批‘乡土’品牌，服务于乡村特色产业发展，服务于贫困地区脱贫致富”。

2019年上半年，有关“地理标志保护工程”先后出现：6月26日，由农业农村部主办的地理标志农产品保护工程启动仪式举行；7月22日，国家知识产权局在贵州贵阳开启了地理标志产品保护工程；7月19日，农业农村部召开新闻发布会，宣布将选择200个地理标志农产品进行保护，启动“地理标志农产品保护制度”：保护产地环境，提升综合生产能力；保护特色品种，提升产品品质特性；保护农耕文化，提升乡村多种价值，打好历史牌、文化牌、风俗牌；保护产业链条，提升综合素质；保护知识产权，提升品牌影响力，以推动形成以区域公用品牌、企业品牌、特色农产品品牌等各自定位准确又相互支撑衔接的农业品牌格局。

基于地理标志产品的品牌建设，成为地理标志产品保护与发展的方向与目标。通过品牌化经营，达到进一步保护地理标志产品，提升产品品牌影响力，打造特色品牌等主张，已成相关部门的共识。

第六节 地理标志农产品保护工程

以实施乡村振兴战略为总抓手，围绕内蒙古自治区农牧业农村牧区高质量发展要求，总结我区地理标志农产品保护工程实施成效，以具有内蒙古特色地理标志农产品为基础，促进乡村牧区特色产业发展。提升农牧业质量效益竞争力为目标，着力提升地理标志农产品综合生产能力，强化产品质量控制和特色品质，保持推动全区产业链标准化生产。加强传统农耕文化挖掘，讲好地理标志历史故事，叫响区域特色品牌，强化质量标识和追溯管理，推动地理标志农产品生产标准化、产品特色化、身份标识化、全程数字化。打造一批有特色、有水平的地理标志农产品引领乡村特色产业发展样板，助力乡村全面振兴和农牧业农村牧区现代化。

一、主要建设内容

1. 增强综合生产能力

支持区域特色品种繁育基地建设，加强特色品种繁育选育和提纯复壮。支持核心生产基地建设，改善生产设施条件及配套仓储保鲜设施条件，保护特定产地环境，推行绿色化、清洁化生产模式，提高地理标志农产品综合生产能力。支持相关加工工艺及设备改造升级，提升与延长产业链，促进适度规模发展。

2. 提升产品质量和特色品质

强化地理标志农产品全程质量控制和特色品质保持，优化并严格落实生产技术规程，建立健全产业标准体系。开展生产经营主体按标准生产培训，加强标准实施应用和示范推广，推动现代农业全产业链标准化。开展质量安全检验检测和营养品质评价，推动产品分等分级，促进地理标志农产品特色化发展。

3. 加强品牌建设

深入挖掘传统农耕文化，丰富品牌内涵，讲好地理标志农产品历史故事。开展专题宣传和推介活动，加强品牌营销，培育一批以地理标志农产品为核心的区域公共品牌、企业品牌和产品品牌。支持地理标志农产品生产经营主体开展绿色食品和有机农产品认证，打造一批绿色畜产品标准化原料基地，提高“蒙字号”品牌认知度和市场竞争力，促进品牌溢价。

4. 推动身份标识化和全程数字化

规范标志授权使用，强化产品带标上市，建立健全质量标识和可追溯管理制度。建立生产经营主体目录和生产档案，完善地理标志农产品登记、监管、维权、服务等支持体系。利用现代信息技术，建立或使用智慧生产、销售、监管、服务等信息化平台，强化标志管理和产品追溯。

二、实施情况

近年来，内蒙古落实资金1.6亿元，先后对苏尼特羊肉、科尔沁牛、乌兰察布马铃薯、通辽黄玉米、乌海葡萄、达里湖华子鱼等39个产品实施保护，有力推动了全区绿色农畜产品基地建设。2022年，内蒙古被农业农村部评为地理标志农产品保护工程项目绩效考评优秀省区。

2019—2022年内蒙古自治区地理标志农产品保护工程项目实施名单

2019年		2020年		2021年		2022年	
区域	产品名称	区域	产品名称	区域	产品名称	区域	产品名称
乌兰察布市	乌兰察布马铃薯	通辽市	通辽黄玉米	通辽市	科尔沁牛	阿拉善盟	阿拉善双峰驼
			开鲁红干椒				
通辽市	科尔沁牛	阿拉善盟	阿拉善双峰驼	锡林郭勒盟	乌珠穆沁羊肉	鄂尔多斯市	鄂尔多斯细毛羊
			阿拉善蒙古牛		苏尼特羊肉		鄂托克阿尔巴斯山羊肉
锡林郭勒盟	乌珠穆沁羊肉	鄂尔多斯市	鄂托克阿尔巴斯山羊肉	兴安盟	扎赉特大米	乌兰察布市	乌兰察布莜麦
	苏尼特羊肉		鄂尔多斯细毛羊				
赤峰市	赤峰小米	赤峰市	昭乌达肉羊	赤峰市	达里湖华子鱼	赤峰市	赤峰小米
巴彦淖尔市	河套向日葵	乌海市	乌海葡萄	巴彦淖尔市	五原灯笼红香瓜	通辽市	库伦荞麦
兴安盟	扎赉特大米	锡林郭勒盟	阿巴嘎黑马	乌兰察布市	乌兰察布马铃薯	乌海市	乌海葡萄
阿拉善盟	阿拉善白绒山羊	呼伦贝尔市	三河马	呼伦贝尔市	呼伦贝尔油菜籽	兴安盟	兴安盟羊肉
呼伦贝尔市	三河牛	乌兰察布市	乌兰察布莜麦	阿拉善盟	阿拉善白绒山羊	包头市	达茂草原羊肉
				锡林郭勒盟	锡林郭勒奶酪		

三、地理标志农产品保护工程的重要意义

实施地理标志农产品保护工程是党中央国务院的决策部署。2019 年习近平总书记考察内蒙古时再次强调："内蒙古初级产品多，原字号特征突出，很多东西'养在深闺人未识'，好东西卖不上好价钱"，因此，实施地理标志农产品保护工程，打造独具特色品质的优质农畜产品，是贯彻落实习近平总书记关于"解决好东西卖不上好价钱"重要指示精神的具体举措。李克强总理在 2019 年《政府工作报告》中提出"实施地理标志农产品保护工程"。

1. 地理标志农产品保护工程是助力农牧业高质量发展的重要手段

当前，内蒙古正处于推进农牧业高质量发展的攻坚时期，农牧业生产正在全面由增产向提质导向转变。加快推进品牌强农强牧，实施地理标志农产品保护工程，有利于促进生产要素更合理配置，发展新模式、拓展新领域、创造新需求，促进乡村产业兴旺，加快推动农牧业转型升级步伐。进入新时期，消费者对农畜产品的关注重点已经由"有没有""够不够"向"好不好""优不优"转变，地理标志农产品更能符合人民群众多样化、特色化、品质化的消费需求。

2. 地理标志农产品保护工程是提升农牧业竞争力的必然选择

当前，内蒙古农牧业地理标志农产品众多，但从一定程度来讲，目前仍处于多而不良的状态。长期以来，我们在提升地理标志农产品品牌竞争力和影响力方面缺乏有效的抓手和有力的手段。实施地理标志农产品保护工程，能够更好地弘扬农耕文化和草原文化，树立农畜产品的良好形象，进一步提升对外合作层次与开放水平，增强内蒙古农牧业在竞争中的市场号召力和影响力。

3. 地理标志农产品保护工程是促进农牧民增收的有力举措

实施地理标志农产品保护工程，培育地方特色产业，打造区域品牌，有利于提高传统特色农畜产品附加值，促进产业兴旺，增强农牧民开拓市场、获取利润的能力，更多分享品牌溢价收益，有效助力乡村振兴战略和建设好国家重要农畜产品生产基地重点工作。

第二章
农产品地理标志简　介

呼伦贝尔市篇

呼伦贝尔油菜籽

登记证书编号： AGI00649

登记单位： 海拉尔农牧场管理局

地域范围

呼伦贝尔油菜籽农产品地理标志地域保护范围包括以呼伦贝尔市海拉尔垦区 16 个农牧场为主的种植区，涵盖呼伦贝尔市 13 个旗（市、区），即海拉尔区、满洲里市、扎兰屯市、牙克石市、根河市、额尔古纳市、阿荣旗、莫力达瓦达斡尔族自治旗、鄂伦春自治旗、鄂温克族自治旗、新巴尔虎左旗、新巴尔虎右旗、陈巴尔虎旗。地理坐标为东经 115° 31′ ~ 126° 04′，北纬 47° 05′ ~ 53° 20′。

品质特色

呼伦贝尔油菜籽具有“高油、低芥酸、低硫苷”的特征。角果密，结荚多，籽粒饱满，种皮呈黑色、暗褐或红褐色，少数暗黄色，油量较高。平均芥酸含量不高于 1%，硫苷含量不高于 26 μmol/g，含油量一般为 42% ~ 46%。不饱和脂肪酸含量≥ 90%，亚油酸含量≥ 17.8%，亚麻酸含量≥ 8.5%。副产品菜粕硫苷含量 11 ~ 27.73 μmol/g，蛋白质含量≥ 38%。

人文历史

油菜籽作为呼伦贝尔市农作物区主栽作物之一，已有近60年的种植史，在呼伦贝尔市粮食生产中始终占有重要位置。油菜籽是传统的油料农作物之一，随着经济的发展和现代科学的进步，油菜籽育种和产品开发也得到了很大的进展。油菜的用途已扩展到各个行业领域，它与蛋白质、饲料、工业原料、医药等行业都有着紧密关系。

生产特点

呼伦贝尔油菜籽产地呼伦贝尔市处于东部季风区与西北干旱区的交会处，产地土壤以黑土、黑钙土、暗棕壤和草甸土为主，土质肥沃，自然肥力高，土壤表层深度为35 ~ 50 cm，有机质含量丰富，对植物生长发育极为有利，是我国北方重要的粮油生产基地。呼伦贝尔岭东区为半湿润性气候，年降水量500 ~ 800 mm；岭西区为半干旱性气候，年降水量300 ~ 500 mm。冬季寒冷干燥，夏季炎热多雨。年平均气温 -5 ~ 2 ℃，昼夜温差大，日照充足，有效积温1 900 ~ 2 300 ℃，平均年无霜期90 ~ 120 d，日照时数2 500 ~ 3 100 h，有效积温利用率高，无霜期短，雨热同季的特点为农作物的生长提供了有利的条件。呼伦贝尔地区水资源丰富，水质达到NY/T5016-2001标准，良好的自然资源为呼伦贝尔油菜籽优良的品质创造了先天条件，极有利于油菜籽的生长。

授权企业

呼伦贝尔农垦食品集团有限公司　祝磊　19904706159

呼伦贝尔芸豆

登记证书编号：AGI01274

登记单位：呼伦贝尔市农业种子管理站

地域范围

呼伦贝尔芸豆农产品地理标志地域保护范围包括呼伦贝尔岭东扎兰屯市、阿荣旗、莫力达瓦达斡尔族自治旗、鄂伦春自治旗 4 个旗市，包含 25 个镇、10 个乡、7 个街道办事处，地理坐标为东经 120° 28′ ～ 126° 04′ ，北纬 47° 05′ ～ 51° 25′ 。

品质特色

呼伦贝尔芸豆，外观光滑、颗粒饱满、色泽鲜亮、整齐均匀，食用口味极佳，富含沙性。独特的地理位置和气候条件及栽培方式造就了呼伦贝尔芸豆独特的品质、风味和营养价值，呼伦贝尔芸豆品种多样，包括日本白、奶圆、白沙克、英国红、日本红、红花、奶花、黑芸豆等，为高蛋白、低脂肪、中淀粉食物，每百克干籽粒中蛋白质 ≥ 18g、脂肪 ≤ 2 g（多为不饱和脂肪酸）、淀粉 30 ～ 45 g、钾 > 1 g、镁 > 100 mg、铁 10 ～ 40 mg、磷 ≥ 350 mg，为高钾、高镁食品，铁、磷含量丰富。

人文历史

芸豆在呼伦贝尔市有着悠久的种植历史，各族农民群众历来有种植和食用芸豆的经验和传统习惯。据记载，早在 1905 年，呼伦贝尔地区农民就开始种植芸豆，开始是零星种植，中华人民共和国成立后种植规模迅速发展，目前种植面积已达 100 万亩[①]左右。早在 20 世纪 90 年代，芸豆便成为呼伦贝尔市重要的出口创汇产品，全市种子部门及其他部门引进了一批优质品种推广示范，结合当地特色农家品种种植，使呼伦贝尔芸豆以品质优良而蜚声海内外。

生产特点

呼伦贝尔芸豆生长所处的自然环境属寒温带和中温带大陆性季风气候，大兴安岭以南北走向纵贯呼伦贝尔市中部，将其分为岭东、岭西。岭东为季风气候区，以农业为主，岭西为大陆气候区，以畜牧业为主；岭东地区为嫩江西岸的浅山丘陵与河谷平原，海拔 200 ~ 500 m，为半湿润性气候，年降水量 500 ~ 800 mm，昼夜温差大，属温凉气候，日照丰富（年总辐射量在 76 758 kW/m^2 以上，日照时数为 2 500 ~ 3 100 h），利于绿色植物光合作用和干物质的积累，降水期集中于 7—8 月的植物生长旺期，且雨热同期，气候适宜芸豆生长。

授权企业

鄂伦春自治旗大杨树荣盛商贸有限责任公司　曲艳文　13947041578

① 1 亩≈ 667m^2，全书同。

莫力达瓦大豆

登记证书编号：AGI00233

登记单位：莫力达瓦达斡尔族自治旗绿色食品产业协会

地域范围

莫力达瓦大豆农产品地理标志地域保护范围包括呼伦贝尔市莫力达瓦达斡尔族自治旗尼尔基镇、汉古尔河办事处、登特科办事处、宝山镇、杜拉尔乡、阿尔拉镇、库如奇办事处、西瓦尔图镇、塔温敖宝镇、坤密尔堤办事处、卧罗河办事处、腾克镇、哈达阳镇、额尔和办事处、巴彦乡、红彦镇、奎勒河办事处 17 个乡镇（办事处）及所属 220 个行政村，地理坐标为东经 123° 33′ ~ 125° 16′，北纬 48° 05′ ~ 49° 51′。

品质特色

莫力达瓦大豆属于蝶形花科，大豆属，籽粒黄色圆润，整齐匀称，营养丰富，品质优。脂肪含量在 21% 以上，蛋白质含量在 33% 以上，大豆苷含量在 165 mg/kg 以上，氨基酸总量大于 31%，并富含大豆异黄酮等物质。

人文历史

莫力达瓦达斡尔族自治旗大豆种植历史悠久，该旗又是全国大豆产量最高的县，素有“大豆之乡”的美誉。据《辽史丛考》《达斡尔族社会历史调查》等文献记载，达斡尔族是在我国最北方从事农业的民族，有着悠久深厚的农耕历史。早在 17 世纪中叶，达斡尔族居住在黑龙江中上游以北地区时，就已形成了一定规模的农业。在 19 世纪中叶以后就逐渐开始大面积种植大豆，已有百余年的大豆种植历史，时至今日大豆种植规模在 410 万亩左右。

生产特点

莫力达瓦大豆品种以‘疆莫豆 1 号’‘蒙豆 30’等高油、高蛋白质品种为主，以标准化生产来保持其独特、优良的品质。

莫力达瓦达斡尔族自治旗土壤大体分为暗棕壤、黑土、草甸土、沼泽土等，以暗棕壤、黑土居多，土壤肥力养分含量较高，有机质含量为 4.15% ~ 10.09%，土壤肥沃适合优质大豆生长。种植地域所处的自然环境属于寒温带半湿润大陆性气候区。全旗盛行偏北或西北风，独特的气候生态环境造就了莫力达瓦大豆独特的品质。

授权企业

莫力达瓦达斡尔族自治旗丰华农作物种植有限责任公司　白国峰　18177497777

呼伦贝尔塞北食品有限公司　张明科　18547036030

莫力达瓦达斡尔族自治旗兴达米业有限责任公司　沃小枫　18562567930

莫力达瓦达斡尔族自治旗富强玉米种植专业合作社　张宝成　13789600218

莫力达瓦达斡尔族自治旗尼尔基湖绿色原生稻种植专业合作社　李宏宇　18604800123

莫力达瓦达斡尔族自治旗鑫鑫源种植专业合作社　岳桂玲　13604742770

莫力达瓦菇娘

登记证书编号：AGI00234

登记单位：莫力达瓦达斡尔族自治旗绿色食品产业协会

地域范围

莫力达瓦菇娘农产品地理标志地域保护范围包括呼伦贝尔市莫力达瓦达斡尔族自治旗尼尔基镇、汉古尔河办事处、登特科办事处、宝山镇、杜拉尔乡、阿尔拉镇、库如奇办事处、西瓦尔图镇、塔温敖宝镇、坤密尔堤办事处、卧罗河办事处、腾克镇、哈达阳镇、额尔和办事处、巴彦乡、红彦镇、奎勒河办事处 17 个乡、镇（办事处）及所属的 220 个行政村，地理坐标为东经 123° 33′ ～ 125° 16′，北纬 48° 05′ ～ 49° 51′。

品质特色

莫力达瓦菇娘属茄科，果实黄色圆润，果粒整齐匀称，果实香味浓郁，入口酸甜鲜美，果实中富含蛋白质、脂肪、碳水化合物、多种维生素、酸浆醇、多种氨基酸等，均为人体不可缺少的营养成分。每百克果实含赖氨酸为 30 mg、锌 2.10 mg，富含多种维生素，每百克果实的维生素 C 含量高达 379.0 mg。含有多种不饱和脂肪酸和有机酸，其中每百克果实含亚油酸为 36 mg、柠檬酸为 392.4 mg。

人文历史

菇娘学名毛酸浆，又名洋菇娘、金钏果、龙果等，以果实供食用，首载于《神农本草经》，列为干品，在《本草纲目》中记载为锦灯笼，具有性温进补、抗衰驻颜、清热解毒、化痰平喘、祛湿利尿的功能，现已被《中华人民共和国药典》1990 年版一部收录。

“小菇娘走四方、林果兼作响当当、万亩水稻稻花香”这是在莫力达瓦达斡尔族自治旗农民口中广为流传的一句顺口溜。莫力达瓦达斡尔族自治旗栽植菇娘有着悠久的历史，从 20 世纪 80 年代开始规模化发展，现已成为东北地区最大的菇娘生产基地，被誉为“菇娘之乡”。

生产特点

莫力达瓦达斡尔族自治旗菇娘种植基地宜选择生态环境优良，水源充足，肥力中等，土壤质地结构好，易于排水，避风向阳，土层深厚的砂壤土地块，土壤 pH 值 6.5 ~ 7.5。其所处的自然环境属于寒温带半湿润大陆性气候区，由于地处大兴安岭森林边缘的低山丘陵地带，受到地形、地势、植被及纬度的影响，形成了温度由西北向南递升，降水由西北向南递减，山地风速小于平原，风向呈河谷走向等特征。全旗盛行偏北或西北风，气候生态最适宜菇娘生产。

授权企业

莫力达瓦达斡尔族自治旗年年丰收网络技术有限公司　岳桂玲　13604742770

莫力达瓦苏子

登记证书编号：AGI00544

登记单位：莫力达瓦达斡尔族自治旗绿色食品产业协会

地域范围

莫力达瓦苏子农产品地理标志地域保护范围为呼伦贝尔市莫力达瓦达斡尔族自治旗全域，地理坐标为东经 123° 33′ ~ 125° 16′，北纬 48° 05′ ~ 49° 51′。

品质特色

莫力达瓦苏子属唇形科，小坚果棕褐色近球形；果皮薄而脆，易压碎；果实特异芳香；味微辛、性温。其含有丰富的维生素 E，苏子果实成熟时呈棕褐色，芳香而清脆。果实含有大量的不饱和脂肪酸，其中 α - 亚麻酸 59.79%、亚油酸 10.36%、油酸 8.23%，此外，从种子中检测到 18 种氨基酸、5 种矿质元素。苏子还含有丰富的脂肪和蛋白质，具有较高的营养价值和药用保健功效。

人文历史

苏子又名荏，学名紫苏。属管花目唇形科，一年生草本油科植物。茎直立，高 50 ~ 120 cm，叶对生，两面呈紫色或绿色或仅下面呈紫色。喜光及湿润、肥沃的土地，但适应性很强，从海边沙地到海拔 2 000 m 的高原均能生长。莫力达瓦达斡尔族自治旗栽植苏子有着悠久的历史，17 世纪以前就开始种植，莫力达瓦达斡尔族自治旗种植的苏子果实含有维生素 B_1 和氨基酸类化合物，主治感冒发热、怕冷、无汗、胸闷、咳嗽、腹泻、呕吐等症，具有降气消痰、平喘、润肠的作用，发展前景广阔。

生产特点

莫力达瓦苏子种植基地所处的自然环境属于冷冻的温带气候区，由于地处大兴安岭森林边缘的低山丘陵地带，受到地形、地势、植被及纬度的影响，形成了温度由西北向南递升，降水由西北向南递减，山地风速小于平原，风向呈河谷走向等特征。全旗年平均气温 -1.3 ~ 2.6 ℃，最高气温 39.5 ℃，最低气温 -47.3 ℃，平均年降水量为 450 ~ 520 mm，年平均蒸发量为 1 050 ~ 1 500 mm，年平均日照时数为 2 500 ~ 2 800 h，≥ 10 ℃有效积温为 1 780 ~ 2 490 ℃，个别年份达 3 030.7 ℃（2000 年尼尔基地区），而低温年西北部只有 1 544 ℃（1972 年），秋霜在 9 月上旬、中旬出现，枯霜在 9 月中下旬出现，春霜在 5 月上旬、中旬结束，最低气温≤ 0 ℃的无霜期为 100 ~ 145 d，年平均风速 1.4 ~ 3.3 m/s。全旗盛行偏北或西北风，气候生态属最适宜苏子生产区。

授权企业

莫力达瓦达斡尔族自治旗年年丰收网络技术有限公司　岳桂玲　13604742770

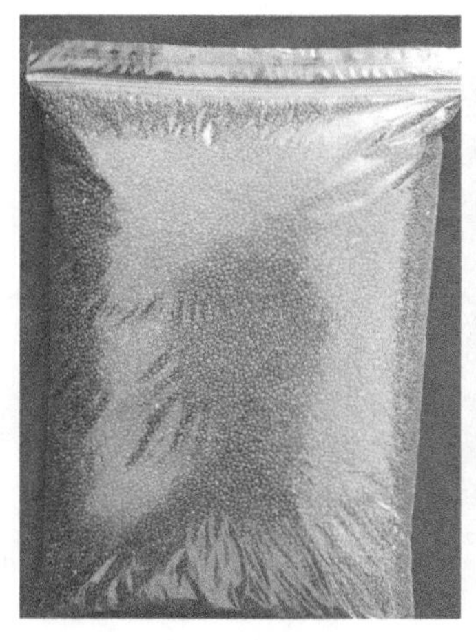

莫力达瓦黄烟

登记证书编号：AGI00595

登记单位：莫力达瓦达斡尔族自治旗绿色食品产业协会

地域范围

莫力达瓦黄烟农产品地理标志地域保护范围包括呼伦贝尔市莫力达瓦达斡尔族自治旗尼尔基镇、汉古尔河办事处、登特科办事处、宝山镇、杜拉尔乡、阿尔拉镇、库如奇办事处、西瓦尔图镇、塔温敖宝镇、坤密尔堤办事处、卧罗河办事处、腾克镇、哈达阳镇、额尔和办事处、巴彦乡、红彦镇、奎勒河办事处 17 个乡、镇（办事处）及所属 220 个行政村，地理坐标为东经 123° 33′ ～ 125° 16′ ，北纬 48° 05′ ～ 49° 51′ 。

品质特色

莫力达瓦黄烟属于茄科，烟草属，成品黄烟为烟色金黄或正黄，烟叶齐整。吸食时略有甜味，使人感到醇和舒适，气味芳香。烟叶的化学成分可分为有机物和无机物两大类，无机物主要是氯、硫、镁、钾、钙；有机物中含有蛋白质、氨基酸、烟碱、叶绿素及芳香油、树脂、苹果酸、柠檬酸等有机酸；含葡萄糖、果糖、蔗糖、麦芽糖、淀粉、纤维素等糖类。

人文历史

莫力达瓦黄烟在东北各地享有“琥珀香烟”的美誉。从清同治年间起就打入了市场。其品种以优质适产型为主，莫力达瓦黄烟卷烟香气足，吸味纯净，杂气少，灰白易燃，

是山东省甲级、乙级烟的主料，也是主要出口品种。关于黄烟还有一段夫妻情深的感人故事。相传在很早以前，有个名叫安守仁的青年与黄旗村黄叶仙成了亲，小两口恩恩爱爱。有一天，黄叶仙上山捡蘑菇，遇到了三只狼，尽管奋力抵抗，还是没有挽救自己的性命。黄叶仙死后，安守仁天天坐在他媳妇的坟旁流泪。有一天，他不知不觉靠着墓碑睡着了，在梦里他见到黄叶仙朝他走来，并对他说："坟前的草，把叶子宽的那种留下，到秋后把叶子晒干，干活累了或想我时点着抽上一口就会看见我"。安守仁醒后，按照媳妇的说法，把大叶子草留下，到秋后把大叶子晒干，用纸卷起点燃，抽一口冒出了一股烟，他媳妇就站在烟雾里向他笑，烟消了他媳妇就不见了。后来，人们把这种宽叶子草叫作"黄烟"。

生产特点

莫力达瓦黄烟种植基地所处的自然环境属于寒温带半湿润大陆性气候区，由于地处大兴安岭森林边缘的低山丘陵地带，受到地形、地势、植被及纬度的影响，形成了温度由西北向南递升，降水由西北向南递减，山地风速小于平原，风向呈河谷走向等特征。全旗盛行偏北或西北风，气候生态适宜黄烟的生产。

授权企业

莫力达瓦达斡尔族自治旗海峰种养殖专业合作社　安玉羽　18848102055

莫力达瓦达斡尔族自治旗琥珀香黄烟种植专业合作社　白玉玲　13844044537

阿荣旗白瓜籽

登记证书编号：AGI00468

登记单位：阿荣旗农业技术推广中心

地域范围

阿荣旗白瓜籽农产品地理标志地域保护范围包括呼伦贝尔市阿荣旗那吉镇、六合镇、亚东镇、霍尔奇镇、向阳峪镇、得力其尔鄂温克族乡、查巴奇鄂温克族乡、音河达斡尔鄂温克族乡、新发朝鲜族乡等 5 个镇、4 个民族乡。地理坐标为东经 122° 02′ 30″ ~ 124° 05′ 40″，北纬 47° 56′ 54″ ~ 49° 19′ 36″。

品质特色

阿荣旗白瓜籽是葫芦科蔬菜作物，是倭瓜和西葫芦的籽。阿荣旗白瓜籽白色、粒大、皮薄而不硬、有光泽、光滑、籽粒大小 1.5 ~ 2.3 cm。每百克白瓜籽中含粗蛋白质 28.3 g，粗脂肪 51.54 g，碳水化合物 9.56 g，不溶性膳食纤维 3.31 g，烟酸 20 921 μg，钙 22.26 mg，钾 833.3 mg，镁 456.9 mg，钠 2.05 mg，锌 0.687 mg，硒 0.000 7 mg，B 族维生素 20.16 mg。

人文历史

阿荣旗音河乡素有“白瓜籽之乡”的美誉。据《阿荣旗大事记》记载，1644年外兴安岭索伦达斡尔迁于嫩江流域，阿伦河地区成为索伦牧地。一些山东流民随之迁入，引入了白瓜、柞蚕、玉米进行农事生产。20世纪初，土著鄂温克人开始成规模种植白瓜籽，但面积较少，1978—1985年阿荣旗开始大面积种植。阿荣旗近20年把白瓜籽产业作为产业结构调整的第一作物，面积逐渐增加，全旗白瓜籽种植面积已达到30万亩。

生产特点

阿荣旗处于高纬度地区，属中温带大陆性半湿润气候区，无霜期110 ~ 130 d，年平均气温1.7 ℃、最高气温38.5 ℃、最低温度-39.8 ℃，平均日照时数1 550 ~ 1 650 h，太阳辐射总量127.48 kcal/cm^2，光合有效辐射62.46 kcal/cm^2。平均年降水量400 ~ 458.4 mm，降水集中的月份为6—8月，水蒸发量1 455.3 mm。年有效积温2 895.6 ℃。境内分布有黑土、草甸土、沼泽土和暗棕壤4个土壤类型，其中境内土质以暗棕壤和黑土为主，总面积达1 400多万亩，腐殖质厚度40 ~ 100 cm，土质疏松肥沃，有机含量6.29%，pH值6.23，呈弱酸性至中性。种植阿荣旗白瓜籽宜选择优质、高产、抗逆性强、早熟、分杈少的品种，适宜当地生长的主栽品种是‘音河大白板’等优良品种。播种前需进行种子处理，种子纯度要达到95%以上，净度达到99%以上。

授权企业

音河乡鑫缘白瓜籽产销专业合作社　张烨　15104956999

阿荣玉米

登记证书编号：AGI01065

登记单位：阿荣旗农业技术推广中心

地域范围

阿荣玉米农产品地理标志地域保护范围包括呼伦贝尔市阿荣旗向阳峪镇、那吉镇、六合镇、亚东镇、霍尔奇镇、三岔河镇、复兴镇、得力其尔乡、查巴奇乡、音河乡、新发乡共7个建制镇、4个少数民族乡。地理坐标为东经122° 02′ 30″ ～ 124° 05′ 40″ ，北纬47° 56′ 54″ ～ 49° 19′ 35″ 。

品质特色

阿荣玉米植株高大，茎强壮，挺直。叶窄而长，边缘波状，于茎的两侧互生，顶端为雄穗，中部为雌穗，穗长20 ～ 30 cm。每百克干籽粒中含蛋白质≥ 8 g，脂肪≤ 4.5 g，碳水化合物≥ 60 g，淀粉≥ 65 g，钾≥ 300 mg，磷≥ 0.20 g，钙≥ 5 mg，维生素E ≥ 8 mg，核黄素≥ 0.11 mg。

人文历史

据《阿荣旗大事记》记载，自清顺治元年，一些山东人开始移民东北。1732 年，为了解决无粮食可吃的问题，用锹、镐开垦土地，引种、试种玉米等多种作物。20 世纪 70 年代末开始推广实用增产技术，80 年代开始试验、示范引入玉米杂交种。80 年代中期，九丰种业牵头进行育种扩繁，带动阿荣旗玉米产业的发展，到 1991 年，玉米播种面积达到了 17 589 hm^2，每公顷产量 2 277 kg。

生产特点

阿荣旗境内分布有黑土、暗棕壤、草甸土和沼泽土 4 个土壤类型，其中境内土质以暗棕壤和黑土为主，总面积达 317 万亩，腐殖质厚度 40 ～ 100 cm，土质疏松肥沃，有机质含量 5.2%，pH 值 6.23，呈弱酸性至中性。阿荣旗各河流均属嫩江水系右岸支流，径流面积在 100 km^2 以上的较大河流有 20 条。全旗境内自北向南贯穿的河流有：阿伦河、格尼河、音河三大河流。阿伦河发源于本旗境内北部山区，格尼河位于本旗东部，发源于本旗北部山区；音河位于本旗西部，发源于本旗西部山区。属中温带大陆性半湿润气候区，无霜期 100 ～ 130 d，年平均气温 1.7 ℃、最高气温 38.5℃、最低温度 -39.8 ℃，平均日照时数 1 550 ～ 1 650 h，年有效积温 2 895.6 ℃，平均年降水量 400 ～ 458.4 mm，降水集中的月份为 6—8 月，水蒸发量 1 455.3 mm。阿荣玉米主要有九玉二、罕玉五、德美亚、丰单三号、冀承单三等品种。

授权企业

阿荣旗那吉屯农场　于洪涛　13739964487

阿荣大豆

登记证书编号：AGI01066

登记单位：阿荣旗农业技术推广中心

地域范围

阿荣大豆农产品地理标志地域保护范围包括呼伦贝尔市阿荣旗那吉镇、六合镇、亚东镇、霍尔奇镇、三岔河镇、复兴镇、向阳峪镇、得力其尔鄂温克族乡、查巴奇鄂温克族乡、音河达斡尔鄂温克族乡、新发朝鲜族乡等 7 个镇、4 个民族乡。地理坐标为东经 122° 02′ 30″ ～ 124° 05′ 40″ ，北纬 47° 56′ 54″ ～ 49° 19′ 35″ 。

品质特色

阿荣大豆是豆科油料作物，是重要的粮食作物。呈圆形、颗粒饱满、色泽明黄。每百克干籽粒中蛋白质 ≥ 30 g、磷脂（以脂肪计）≥ 5 g，大豆异黄酮 ≥ 150 mg，天门冬氨酸 ≥ 3.70 g，苏氨酸 ≥ 1.30 g，丝氨酸 ≥ 1.55 g，谷氨酸 ≥ 5.40 g，脯氨酸 ≥ 3.00 g，甘氨酸 ≥ 1.40 g，丙氨酸 ≥ 1.45 g，胱氨酸 ≥ 0.40 g，缬氨酸 ≥ 1.50 g，蛋氨酸 ≥ 0.15 g，异亮氨酸 ≥ 1.50 g，亮氨酸 ≥ 2.50 g，酪氨酸 ≥ 1.00 g，苯丙氨酸 ≥ 1.70 g，赖氨酸 ≥ 2.45 g，组氨酸 ≥ 0.90 g，精氨酸 ≥ 2.20 g，氨基酸总量 ≥ 32.00 g。

人文历史

据《阿荣旗大事记》记载，1664 年阿伦河地区为索伦牧地。一些山东流民迁入，引豆、薯、玉米、沙果、白瓜、柞蚕等进行农事生产。20 世纪 50 年代大豆播种面积在 14 万亩左右，70 年代播种面积在 15 万亩左右，90 年代播种面积达到 200 万亩，至今大豆耕地面积为 150 万亩，产量增加到 27 万 t，大豆成为阿荣旗农民的主要经济来源，阿荣旗素有“粮豆之乡”的美誉。

生产特点

阿荣旗境内分布有黑土、草甸土、沼泽土和暗棕壤 4 个土壤类型，其中境内土质以暗棕壤和黑土为主，总面积达 317 多万亩，腐殖质厚度 40 ~ 100 cm，土质疏松肥沃，有机含量 5.2%，pH 值 6.23，呈弱酸性至中性。由于阿荣旗处于高纬度地区，属中温带大陆性半湿润气候区，无霜期 100 ~ 130 d，年平均气温 1.7 ℃、最高气温 38.5℃、最低温度 -39.8℃，平均日照时数 1 550 ~ 1 650 h，年有效积温 2 895.6 ℃，平均年降水量 400 ~ 458.4 mm，降水集中的月份为 6—8 月，水蒸发量 1 455.3 mm。得天独厚的环境造就了品质优良的阿荣大豆，在选种上应选择适合本地区积温的优质高产大豆品种，发芽率不低于 95%，无病、无破粒，大小均匀一致。如疆丰 7734、蒙豆 30、合丰 50 等。

授权企业

阿荣旗瑞盛农机合作社　于凤英　13948402960

阿荣马铃薯

登记证书编号：AGI01068

登记单位：阿荣旗农业技术推广中心

地域范围

阿荣马铃薯农产品地理标志地域保护范围包括呼伦贝尔市阿荣旗复兴镇、那吉镇、六合镇、亚东镇、霍尔奇镇、向阳峪镇、得力其尔乡、查巴奇乡、音河乡、新发乡等11个镇、4个民族乡。地理坐标为东经122° 02′ 30″ ～124° 05′ 40″，北纬47° 56′ 54″ ～49° 19′ 35″ 。

品质特色

马铃薯是茄科茄属一年生草本植物。选用马铃薯作淀粉加工用应选择中晚熟、高产、高淀粉脱毒种薯，如：克新1号、大西洋、内薯7号。做菜薯用，应选择早熟、优质、高产脱毒品种，如早大白、鲁引1号、东农303。其块茎圆、卵圆或长圆形。薯皮的颜色为白色、黄色、粉红色、红色、紫色和黑色；薯肉为白色、淡黄色、黄色、黑色、紫色及黑紫色。粗蛋白质≥ 2.40 g/100 g，淀粉≥ 15 g/100 g，干物质≥ 26 g/100 g，维生素 C ≥ 90 mg/kg。

人文历史

据《阿荣旗大事记》记载，1732 年清朝政府开辟了从齐齐哈尔至海拉尔驿路，设驿站 10 台，第三站就在阿荣旗（即现在的音河乡），旧名蒙古勒乌克察旗，又名乌尔楚克，现名旧三站。音河乡以种植马铃薯为主，过往客商无不赞叹。1905 年，清朝政府取消封禁政策，允许起票开荒，汉人起票买荒从当年开始进入阿伦河地区，带动了马铃薯种植业的发展，振兴了一方产业。

生产特点

阿荣旗境内分布有黑土、草甸土、沼泽土和暗棕壤 4 个土壤类型，其中境内土质以暗棕壤和黑土为主，总面积达 317 万亩，腐殖质厚度 40 ~ 100 cm，土质疏松肥沃，有机含量 5.2%，pH 值 6.23，呈弱酸性至中性。阿荣旗处于高纬度地区，属中温带大陆性半湿润气候区，无霜期 100 ~ 130 d，年平均气温 1.7 ℃、最高气温 38.5 ℃、最低温度 -39.8 ℃，平均日照时数 1 550 ~ 1 650 h，太阳辐射总量 127.48 kcal/cm^2，光合有效辐射 62.46 kcal/cm^2。平均年降水量 400 ~ 458.4 mm，降水集中的月份为 6—8 月，水蒸发量 1 455.3 mm。年有效积温 2 895.6 ℃。阿荣旗马铃薯种植有着优越的地理环境和自然条件，土壤肥力较高，昼夜温差大，没有工业污染，这些都有利于马铃薯的生长和淀粉的积累，现年平均产量在 67.5 万 t。

授权企业

阿荣旗强民马铃薯种植专业合作社　王先平　13948503338

扎兰屯大米

登记证书编号：AGI00125

登记单位：扎兰屯市绿色产业发展中心

地域范围

扎兰屯大米农产品地理标志地域保护范围包括呼伦贝尔市所属扎兰屯市高台子办事处、成吉思汗镇、雅尔根楚办事处、中和办事处、萨马街鄂温克民族乡、蘑菇气镇、关门山办事处、色吉拉呼办事处 8 个乡、镇（办事处）及 74 个行政村，地理坐标为东经 121° 08′ 11″ ~ 123° 47′ 33″ ，北纬 47° 04′ 10″ ~ 48° 06′ 14″ 。

品质特色

扎兰屯大米外观晶莹透亮，米粒饱满，色泽洁白鲜亮，质地松软。米粒整齐匀称、晶莹剔透，蒸煮时饭香四溢，饭粒结构紧密、油亮，入口后滑爽、有黏性、不黏牙，且软硬适中，口味甜香、浓郁，口感细腻。扎兰屯大米生产中保留了大米中绝大部分营养物质，避免了米中蛋白质、维生素的大量流失，整精米率≥ 69%，胶稠度≥ 76 mm，垩白率≤ 14%，直链淀粉含量≤ 14%，粗蛋白质含量≥ 6.52%，赖氨酸含量≥ 0.31%，扎兰屯大米含维生素 B_1、维生素 B_2、葡萄糖、麦芽糖、蛋白质、钙、磷、铁等营养物质，并且扎兰屯大米中富含人体所需的 15 种氨基酸，含量达 6.5%。

人文历史

扎兰屯大米的种植历史悠远，早在 1908 年就开始种植大米，至今已有百年历史。被列入国家“首批绿色农业示范区”的扎兰屯市，依靠优越的地理环境积极发展绿色高效生态农业。2005 年，在远离市区无污染、植被葱茏、土地肥沃、水资源充沛、素有“水稻之乡”之称的关门山办事处建立绿色水稻基地，并同时引进粮食深加工企业在乡镇投资建厂。2005 年，关门山乡生产的大米通过农业部

检查验收，荣获国家绿色食品发展中心颁发的“绿色食品A级标准使用许可证”。2005年经中国绿色食品发展中心审核，扎兰屯丰禾源农畜产品有限公司生产的“苇莲河牌”大米，被认证为绿色食品。2007年6月14日，经北京中绿华夏有机食品认证中心认证，“苇莲河牌”大米被认证为有机产品。

生产特点

扎兰屯境内土壤以暗棕壤和暗色草甸土居多，土壤pH值在4.8 ~ 7.1，有机质含量平均6.54%，全氮平均含量2.18 g/kg，有效磷平均含量17.4 mg/kg，速效钾平均含174 mg/kg。地下水总补给充足，年平均气温8.1 ~ 9.5℃，夏季炎热，秋季降温急骤，历时短，年内温差较大，降雨多集中在季风控制的夏秋季节，尤其集中在7、8月。

扎兰屯大米以水稻“龙粳14”为主。该品种具有整精米率高、胶稠度高、米粒洁白细长、米质口感清香的特点。生产过程以有机肥为主，化肥为辅，化肥必须与有机肥配合使用，有机肥料与无机氮的比例不超过1：1，禁止施用硝态氮肥。当籽粒的90%以上变黄成熟，穗轴有三分之二黄熟，基部有很少一部分绿色籽粒存在时进行收获，收获时要在晴天上午9时以后割地，采用人工或机械收割，割后应捆成小捆进行自然晾晒，并经常翻动，当水分下降到15%时，再进行脱粒。要在晴天打场脱粒，以利于降低水分、保证纯度、提高商品质量。

授权企业

呼伦贝尔市金禾粮油贸易有限责任公司　姚书宜　15344207755

扎兰屯市满都拉农产品开发有限责任公司　张德生　13947029153

扎兰屯沙果

登记证书编号： AGI00181

登记单位： 扎兰屯市绿色产业发展中心

地域范围

扎兰屯沙果农产品地理标志地域保护范围为呼伦贝尔市扎兰屯市境内，南北长145 km、东西宽86 km，主要涉及扎兰屯市的哈拉苏办事处、卧牛河镇、高台子办事处、中和办事处、萨马街鄂温克民族乡、蘑菇气镇、关门山办事处、色吉拉呼办事处、洼堤镇9个乡、镇（办事处），共计74个行政村。地理坐标为东经122° 28′ ~ 123° 17′，北纬47° 35′ ~ 48° 06′。

品质特色

扎兰屯沙果果实大小均匀，直径约3 ~ 5 cm，呈圆形。成熟时果实外表颜色呈红或红黄色，着色均匀，有光泽，果皮薄，香气浓。果肉黄白色，肉质细嫩、松脆、汁多、酸甜适口。果汁酸甜可口、风味独特；可食率80%以上，含糖量11% ~ 14%。含酸量

3.5% ~ 4.1%，维生素 C 3 ~ 5 mg/100 g，富含多种维生素、矿物质、抗氧化因子、碳水化合物和微量元素，其保健、药用价值突出，具有生津止渴、驱虫明目的功效，一直受当地推崇。除鲜食外也是加工果汁、果脯、果酱、果丹皮及酿酒等产品的上等原料。

人文历史

扎兰屯沙果栽植历史久远，是我国北方优质沙果的主产区，扎兰屯市出产的黄太平、大秋果、海棠果等沙果远近闻名。扎兰屯沙果又有冷金丹、林檎、无色来、联珠果等别称，在《医疗本草》《日华子本草》《开宝本草》《医林纂要》等文献中均有记载。从 19 世纪末开始就有零星种植，扎兰屯市从 20 世纪 40 年代初开始引进大秋、黄海棠等沙果进行栽植，1950 年扎兰屯农业生产试验进行小规模果树示范栽培，取得了在高寒地区栽培果树的经验。此后又从黑龙江、吉林等地相继引进了太平果、大秋等小苹果苗木，同时开始用山丁子进行人工嫁接培育地产沙果树苗，并于 1952 年筹建扎兰屯河西果树园艺场，作为沙果栽培示范基地，先后从外省引入黄太平、大秋、黄海棠、紫太平、青太平、七月鲜等，经栽培试验，沙果耐寒冷、抗冻能力强，适合当地栽培。

生产特点

扎兰屯沙果产区主要以山区丘陵漫岗为主，山区丘陵面积占总面积的 69%，北部属雅鲁河谷平原，中部属架子山低山丘陵，南部属基尔果山中山丘陵。主产区土壤以暗棕壤为主，土层深厚，土壤肥沃，保水保肥能力强；水资源环境和气候适宜沙果的生长。

授权企业

扎兰屯市珍果食品有限责任公司　王海涛　13947016200

呼伦贝尔长征饮品有限责任公司　李立威　15949467141

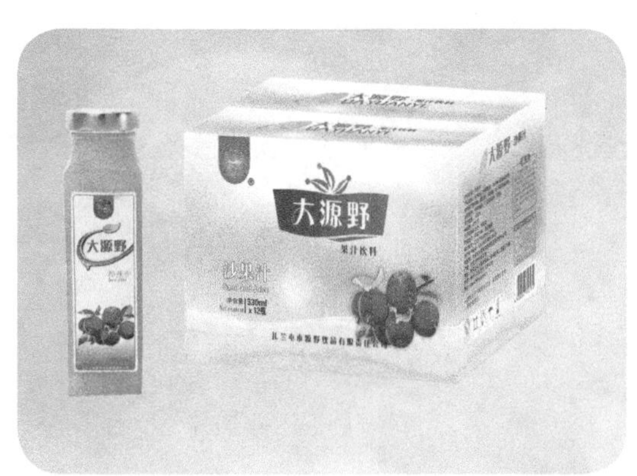

扎兰屯黑木耳

登记证书编号：AGI00182

登记单位：扎兰屯市绿色产业发展中心

地域范围

扎兰屯黑木耳在呼伦贝尔市扎兰屯市境内，位于大兴安岭东麓，农产品地理标志地域保护范围包括扎兰屯市南木鄂伦春民族乡、哈拉苏办事处、卧牛河镇、萨马街鄂温克民族乡、蘑菇气镇、关门山办事处、色吉拉呼办事处、洼堤镇、浩饶山镇、柴河办事处10个乡、镇（办事处）及所属71个行政村。地理坐标为东经120° 06′ ~ 122° 19′，北纬47° 50′ ~ 48° 02′。

品质特色

扎兰屯黑木耳为黑色，因生长于腐木之上，其形似人的耳朵，故名木耳，重瓣木耳在树上互相镶嵌，朵朵如云。扎兰屯黑木耳子实体胶质，呈圆盘形，耳形为不规则形，直径3 ~ 12 cm。干时肉厚色正，泡开有弹性，富光泽；食用时口感细嫩，风味特殊，干湿比大于1∶13。其营养丰富，每百克含总糖66 ~ 67.3 g，蛋白质12.5 ~ 13.8 g，脂肪1.60 ~ 1.82 g；此外还含有丰富的磷、胡萝卜素、人体必需微量元素等。维生素B_2含量远高于一般谷物、肉类产品。

人文历史

扎兰屯黑木耳培植已有百年历史，20 世纪 60—70 年代为试验和典型示范阶段，进入 80 年代，扎兰屯市西南各乡镇普遍开始人工培植黑木耳，1989 年是扎兰屯黑木耳人工培植的高潮年，共有黑木耳段约 3 000 万段。1980 年开始就是当地主要出口农产品。

生产特点

扎兰屯黑木耳生产要选择地势平坦，背风向阳，日照时间长，空气流通，水源方便，水质优良，自然整枝良好，林下杂灌木稀少，通风、透光、保湿性能良好的林区地。全市土壤类型为黑土和草甸土，土壤 pH 值 4.3 ~ 7.9，有机质含量平均 6.11%，属大兴安岭西草原区向岭东松辽平原农业区过渡带，低山、高丘、河谷相间分布，土质肥沃，耕性良好。

“地栽黑木耳”产品以木屑为主要原料，模拟野生栽培方式，不仅使黑木耳从林区走向了田间大地，而且产量高、质量好，每年可种植两茬，春季 5 月将菌种发放到大地中，生长期在一个月左右，秋茬于 7 月末将菌种下放到大地，10 月末结束，因肉厚、劲道、无虫害、不爱烂、纯天然无污染而深受消费者的欢迎。

授权企业

呼伦贝尔森宝农业科技发展有限公司　肖海英　13848081730

呼伦贝尔市满都盛达生物菌有限责任公司　李春平　13847035899

扎兰屯市森通食品开发有限责任公司　蒋玫　13848430989

呼伦贝尔木生源农林科技有限责任公司　张志仁　15104997888

扎兰屯市蒙森森林食品开发有限责任公司　张志忠　15332903555

扎兰屯榛子

登记证书编号：AGI00375

登记单位：扎兰屯市绿色产业发展中心

地域范围

扎兰屯榛子农产品地理标志地域保护范围在呼伦贝尔市扎兰屯市境内13个乡、镇（办事处）及所属89个行政村，具体是南木鄂伦春民族乡、哈拉苏办事处、达斡尔民族乡、成吉思汗镇、中和办事处、雅尔根楚办事处、萨马街鄂温克民族乡、蘑菇气镇、关门山办事处、色吉拉呼办事处、洼堤镇、浩饶山镇、柴河办事处。地理坐标为东经122° 32′ ~ 123° 10′，北纬47° 55′ ~ 48° 02′，海拔215 ~ 1 120 m。

品质特色

扎兰屯榛子，又名榛、榛子，为平榛。榛子籽粒光滑呈圆形，外壳坚硬，黄色或褐色。灌木，丛生，株高1 ~ 2 m。叶倒卵形，顶端平截，中央具三角形突尖。果苞钟状，每序结实1 ~ 6粒。坚果金黄褐色，为圆球形，果仁无空心。果仁含脂肪51.4% ~ 66.4%，蛋白质17.32% ~ 25.92%，富含多种维生素、矿物质和氨基酸。扎兰屯榛子具有丰富的营养价值，出仁率在33% ~ 41%。

人文历史

扎兰屯榛子是扎兰屯市林果业品牌，种植历史悠久。据史料记载：铁木真（元太祖成吉思汗）9岁时，其父被塔塔儿部人毒死，1202年，铁木真消灭了四部塔塔儿，占领了内蒙古呼伦贝尔草原，报了杀父之仇。此战役行军途中，铁木真身心疲惫，神

倦体乏。经今雅鲁河畔扎兰屯西南乡，见榛树结满榛子，“子如小栗，铁木真采而尝之。仁满粒香、掌击而裂，食后神清气爽，气力倍增，太祖甚喜谓之：此乃山神赐我之神食也。”元建国大都后，每逢祭祀元太祖，贡品必有采自扎兰屯西南乡的榛子等干果，称谓“神食”。

生产特点

扎兰屯榛子产地土壤主要为暗棕壤，土层深厚、疏松，土质肥沃、排水透气性良好，土壤 pH 值 4.2 ~ 7.6，耕层有机质含量 6.15% 以上，地势由西北向东南倾斜，地形以丘陵为主呈波状起伏。气候属中温带大陆性半湿润气候区，全年日照时数 2 018 h，年平均气温 3.3 ℃，年有效积温平均达 2 115 ℃，无霜期短，平均 100 ~ 125 d，平均年降水量 450 ~ 550 mm，降水主要集中在 7—8 月，水资源丰富，其中河川流量为 21.44 亿 m^3，地下水资源 6.56 亿 m^3。无工业污染，水资源保持良好，良好的自然资源为扎兰屯榛子优良的品质创造了先天条件，极有利于榛子的生长和挂果。

授权企业

扎兰屯市森通食品开发有限责任公司　蒋玫　13848430989

扎兰屯市蒙森森林食品开发有限责任公司　宗华　15049088585

扎兰屯白瓜籽

登记证书编号：AGI00433

登记单位：扎兰屯市绿色产业发展中心

地域范围

扎兰屯白瓜籽农产品地理标志产地位于呼伦贝尔市南端，包括南木鄂伦春民族乡、哈拉苏办事处、卧牛河镇、达斡尔民族乡、高台子办事处、成吉思汗镇、中和办事处、萨马街鄂温克民族乡、蘑菇气镇、关门山办事处、色吉拉呼办事处、洼堤镇 12 个乡、镇（办事处）及所属 95 个行政村，32.1 万人口，地域面积 1.21 万 km^2，白瓜籽生产面积 1.3 万 hm^2，年产量 1.5 万 t，年产值达 1.2 亿元。地理坐标为东经 121° 18′ 21″ ~ 123° 47′ 10″，北纬 47° 35′ 41″ ~ 48° 16′ 24″，海拔为 186 ~ 1 417.5 m。

品质特色

扎兰屯白瓜籽外观呈白色、光面平滑，具有籽粒大、皮薄、饱满、仁厚、光泽好等明显特点，籽粒大小在 1.5 ~ 2.3 cm，籽仁味道香美，回味悠长。与同类产品相比，营养丰富，富含多种对人体有益成分。

人文历史

扎兰屯市具有悠久的白瓜籽种植历史，当地农村素有种植白瓜籽的习惯，是当地出口的农产品之一。据《扎兰屯市志》记载，1966 年，国家开始在内蒙古地区收购白瓜籽，并由外贸部门组织收购出口。20 世纪 60—70 年代，扎兰屯年生产白瓜籽 1.5 万 ~ 3 万 kg，出口 2 万 kg。1970 年从天津引进优良品种后，建立了出口生产基地，采用先进的种植方法后白瓜籽产量猛增。1980 年开始，扎兰屯白瓜籽作为当地重要的出口土特产品，其播种面积、总产量和出口量大幅度上升，年生产白瓜籽 10 万 ~ 40 万 kg，最高年份 1988 年白瓜籽生产总量为 39.6 万 kg，向英国、奥地利等欧洲国家年均出口 22 万 kg。

生产特点

扎兰屯白瓜籽产地属于低矮丘陵山地，土壤类型主要为暗棕壤、黑土两个土类，以暗棕壤为主，土壤 pH 值在 4.8 ~ 7.1，有机质含量平均 7.1%。全氮平均含量 2.38g/kg，有效磷平均含量 19.2 mg/kg，速效钾平均含量 161 mg/kg。土壤肥沃，耕地性状良好，适合白瓜籽生产。

扎兰屯白瓜籽产地属中温带大陆性半湿润气候区，全年日照时数平均为 2 612 h，年平均气温 3.6 ℃，大于 10 ℃的年有效积温平均 2 213 ℃，平均年降水量在 450 ~ 550 mm，降水主要集中在 7—8 月，无霜期短，平均为 110 ~ 125 d。一年四季分明，光、热、水、土等自然条件对白瓜籽的生长非常有利。

授权企业

呼伦贝尔鑫难农副产品有限责任公司　张烨　15104956999

扎兰屯葵花

登记证书编号：AGI00126

登记单位：扎兰屯市绿色产业发展中心

地域范围

扎兰屯葵花农产品地理标志地域保护范围包括呼伦贝尔市扎兰屯市南木鄂伦春民族乡、哈拉苏办事处、卧牛河镇、达斡尔民族乡、高台子办事处、大河湾镇、成吉思汗镇、雅尔根楚办事处、中和镇、萨马街鄂温克民族乡、蘑菇气镇、洼堤镇、色吉拉呼办事处、浩饶山镇 14 个乡、镇（办事处）及所属 101 个行政村，地理坐标为东经 120° 28′ 51″ ~ 123° 17′ 30″，北纬 47° 5′ 40″ ~ 48° 36′ 34″。

品质特色

扎兰屯葵花植株茎秆高大、粗壮、根系发达，抗倒、耐水、耐肥。籽粒大、圆滑、光亮，色泽统一、饱满性好，空壳少、产量高。葵花籽仁的整仁率 93% 以上，水分 8% 以下，杂质 0.6% 以下，仁中含蛋白质 22% ~ 27%，脂肪 53% ~ 58%；口感醇香，香脆可口，不油腻。用其压榨出的葵花籽油，营养丰富，富含亚油酸，有健康油、延寿油之称，远远高于市面上的菜籽油、粟米油、大豆油的含量，是上等油脂。

人文历史

清末民国时期，扎兰屯地区油脂、油料为自由买卖，城乡油磨坊常年收购地产大豆、葵花籽等油料，加工成成品油出售，或代为加工。东北沦陷时期，日伪当局通过粮谷公社、农产公社、兴农合作社及各地粮油交易所，大量收购大豆、葵花籽油料作物运回日本。一直以来葵花籽都是扎兰屯市的重要油料。

生产特点

扎兰屯葵花品种以扎兰屯传统种植的品种‘食葵三道眉’为主。扎兰屯市地质构造属新华夏系大兴安岭隆起带中段东侧与松辽沉降带中部西缘下沉，中性带中期大兴安岭隆起上升，松辽沉降带相对下沉，形成了现在平坦宽阔的河谷以及低矮丘陵山地，地势由北向南倾斜，海拔由柴河源基尔果山的1 695.9 m至音河的200 m，境内山、丘、岗、川相间交错，分为中低山地、丘陵漫岗、河川谷地三大地貌类型。土壤多为暗棕壤、黑土和草甸土，土壤肥沃，耕地性良好。土壤pH值在4.8 ~ 7.1，土壤肥力状况良好，有机质含量平均6.54%。全氮平均含量2.18 g/kg，有效磷平均含量17.4 mg/kg，速效钾平均含174 mg/kg，微量元素丰富，土质含有丰富的有机质，具有良好团粒结构，非常适宜葵花生长发育。

授权企业

扎兰屯市哈多河镇育林葵花农民专业合作社　申玉林　15648062222

根河黑木耳

登记证书编号：AGI01740

登记单位：根河市野生资源开发研究所

地域范围

根河黑木耳农产品地理标志地域保护范围包括呼伦贝尔市根河市满归镇、阿龙山镇、金河镇、得耳布尔镇、敖鲁古雅乡、好里堡办事处、河西办事处、中央路办事处。保护范围位于大兴安岭北段西坡，地理坐标为东经 120° 12′ ～ 122° 55′，北纬 50° 20′ ～ 52° 30′。

品质特色

根河黑木耳亦称木耳、光木耳、云耳等，属于真菌门、担子菌纲、银耳目、黑木耳科、黑木耳属。根河黑木耳是一种大型真菌，由菌丝体和子实体组成。菌丝体无色透明，由许多具横隔和分枝的管状菌丝组成；子实体薄而呈波浪形，形如人耳。侧生于树木上，是人们食用的部分。子实体初生时为杯状，后渐变为叶状或耳状，半透明，胶质有弹性，干燥后缩成角质，硬而脆。耳片分背腹两面，朝上的叫腹面，也叫孕面，生有子实层，能产生孢子，表面平滑或有脉络状皱纹，呈浅褐色半透明状。贴近木头的为背面，也叫不孕面，凸起，青褐色，密生短茸毛。子实体单生或聚生，直径一般 4 ～ 10 cm。

根河黑木耳含有多种氨基酸，每百克黑木耳中含氨基酸 >7.70 g，粗纤维 3.00 ～ 4.91 g，硒 >2.40 μg，磷 >260 mg，镁 >220 mg，钙 >310 mg，钾 >780 mg，铁 >4.50 mg，钠 >2.30 mg，锰 >2.60 mg。

人文历史

根河黑木耳至今已有20多年的栽培历史，干耳亩产量可达350 ~ 600 kg。由于栽培容易，产量高，种植的数量逐年增多。根河市环境优良，水资源充沛，昼夜温差大，境内山高林密，植被资源丰富，水土保持完整。特殊的地理位置、独特的气候、环境条件及悠久的生产历史，孕育了根河黑木耳独具的地域特色和独特的品质。

生产特点

根河市森林覆盖率75%，居内蒙古之首，属典型的国有林区，大兴安岭山地构成了本市地貌的总体。境内地表水资源丰富，有激流河、根河、得耳布尔河流经全市，水量的地域分布较均衡。流域内林草繁茂，植被良好，水土流失现象轻微，河流含沙量甚少，天然水质优良。由于地处高寒区，并有永久性冻土分布，降水渗透系数小，不利于盐分积累，故各河流矿化度普遍较低。原生态的优良环境为生产出国内品质上好的黑木耳创造了得天独厚的先天条件。2007年，根河市被确定为"有机黑木耳种植标准化示范区"，编写出了适合林间坐袋种植黑木耳的技术规程，使黑木耳从围墙内的棚架挂袋种植转移到了野外林区地面摆袋种植，充分利用了林下凉爽湿润的特有环境条件，使黑木耳产量大幅度提高，品质更加优良。

授权企业

根河市绿野生态食品有限公司　张旭然　13304708015

根河卜留克

登记证书编号：AGI00767

登记单位：根河市野生资源开发研究所

地域范围

根河卜留克农产品地理标志地域保护范围包括呼伦贝尔市根河市满归镇、阿龙山镇、金河镇、得耳布尔镇、敖鲁古雅乡、好里堡办事处、森工路办事处、河西办事处、中央路办事处。保护范围位于大兴安岭北段西坡，地理坐标为东经 120° 12′ ~ 122° 55′，北纬 50° 20′ ~ 52° 30′。

品质特色

根河卜留克为十字花科，芸薹属，植株高 20 ~ 50 cm，主根细长，茎直立球状，叶色深绿，叶面有白粉，叶肉厚，叶片裂刻深。味道爽口，鲜、嫩、脆、辣，营养丰富。具有富含高钙、低脂、低钠等特性，含有人体所需的 16 种氨基酸和 25 种微量元素。可溶性糖 4.2%，锌 0.21 mg/100 g，总酸 0.09%，维生素 C 34.2 mg/100 g。

人文历史

根河卜留克已有 60 年种植历史，现阶段区域生产面积 3.3 万亩，产量达 100 万 kg。卜留克是“维 C 之王”，是大兴安岭地区的独有特产，由于卜留克产品深受消费者青睐，近几年来，卜留克产品正在以强劲的发展势头占领着我国酱腌菜行业市场，卜留克产品的出现，冲击着我国酱腌菜行业，引发了一场新的变革和整合。目前，卜留克小菜已经成为我国消费者心目中的“雅桌小菜”，在全国形成了“南榨北卜”遥相呼应之势。

生产特点

根河市自然植被为针阔叶混交林和阔叶林，林下土壤为暗棕壤和针叶林土。卜留克生长所处的自然环境属于寒温带湿润型森林气候，最适宜卜留克生长。

根河卜留克根据不同品种生长期，选择待肉质根充分长大后收获。收获后将卜留克摘净，剔除杂草、杂物、按鲜嫩程度进行分类。卜留克块茎的腌制方法：将筛选后的鲜卜留克清洗干净，在阳光下晒一会儿，放入缸中压实，每 50 kg 放 10 kg 食盐和适量的水，在 0 ℃左右放置阴凉处贮藏；卜留克粉的制作方法：将筛选后的鲜卜留克清洗干净后，晾干磨成粉，然后进行包装。

授权企业

根河市绿野生态食品有限公司　张旭然　13304708015

鄂伦春蓝莓

登记证书编号： AGI02008

登记单位： 鄂伦春自治旗绿色食品发展中心

地域范围

鄂伦春蓝莓农产品地理标志保护范围为呼伦贝尔市鄂伦春自治旗所辖阿里河镇、吉文镇、甘河镇、克一河镇、托扎敏乡、古里乡、大杨树镇、宜里镇、诺敏镇、乌鲁布铁镇 10 个乡、镇，82 个行政村；内蒙古大兴安岭林管局所辖的阿里河林业局、吉文林业局、甘河林业局、克一河林业局、大杨树林业局、毕拉河林业局 6 个林业局及大兴安岭农场管理局所属古里农场、诺敏河农场、欧肯河农场、扎兰河农场、宜里农场、东方红农场 6 个农场。地理坐标为东经 121° 55′ ～ 126° 10′ ，北纬 48° 50′ ～ 51° 25′ 。

品质特色

鄂伦春蓝莓是一种小浆果，果实呈蓝色，并被一层白色果粉包裹。色泽美丽、悦目，果肉细腻，甜酸适口，且具有香爽宜人的香气；鄂伦春蓝莓含有多种人体必需微量元素，每百克鄂伦春蓝莓中含镁 >7.00 mg，钙 >13 mg，磷 >19 mg，维生素 C >7.00 mg，原花青素 >300 mg。

人文历史

鄂伦春蓝莓人工种植开始于 1978 年，在大杨树林业局成功进行人工引种栽培 1 275 亩，并逐步在全旗各地推广，扩大种植面积。2008 年成立了鄂伦春自治旗原生态制品有限责任公司，以鄂伦春民族元素“兴安猎神”为注册商标。

生产特点

鄂伦春自治旗地域辽阔，资源富集，山清水秀，空气清洁，现已建成国家、自治区、旗级自然保护区 7 个，国家级森林公园 3 个、自治区级森林公园 1 个，5 个乡镇获得“国家级生态乡镇”称号，全旗森林覆盖率 82.5%，是一块无污染的天然净土，也是内蒙古粮食安全生产先进旗县、杂豆生产基地、国家优质粮生产基地、国家级绿色农业示范区、国家级生态示范区。鄂伦春自治旗地处大兴安岭腹地，森林茂密，物种丰富，属寒温带半湿润大陆性季风气候，春季光照充足，夏季雨热同期，冬季寒冷漫长。年平均无霜期 95 d，平均年降水量 611 mm，年有效积温 2 200 ℃，非常适宜蓝莓等低温植物生长。土壤为暗棕壤和黑色草甸土，土质肥沃，有机质含量高，偏酸性，pH 值为 5.5 ～ 6.4。

授权企业

内蒙古森工集团阿里河森林工业有限公司　李事成　13948099706

鄂伦春黑木耳

登记证书编号：AGI02009

登记单位：鄂伦春自治旗绿色食品发展中心

地域范围

鄂伦春黑木耳农产品地理标志保护地域包括呼伦贝尔市鄂伦春自治旗 10 个乡镇：阿里河镇、大杨树镇、吉文镇、甘河镇、克一河镇、乌鲁布铁镇、诺敏镇、宜里镇、托扎敏乡、古里乡，82 个行政村，其中含 5 个猎区乡镇，7 个猎民村。还包括内蒙古大兴安岭重点国有林管理局所属的 6 个林业局、大兴安岭农场管理局及所属 6 个国有农场等。地理坐标为东经 121° 55′ ～ 126° 10′，北纬 48° 50′ ～ 51° 25′。

品质特色

鄂伦春黑木耳半透明，胶质，富有弹性，直径一般为 4 ～ 6 cm，大者可达 10 ～ 12 cm，夏秋采收、晒干。子实体干燥后急剧收缩成角质，且硬而脆。当干燥的黑木耳吸水膨胀后，即会恢复其原来新鲜时的舒展状态。鄂伦春黑木耳每百克含膳食纤维 29.8 g，蛋白质 10.6 g，脂肪 0.2 g，磷 358 mg，钙 375 mg，铁 185 mg，钾 1.19 g。含铁量是肉类的 100 倍，含钙量是肉类的 200 倍。是天然的补铁补钙食品。

人文历史

黑木耳是鄂伦春自治旗具有悠久历史的特色产品。在 1949 年以前，鄂伦春自治旗就有冬季踏雪砍柞树，去树梢，放在荫林下，春季任其自然感染黑木耳菌来自然生产黑木耳的方法，此方法一个生产周期需要 5 年，产量很低。当时，出产的黑木耳成为鄂伦春自治旗特有“山珍”中的一个代表品种，名气享誉东北三省。

生产特点

鄂伦春自治旗环境优良，水资源充沛，昼夜温差大，境内山高林密，植被资源丰富，水土保持完整；属寒温带半湿润大陆性季风气候。四季变化明显，春季光照充足；夏季温凉湿润，降水集中；秋季昼夜温差大；冬季漫长寒冷。这种冷热交替明显的气候条件和适宜的空气湿度，非常适合发展优质柞木黑木耳生产。鄂伦春自治旗人工段木栽培黑木耳生产始于20世纪70年代，专家从自然黑木耳菌株中选育出了优质、高产品种，种植到天然柞木段中，长出的黑木耳产量比自然生长产量增加近十倍，生产周期缩短为3年，但由于木耳段生产消耗木材与林业营林生产有矛盾，发展一度缓慢。1990年，鄂伦春自治旗引入了袋料栽培食用菌这一突破性技术，从而使历史悠久的鄂伦春黑木耳生产水平再上新台阶，并在全旗得到推广普及。

授权企业

大兴安岭诺敏绿业有限责任公司　刘秀霞　13947073247

宜里镇亚江种植农民专业合作社　刘亚江　15149225999

呼伦贝尔木生源农林科技有限责任公司　张志仁　15104997888

扎兰屯市蒙森森林食品开发有限责任公司　张志忠　15332903555

鄂伦春北五味子

登记证书编号：AGI02011

登记单位：鄂伦春自治旗绿色食品发展中心

地域范围

鄂伦春北五味子农产品地理标志地域范围涉及呼伦贝尔市鄂伦春自治旗的阿里河镇、吉文镇、甘河镇、克一河镇、托扎敏乡、乌鲁布铁镇、大杨树镇、宜里镇、诺敏镇、古里乡 10 个乡、镇。还包括内蒙古大兴安岭重点国有林管理局所属的 6 个林业局、大兴安岭农场管理局及所属 6 个国有农场等。

品质特色

鄂伦春北五味子为木兰科落叶木质藤本，高达 8 ~ 15 m，根系发达，花单性，多为雌雄同株，北五味子成熟果实小，呈不规则的球形或扁圆形，表面红色、紫红色或暗红色，皱缩，显柔润，果肉柔软，果肉味酸。果中有种子 1 ~ 2 粒，表面棕黄色，有光泽，种子破碎后，有香气，味辛、微苦。鄂伦春北五味子含有丰富的人体必需微量元素，每百克产品中含钾 >1 370 mg，钙 >1.10 mg，五味子醇甲 >400 mg，蛋白质 > 500 mg。

人文历史

《吉文林业局志》中记载，鄂伦春北五味子种植从1968年开始，面积22 hm^2。2004年建立北五味子苗圃，开展北五味子基地建设，至2016年达到100 hm^2，平均年产鲜果15 000 kg，晾晒后干果产量约3 000 kg；内蒙古森林工业集团吉文森林工业有限公司为鄂伦春自治旗北五味子主要栽培企业，施业区内的野生北五味子是迄今有资料记载以来，我国纬度最北的一个分布群落，品质优良，药性极强，被称为五味子中的“皇冠”。

生产特点

北五味子又称五味子（本草纲目）、辽五味（通称）、山花椒、花椒秧（东北）乌拉勒吉嘎纳（蒙语名）。野生北五味子为多年生落叶木质藤本，长达8 m，多生于湿润、肥沃、腐殖质深厚的杂木林、林缘、山间灌丛中。具有喜光、喜湿润、喜肥、适应性强等特性，可在 -40 ~ -35 ℃条件下存活。茎枝有较多隐芽，萌发力强，可用断枝、压条、插条等方式进行无性繁殖，寿命可达百余年。

鄂伦春旗位于大兴安岭东南麓，境内没有污染企业，没有工矿企业，植株生长环境优良。林区、山区利用林间空地，林缘河流两岸大量空地栽培北五味子是一项很有前途的产业，可卖鲜果，可晾干贮存，可发展深加工，对于林区经济发展有积极意义。

授权企业

内蒙古森林工业集团吉文森林工业有限公司　孙立波　13474906177

牙克石马铃薯

登记证书编号：AGI02794

登记单位：牙克石市农业技术推广中心

地域范围

牙克石市位于呼伦贝尔腹地，地处大兴安岭主脉中段西侧，海拔 600 ~ 1 600 m。东连嫩江流域，与鄂伦春自治旗、阿荣旗接壤，西抵呼伦贝尔大草原东缘，与额尔古纳市、陈巴尔虎旗、鄂温克族自治旗毗邻，南与扎兰屯市交界，北接根河市。牙克石市纬度高、海拔高、气温冷凉、交通便利，是公认的优质马铃薯生产种植区。全市土地总面积 2.8 万 km^2，共有 5 个乡镇，14 个村。牙克石马铃薯农产品地理标志保护地域分布在牙克石市域 5 个乡镇 14 个村（经管会）范围内。地理坐标为东经 120° 28′ ~ 122° 29′，北纬 47° 39′ ~ 50° 52′。

品质特色

牙克石马铃薯块茎以椭圆形为主，薯形均匀，表皮光滑，呈淡黄色，肉鲜黄色，块茎大而整齐，芽眼少而浅。每百克产品含蛋白质 1.58 ~ 1.89 g，淀粉 10.2 ~ 18.2 g，还原糖 0.08 ~ 0.3 g。

人文历史

牙克石市是呼伦贝尔市最早实施农业综合开发的旗市，土地实现了高度的集约化，机械化率 95% 以上，在全国具有较高水平，便于马铃薯规模化种植。2019 年 5 月，牙克石市被农业农村部纳入全国十个马铃薯良种繁育奖励县之一，中央财政连续三年安排奖励资金，支持马铃薯良繁基地建设，促进脱毒种薯及优良品种的推广应用。

为更好地服务于马铃薯产业，牙克石市政府与中国薯网共同打造了国家级“牙克石市马铃薯公共服务平台”，与安徽省界首市、四川省北川县等 8 个地区形成共识，携手共同组建薯界联盟，打造“中国种薯之都”牙克石品牌。

生产特点

世界公认的马铃薯最佳生产区域是北纬 46° 以北的高纬度地区，牙克石市恰好处于北纬 47° 39′ ～ 50° 53′，是高纬度、高海拔黑土地带，土壤肥沃，日照充足，气候温凉湿润，雨热同季，昼夜温差大，自然气候特征和地理条件与马铃薯耐旱、耐寒和耐贫瘠等生长习性相互吻合，十分适合马铃薯生长。牙克石马铃薯具有薯块大、品质优、淀粉含量高、耐储存、薯偏黄瓤、食用口感好等特点，是各种马铃薯淀粉及其制品生产的上好原料和鲜食外销的优质产品。

授权企业

内蒙古兴佳薯业有限责任公司　刘兰花　15647018369

牙克石市森峰薯业有限责任公司　李学敏　18847057772

牙克石市乾程马铃薯发展有限公司　董玉荣　15204998666

呼伦贝尔丰源马铃薯科技开发有限责任公司　李延峰　13501265987

牙克石市刘晓彬马铃薯种植农民专业合作社　刘晓彬　13734705757

阿荣旗柞蚕

登记证书编号：AGI00466

登记单位：阿荣旗农业技术推广中心

地域范围

阿荣旗柞蚕农产品地理标志地域保护范围包括呼伦贝尔市阿荣旗那吉镇、六合镇、亚东镇、霍尔奇镇、向阳峪镇、得力其尔鄂温克族乡、查巴奇鄂温克族乡、音河达斡尔鄂温克族乡、新发朝鲜族乡等 5 个镇、4 个民族乡。地理坐标为东经 122° 02′ 30″ ~ 124° 05′ 40″ ，北纬 47° 56′ 54″ ~ 49° 19′ 35″ 。

品质特色

阿荣旗柞蚕属于鳞翅目大蚕蛾科柞蚕属，古称野蚕、槲蚕。卵色发白，蚁蚕体为红色，壮蚕体主色淡绿色侧色淡黄色，蛹为淡褐色。蚕体长 4.5 ~ 6.5 cm，直径 3.5 ~ 4.5 cm，新鲜成熟蛹体体态饱满，手感挺实，不松软。阿荣旗柞蚕中含蛋白质 15.87%、粗脂肪 8.02%、灰分 1.21%、水分 71.84%，其中人体必需的 17 种氨基酸含量占比为 13.59%，另外每百克含钙 8.11 mg、镁 19.09 mg，每千克含锌 1.85 mg。

人文历史

《阿荣旗大事记》记载，1644 年迁外兴安岭索伦达斡尔于嫩江流域，阿伦河地区为索伦牧地。一些山东流民迁入，引白瓜、柞蚕、玉米系进行农事生产。1957—1974 年阿荣旗开始大规模进行放养柞蚕。近些年，阿荣旗大力发展蚕业，中国蚕学会第六届家蚕和柞蚕遗传育种学术研讨会在内蒙古海拉尔召开，现已成为内蒙古最大柞蚕放养基地。

生产特点

阿荣旗以暗棕壤和黑土为主，土质疏松肥沃，有机质含量约 5.2%，土壤呈弱酸性至中性。产地区域河流均属嫩江水系右岸支流，径流面积在 100 km^2 以上较大河流有 20 条。产地区域处于高纬度地区，属中温带大陆性半湿润气候区，无霜期 100 ~ 130 d，年平均气温 1.7 ℃，年平均日照时数 1 550 ~ 1 650 h，年有效积温 2 895.6 ℃，平均年降水量 400 ~ 458.4 mm，降水主要集中在 6—8 月；累计量平均在 300 mm 左右，占全年总量的 60% 以上，最高气温出现在 7—8 月，具有雨热同季、昼夜温差大的特点。

授权企业

阿荣旗蚕种场　李志　13947003963

阿荣旗白鹅

登记证书编号：AGI00467

登记单位：阿荣旗农业技术推广中心

地域范围

阿荣旗白鹅农产品地理标志地域保护范围包括呼伦贝尔市阿荣旗那吉镇、六合镇、亚东镇、霍尔奇镇、向阳峪镇、得力其尔鄂温克族乡、查巴奇鄂温克族乡、音河达斡尔鄂温克族乡、新发朝鲜族乡等 5 个镇、4 个民族乡。地理坐标为东经 122° 02′ 30″ ~ 124° 05′ 40″ ，北纬 47° 56′ 54″ ~ 49° 19′ 35″ 。

品质特色

阿荣旗白鹅属于鸟纲雁形目鸭科，体型中等偏大，结构紧凑、背平直、翅紧贴、尾上翘、体态均称。全身羽毛洁白，成年鹅羽毛一年自然换羽一次，换羽次序一般为主翼羽、副翼羽、尾羽、短羽、绒羽依次脱换。头大小适中，喙、肉瘤呈黄色，颈细长与头、身躯衔接良好是本地鹅的一大特征。蹼粗壮厚实，呈橘黄色。头大颈长，眼圆有神、鸣声清脆，动作活泼，反应灵敏。每百克鹅肉含粗蛋白质 26.76 g，粗脂肪 12.67 g，热量 9 256.30 kJ，B 族维生素 10.12 mg，钙 5.62 mg，镁 25.21 mg，锌 279 mg，磷 193.06 mg，铁 3.81 mg，烟酸 2845.67 μg，钾 298.2 mg，钠 72.9 mg，硒 0.22 mg，铜 27.3 mg。

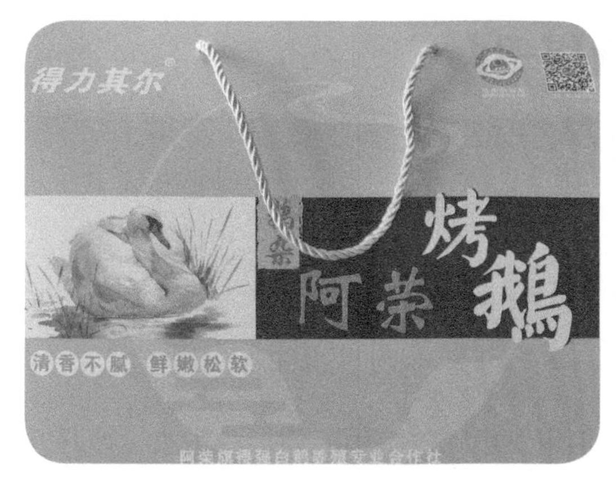

人文历史

《阿荣旗大事记》记载，1689 年布特哈总管衙门设立，阿伦河流域为其管辖地。开始大面积养鹅。经过时间推移，20 世纪 70 年代开始形成规模性养殖，引进‘太湖鹅’等优良品种。到 80 年代白鹅存栏达到 41 万羽。截至目前阿荣旗白鹅存栏已达到 500 万羽。阿荣旗大力发展白鹅产业，全力打造“东北鹅都”。

生产特点

阿荣旗处于高纬度地区，属中温带大陆性半湿润气候区，无霜期 110 ～ 130 d，年平均气温 1.7 ℃、最高气温 38.5 ℃、最低温度 -39.8 ℃，平均日照时数 1 550 ～ 1 650 h，太阳辐射总量 127.48 $kcal/cm^2$，光合有效辐射 62.46 $kcal/cm^2$，年有效积温 2 895.6 ℃。平均年降水量 400 ～ 458.4 mm，降水集中的月份为 6—8 月，水蒸发量 1 455.3 mm。目前，阿荣旗白鹅以引入的莱茵鹅作父本和当地白鹅的杂交后代为主要品种，属毛肉兼用型。饲养方式：按照《阿荣旗白鹅饲养管理技术操作规范》执行，采用天然草场放养法。孵化要达到统一孵化、统一防疫的标准，孵化后雏鹅经过技术员集中饲养 15 d 后，再发放给养殖户，这样大大地提高了白鹅成活率。放养在水质干净无污染、草鲜嫩的地方，放牧鹅群以 300 ～ 500 只为宜。

授权企业

阿荣旗得强白鹅养殖专业合作社　张琪　15148588011

扎兰屯鸡

登记证书编号：AGI02012

登记单位：扎兰屯市绿色产业发展中心

地域范围

扎兰屯鸡农产品地理标志保护范围为呼伦贝尔市扎兰屯市所辖浩饶山镇、磨菇气镇、卧牛河镇、成吉思汗镇、大河湾镇、柴河镇、中和镇、哈多河镇、达斡尔民族乡、南木鄂伦春民族乡、萨马街鄂温克民族乡、洼堤乡共 12 个乡镇 126 个行政村。地理坐标为东经 120° 28′ 51″ ～ 123° 17′ 30″ ，北纬 47° 5′ 40″ ～ 48° 36′ 34″ 。

品质特色

扎兰屯鸡头部相对较小，脖子细，喙坚硬，且鸡冠大而匀称，颜色鲜艳红润；羽毛颜色多样，多为红羽、黑红、黑羽、白羽、芦花等，羽毛顺滑鲜亮、充满光泽，给人一种油光发亮的感觉。毛孔细小匀称；脚细腿长、体型健硕瘦长，精神有力，掌底部有层厚厚的茧；胸脯呈三角形，肉质紧致，没有过多白肉；肤色偏黄、皮下脂肪分布均匀。每百克产品含蛋白质 22.4 g，脂肪 6.9 g，铁 3 mg，赖氨酸 2.02 g，总不饱和脂肪酸 5.8 g。

人文历史

据《扎兰屯市志》记载：扎兰屯原始生态环境保持良好，生物资源十分丰富，优良的生态系统孕育了具有肉蛋兼用、肉质细嫩、味美汤鲜、滋补功能强、抗病力强、耐粗饲等特点的扎兰屯鸡这一优良地方鸡种。扎兰屯特殊的地缘、地形和地貌，形成了一个相对封闭的地域，加之历史上交通闭塞，使扎兰屯鸡长期处于天然屏障的保护之中。扎兰屯鸡基本不用添喂饲料，整天溜溜达达四处觅食虫子、蚂蚱和地里散落的粮食、草籽等。目前，扎兰屯市政府采取政策支持、资金扶持、技术服务等方式，强力推进鸡规模化生态养殖，鼓励农民利用林地、荒山围栏生态放养鸡，对规模化鸡生态养殖进行扶持奖励。广大养殖户积极响应市政府的号召，“公司 + 基地 + 农户”的产业化机制初步形成。通过每年一届的“内蒙古（扎兰屯）绿色食品交易会”展示推介，扎兰屯鸡已名声远扬、广受追捧。

生产特点

扎兰屯鸡养殖场选择在有河流溪水且适宜大面积围封的林地、荒山、果园等处，形成山上有树、树下种草药、草中有虫、鸡在草中觅虫、林禽蛋循环的生态链条，保证规模放养的自由活动空间和觅食的多样性。

授权企业

扎兰屯市成吉思汗镇钟氏生态土鸡养殖农民专业合作社　钟玉平　15104956111

三河马

登记证书编号：AGI00650

登记单位：海拉尔农牧场管理局

地域范围

三河马原产于内蒙古呼伦贝尔市三河地区，因起源于呼伦贝尔市额尔古纳市三河（根河、得尔布河、哈乌尔河）地区而得名。三河马农产品地理标志地域保护范围以内蒙古海拉尔垦区三河马场为骨干的主施业区，地域保护范围涵盖呼伦贝尔市 13 个旗（市、区），包括海拉尔区、满洲里市、扎兰屯市、牙克石市、根河市、额尔古纳市、阿荣旗、莫力达瓦达斡尔族自治旗、鄂伦春自治旗、鄂温克族自治旗、新巴尔虎左旗、新巴尔虎右旗、陈巴尔虎旗。地理坐标为东经 117° 15′ ~ 124° 02′，北纬 47° 05′ ~ 51° 30′，属高纬度地带，大兴安岭山地向呼伦贝尔大草原过渡地段。

品质特色

三河马，头大小适中，直头。眼大明亮。耳大小适中，直立。鼻孔开张良好。颌凹宽。颈长短适中，呈直颈和斜颈，高低适中。颈肩结合良好。鬐甲明显，肩倾斜适度。背腰平直而宽广，尻部丰满，略斜。胸部深宽，肋骨拱圆。腹部大小适中。四肢干燥，骨量充实。关节明显，飞节发育良好，腱和韧带坚实，尻部较长，蹄大小适中，蹄质坚实，多为正肢势，部分个体后肢稍外向。鬃毛、鬣毛、尾毛稀少，距毛不发达。三河马毛色主要为骝毛和栗毛，黑毛和青毛少。

三河马繁殖性能高，代谢机能旺盛，血液氧化能力较强。体质结实紧凑、骨骼坚实、结构匀称、外貌俊美、性情温驯，有悍威、耐寒、耐粗饲、恋膘性强、增膘快、掉膘慢、抗病力强、适应性良好的特征特性。

人文历史

三河马主要是由俄罗斯的贝加尔马、奥尔洛夫和比秋克血统的改良马、当地蒙古马综合杂交而来，后期又相继引进盎格鲁诺尔曼、盎格鲁阿拉伯、英纯血等种马，进一步杂交改良后形成，三河马已有 100 多年的驯养史。内蒙古马球队就曾以三河马做比赛用马，三河马以惊人的速度、持久的耐力和灵活性而著称，多次在比赛中创造了较好的成绩。在全国赛马比赛中，三河马更是所向无敌，多次打破全国纪录。周恩来总理称赞三河马为“中国马的优良品种”，1986 年，三河马被内蒙古自治区人民政府正式验收命名为“内蒙古三河马”。三河马作为中国名马已写进了教科书，在全世界都享有盛誉。

生产特点

三河马产地呼伦贝尔市处于东部季风区与西北干旱区的交会处，是我国重要的农牧业生产基地。呼伦贝尔草原是欧亚大陆草原的重要组成部分，是世界著名的温带半湿润典型草原，作为世界草地资源研究和生物多样性保护的重要基地，也是我国乃至世界上生态保持最完好，纬度最高、位置最北，未受污染的大草原之一。呼伦贝尔草原面积大，地势多丘陵起伏，水草充足，是三河马得天独厚的天然牧场，也是育成三河马主要因素之一。三河马育种标准执行 1960 年内蒙古制定的《三河马育种规划草案》。三河马育种标准为公马：体高 150 cm，体长率 100% ～ 105%，胸围率 115% 以上，管围率 13% 以上。母马：体高 145 cm，体长率 100% ～ 105%，胸围率 115% 以上，管围率 13% 以上。

授权企业

呼伦贝尔农垦食品集团有限公司　马晓宇　15249468658

三河牛

登记证书编号：AGI00651

登记单位：海拉尔农牧场管理局

地域范围

三河牛原产于呼伦贝尔市三河地区，因起源于呼伦贝尔额尔古纳市三河（根河、得尔布河、哈乌尔河）地区而得名。三河牛农产品地理标志地域保护范围以内蒙古海拉尔垦区谢尔塔拉种牛场为骨干的16个农牧场为核心区，地域保护范围涵盖呼伦贝尔市13个旗（市、区），包括海拉尔区、满洲里市、扎兰屯市、牙克石市、根河市、额尔古纳市、阿荣旗、莫力达瓦达斡尔族自治旗、鄂伦春自治旗、鄂温克族自治旗、新巴尔虎左旗、新巴尔虎右旗、陈巴尔虎旗。地理坐标为东经117° 15′ ~ 124° 02′，北纬47° 05′ ~ 51° 30′，属高纬度地带，大兴安岭山地向呼伦贝尔大草原过渡地。

品质特色

三河牛为细致紧凑型，毛色以红白花或黄白花为主，其次少量黑白花。三河牛是我国培育的第一个乳肉兼用品种，三河牛适应性强、耐粗饲、耐高寒、抗病力强、宜牧、乳脂率高、遗传性能稳定。基础母牛平均产奶量5 105.77 kg，最高个体奶产9 670 kg。平均乳脂率达4.06%以上，乳蛋白在3.19%以上，干物质在12.90%。18月龄以上公牛、阉牛经过短期育肥后，屠宰率为55%，净肉率为45%。三河牛肉质脂肪少，肉质细，大理石纹明显，色泽鲜红，鲜嫩可口，瘦肉率经测定为1 : 0.573。具有完善的氨基酸含量，尤为突出的是赖氨酸含量较高。

人文历史

三河牛的形成历史比较长，早在1898年，部分沙俄人移居呼伦贝尔盟（现名呼伦贝尔市）三河一带，他们先后引进了多品种牛与当地的蒙古牛进行了杂交自繁。20世纪50年代中期，根据党中央号召，在呼伦贝尔地区建立国有牧场，本着“以品种选育为主，适当引进外血为辅”的育种方针，有计划地开展科学育种工作。建立种牛场，组织核心群，选培和充分利用优良种公牛，开展人工授精，严格选种选配，定向培育犊牛，坚持育种记录，建立饲料基地，加强疫病防治。历经几代农垦人精心选育，在这片幅员辽阔、水草丰美的土地上，自主培育出来我国第一个拥有完全知识产权的乳肉兼用型优良品种。1958年荣获中央人民政府颁发的由周恩来总理签名的“谢尔塔拉牧场三河牛育种工作取得显著成绩”奖状。1986年三河牛被内蒙古自治区人民政府正式验收命名为“内蒙古三河牛”。

生产特点

三河牛产地呼伦贝尔市处于东部季风区与西北干旱区的交会处，是我国重要的农牧业生产基地。呼伦贝尔草原是欧亚大陆草原的重要组成部分，是世界著名的温带半湿润典型草原，作为世界草地资源研究和生物多样性保护的重要基地，也是我国乃至世界上生态保持最完好，纬度最高、位置最北，未受污染的大草原之一。呼伦贝尔草原面积大，地势多丘陵起伏，水草充足，是三河牛得天独厚的天然牧场，也是育成三河牛主要因素之一。三河牛的发展历经多品种杂交自繁阶段、计划杂交改良及品种培育阶段、群体选育提高及新品系培育三个重要阶段。经过长期选育提高，三河牛核心群牛奶单产已达到6.5 t以上，牛奶所含生物活性因子可提高人体免疫力，是生产奶干、奶酪等民族特色产品的理想原料。同时，三河牛具有良好的产肉性能，18月龄短期育肥屠宰率55%，净肉率46%，育肥日增重达1 kg以上，特别适合边远牧区饲养。

授权企业

呼伦贝尔农垦食品集团有限公司　祝磊　19904706159

呼伦贝尔农垦谢尔塔拉农牧场有限公司　赵曼　15894805940

呼伦湖秀丽白虾

登记证书编号：AGI01459

登记单位：呼伦贝尔市水产技术推广站

地域范围

呼伦湖是我国第四大淡水湖，也是内蒙古第一大湖。呼伦湖秀丽白虾农产品地理标志保护范围位于呼伦贝尔草原腹地新巴尔虎左旗、新巴尔虎右旗和满洲里市之间，地理坐标为东经 116° 58′ ～ 117° 47′，北纬 48° 40′ ～ 49° 20′，属高纬度地区，湖水面积为 2 339 km^2，平均水深 5.7 m，最大水深为 8 m 左右，蓄水量为 138.5 亿 m^3。呼伦湖年产秀丽白虾 2 500 t，地域保护总面积 23 万 hm^2。

品质特色

呼伦湖秀丽白虾虾体洁白，是呼伦湖唯一的经济虾类，具有生长快、食性广、繁殖能力强，营养价值高等特点，是高蛋白、低脂肪的上等水产品。秀丽白虾体呈圆筒形、稍侧扁、体表光滑、身体透明。体长为 1.5 ～ 8 cm 不等，生长年限 3 ～ 4 年。营养价值极高，鲜品蛋白质含量 19.8%，所含粗蛋白质比同水域鱼类高许多。钙含量 0.833%，明显高于本地区的其他同类产品的钙含量。鲜虾产量很高，从 20 世纪 90 年代开始，呼伦湖鲜虾产量逐年增多，现年产鲜虾 2 300 t 左右。每百克食用虾中，含蛋白质 20.6 g，脂肪 0.7 g，以及钙、磷、铁、无机盐和维生素 A 等多种营养成分。

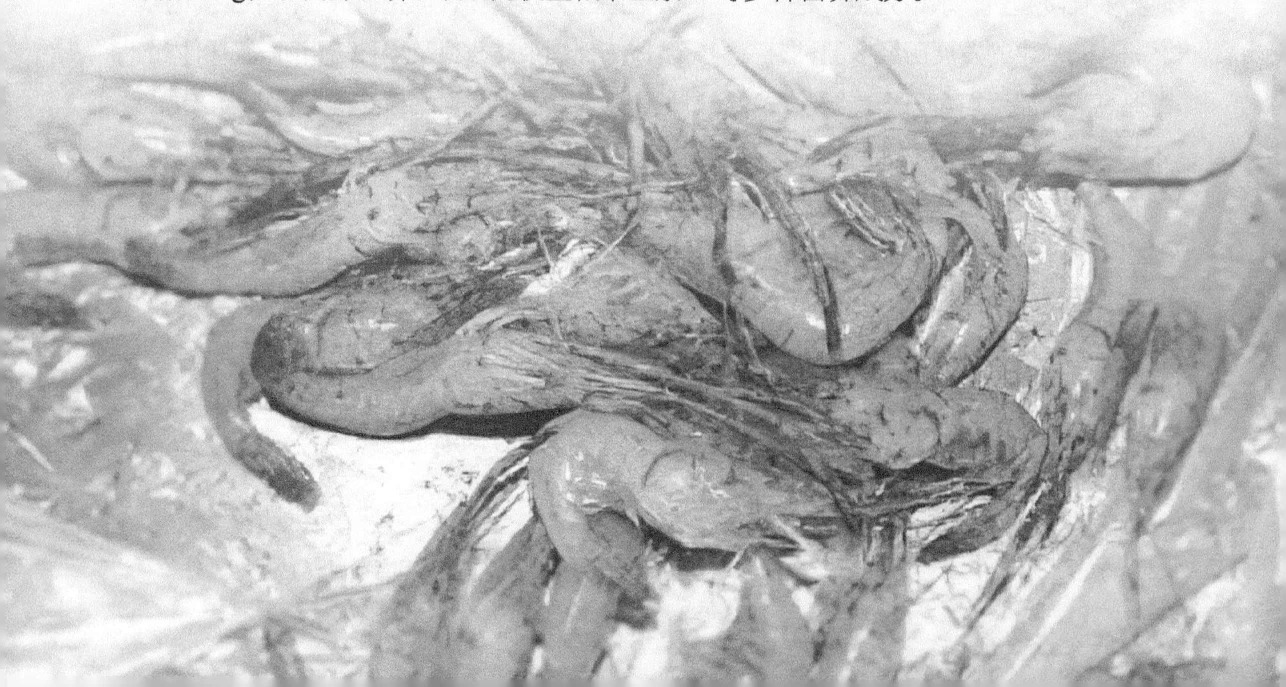

人文历史

呼伦湖在史前已经有人类居住。呼伦湖渔业开发历史较早，从1917年至今，已近90年历史，但1947年前只属零星季节性捕捞，1948—1986年大致经历了三个阶段：1948—1957年以冬季冰下大拉网为主，鱼产量平均3 826.29 t；1958—1969年为常年多网（有兜网、拉网、挂网、流网、箔旋等）混合生产，鱼产量有所提高，多年平均6 141.43 t；1970—1986年，开始拉网捕鱼，并实行以养为主、养捕结合和一系列的繁殖保护措施后，鱼产量又有提高，多年平均7 078.8 t。

生产特点

呼伦湖地区属于呼伦贝尔高原的一部分，本区地貌分为湖盆、低山丘陵、湖滨平原、沙地沙岗、河谷漫滩等，湖底主要是沙质，周边为呼伦贝尔草原环绕，水质肥沃，符合鱼类生长标准。湖中除秀丽白虾外，还有白鱼、小白鱼、鲤鱼等其他鱼类。

秀丽白虾主要生活在湖内的敞水区域和湖内较大的河道内，它白天潜入水底，夜间升到湖水上层，所以捕虾产量较高。秀丽白虾属杂食性动物，终生以浮游动物、植物碎屑、细菌等为饵料，是内蒙古呼伦湖地方特产。

授权企业

内蒙古呼伦贝尔呼伦湖渔业有限公司　李英强　0470-6521776

呼伦湖鲤鱼

登记证书编号：AGI01460

登记单位：呼伦贝尔市水产技术推广站

地域范围

呼伦湖是我国第四大淡水湖，也是内蒙古第一大湖。呼伦湖鲤鱼农产品地理标志保护范围位于呼伦贝尔草原腹地新巴尔虎左旗、新巴尔虎右旗和满洲里市之间，地理坐标为东经 116° 58′ ～ 117° 47′ ，北纬 48° 40′ ～ 49° 20′ ，属高纬度地区，湖水面积为 2 339 km^2，平均水深 5.7 m，最大水深为 8 m 左右，蓄水量为 138.5 亿 m^3。呼伦湖年产鲤鱼 500 t，地域保护总面积 23 万 hm^2。

品质特色

呼伦湖鲤鱼体纺锤形，头后背部隆起，头小，明显小于体高，口亚下位，略呈马蹄形，全侧深银白色，每个鳞片的边缘颜色稍深。

呼伦湖鲤鱼富含蛋白质和十余种氨基酸，每百克鱼肉中蛋白质含量大于 15 g，氨基酸总量大于 16 g，因此肉味鲜美。呼伦湖鲤鱼是野生冷水鲤鱼。在生长过程中不需要投喂人工饵料，全部是鱼类按自身需要所自行选择的浮游生物、天然饵料，生长周期长，尾重 500 g 的鲤鱼生长期要达 5 年之久。

人文历史

呼伦湖在史前已经有人类居住。呼伦湖渔业开发历史较早，从 1917 年至今，已 100 多年历史，但 1947 年前只属零星季节性捕捞，1948—1986 年大致经历了三个阶段：1948—1957 年以冬季冰下大拉网为主，鱼产量平均 3 826.29 t；1958—1969 年为常年多网（有兜网、拉网、挂网、流网、箔旋等）混合生产，鱼产量有所提高，多年平均 6 141.43 t；1970—1986 年，开始拉网捕鱼，并实行以养为主、养捕结合和一系列的繁殖保护措施后，鱼产量又有提高，多年平均 7 078.8 t。

生产特点

呼伦湖地区属于呼伦贝尔高原的一部分，本区地貌分为湖盆、低山丘陵、湖滨平原、沙地沙岗、河谷漫滩等，湖底主要是沙质，周边为呼伦贝尔草原环绕，水质肥沃，符合鱼类生长标准。呼伦湖地区河流湖泊广布，地下水资源丰富。位于内蒙古呼伦贝尔市东北部，年平均气温 -1℃，无霜期 110 ~ 160 d，年降水量 247 ~ 319 mm，年蒸发量 1 400 ~ 1 900 mm，年平均日照时数 2 853 h。

授权企业

内蒙古呼伦贝尔呼伦湖渔业有限公司　李英强　0470-6521776

呼伦湖白鱼

登记证书编号：AGI01505

登记单位：呼伦贝尔市水产技术推广站

地域范围

呼伦湖是我国第四大淡水湖，也是内蒙古第一大湖。呼伦湖白鱼农产品地理标志保护范围位于呼伦贝尔草原腹地新巴尔虎左旗、新巴尔虎右旗和满洲里市之间，地理坐标为东经 116° 58′ ~ 117° 47′，北纬 48° 40′ ~ 49° 20′，属高纬度地区，湖水面积为 2 339 km^2，平均水深 5.7 m，最大水深为 8 m 左右，蓄水量为 138.5 亿 m^3。呼伦湖年产白鱼 400 t，地域保护总面积 23 万 hm^2。

品质特色

呼伦湖白鱼体侧扁而高，头小，头背部平直，全侧深银白色，体侧上部鳞片的后缘有小黑斑。背鳍灰白色，臀鳍具有鲜艳的橘黄色，腹部银白色。呼伦湖白鱼富含蛋白质和十余种氨基酸。每百克鱼肉中含氨基酸 >17 g，其中天门冬氨酸 >1.80 g、苏氨酸 >0.70 g、丝氨酸 >0.65 g、谷氨酸 >2.50 g、脯氨酸 >0.80 g、甘氨酸 >1.00 g、丙氨酸 >1.00 g、胱氨酸 >0.15 g、缬氨酸 >0.80 g、蛋氨酸 >0.60 g、异亮氨酸 >0.90 g、亮氨酸 >1.50 g、酪氨酸 >0.60 g、苯丙氨酸 >0.90 g、赖氨酸 >1.70 g、组氨酸 >0.40 g、精氨酸 >1.00 g。每百克鱼肉中含蛋白质 >16 g、钙 >450 mg、铁 >0.70 mg、锌 >1.30 mg、镁

>28 mg、胆固醇 <100 mg。呼伦湖白鱼氨基酸、蛋白质含量丰富，因此肉味鲜美。

人文历史

呼伦湖在史前已经有人类居住。呼伦湖渔业开发历史较早，从 1917 年至今，已有 100 多年历史，但 1947 年前只属零星季节性捕捞，1948—1986 年大致经历三了个阶段：1948—1957 年以冬季冰下大拉网为主，鱼产量平均 3 826.29 t；1958—1969 年为常年多网（有兜网、拉网、挂网、流网、箔旋等）混合生产，鱼产量有所提高，多年平均 6 141.43 t；1970—1986 年，开始拉网捕鱼，并实行以养为主、养捕结合和一系列的繁殖保护措施后，鱼产量又有提高，多年平均 7 078.8 t。

生产特点

呼伦湖地区属于呼伦贝尔高原的一部分，本区地貌分为湖盆、低山丘陵、湖滨平原、沙地沙岗、河谷漫滩等，湖底主要是沙质，周边为呼伦贝尔草原环绕，水质肥沃，符合鱼类生长要求。

呼伦湖区河流湖泊广布，地下水资源丰富。位于内蒙古呼伦贝尔市东北部，年平均气温 -1℃，无霜期 110 ～ 160 d，年降水量 247 ～ 319 mm，年蒸发量 1 400 ～ 1 900 mm，年平均日照时数 2 853 h。

呼伦湖白鱼产于呼伦湖天然水域；呼伦湖白鱼为野生的白鱼；生产出的白鱼应符合相关质量规定，白鱼的外观要清洁、色泽亮白，无污垢、无杂质，肉质细腻有弹性；白鱼产量要以保持湖区白鱼可持续繁殖为前提，限量捕捞，具体以呼伦贝尔市农业农村局核定的产量执行；进入流通领域的产品首先要在保证质量的前提下，要有专门的质量追踪体系，以保证广大消费者的利益，出现质量问题要及时妥善解决，维护好产品的信誉。

授权企业

内蒙古呼伦贝尔呼伦湖渔业有限公司　李英强　0470-6521776

呼伦湖小白鱼

登记证书编号：AGI01506

登记单位：呼伦贝尔市水产技术推广站

地域范围

呼伦湖是我国第四大淡水湖，也是内蒙古第一大湖。呼伦湖小白鱼农产品地理标志保护范围位于呼伦贝尔草原腹地新巴尔虎左旗、新巴尔虎右旗和满洲里市之间，地理坐标为东经 116° 58′ ～ 117° 47′，北纬 48° 40′ ～ 49° 20′，属高纬度地区，湖水面积为 2 339 km^2，平均水深 5.7 m，最大水深为 8 m 左右，蓄水量为 138.5 亿 m^3。呼伦湖年产小白鱼 7 000 t，地域保护总面积 23 万 hm^2。

品质特色

呼伦湖小白鱼体长侧扁，侧扁而高，头小，全侧深银白色，每个鳞片的边缘颜色稍深。背鳍条，Ⅲ 7；臀鳍Ⅲ 12 ～ 15；侧线鳞 42 ～ 46；下咽齿三行 1.1.4 ～ 5.4.1；全身银白，鳍灰白色。富含蛋白质和十余种氨基酸。每百克鱼肉中含氨基酸 >15 g，蛋白质 >15 g，

钙 >1 000 mg，铁 >3.00 mg，锌 >3.20 mg，镁 >35 mg，胆固醇 <150 mg，是水产品市场中最受欢迎的鱼类之一。

人文历史

呼伦湖在史前已经有人类居住。呼伦湖渔业开发历史较早，从 1917 年至今，已有 100 多年历史，但 1947 年前只属零星季节性捕捞，1948—1986 年大致经历三了个阶段：1948—1957 年以冬季冰下大拉网为主，鱼产量平均 3 826.29 t；1958—1969 年为常年多网（有兜网、拉网、挂网、流网、箔旋等）混合生产，鱼产量有所提高，多年平均 6 141.43 t；1970—1986 年，开始拉网捕鱼，并实行以养为主、养捕结合和一系列的繁殖保护措施后，鱼产量又有提高，多年平均 7 078.8 t。

生产特点

呼伦湖地区属于呼伦贝尔高原的一部分，本区地貌分为湖盆、低山丘陵、湖滨平原、沙地沙岗、河谷漫滩等，湖底主要是沙质，周边为呼伦贝尔草原环绕，水质肥沃，符合鱼类生长标准。

呼伦湖区河流湖泊广布，地下水资源丰富。位于内蒙古呼伦贝尔市东北部，年平均气温 -1 ℃，无霜期 110 ~ 160 d，年降水量 247 ~ 319 mm，年蒸发量 1 400 ~ 1 900 mm，年平均日照时数 2 853 h。

授权企业

内蒙古呼伦贝尔呼伦湖渔业有限公司　李英强　0470-6521776

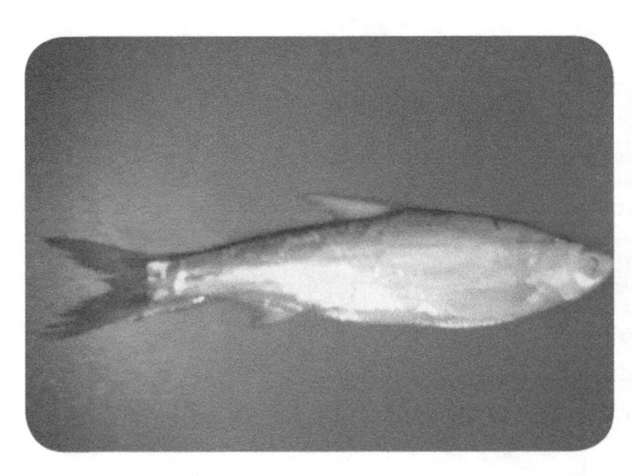

陈旗鲫

登记证书编号：AGI01951

登记单位：陈巴尔虎旗渔政渔港监督管理所

地域范围

陈旗鲫农产品地理标志保护范围为陈巴尔虎旗所辖鄂温克苏木、巴彦哈达苏木、东乌珠尔苏木、西乌珠尔苏木、哈达图牧场共 4 个苏木和 1 个牧场。地理坐标为东经 118° 22′ 46.16″ ~ 119° 20′ 07.76″，北纬 49° 46′ 57.65″ ~ 50° 12′ 50.26″。

品质特色

陈旗鲫体侧扁而高，体型短，体高显著超过头长，尾柄高等于或稍超过尾柄长，眼小，无须，背鳍Ⅲ 16 ~ 19，臀鳍Ⅲ 5，侧线鳞 28 ~ 33；下咽齿一行，腹膜灰黑或黑色；肌肉瓷实、有弹性。陈旗鲫在生长过程中不需要投喂人工饵料，全部是按自身需要所自行选择的浮游生物、天然饵料，鱼肌肉营养平衡，氨基酸、脂肪酸组成比例合理，陈旗鲫口感好、味道特别鲜美。每百克陈旗鲫中含蛋白质 17.8 g，多不饱和脂肪酸 1.05 g，钙 54.9 mg，铁 0.96 mg，锌 2.10 mg，镁 26.0 mg，富含 17 种氨基酸。

人文历史

陈旗鲫为野生的鲫鱼，历史悠长。据史书记载，1203 年的春天，成吉思汗历经残酷厮杀冲出重围后得了重病，他带领部下回到呼伦贝尔草原，驻扎在额尔古纳河畔的胡列也吐湖休养生息。成吉思汗的那可儿博尔术记得胡列也吐的湖里盛产一种鲫鱼，用这种鱼煮出的汤是乳白色的，味鲜飘香，喝这种鱼汤能调养多种疾病，于是博尔术来到湖边，不一会便抓到了 40 多条宽脊大鲫鱼，熬制成牛奶一般的鱼汤，送到成吉思汗床前，成吉思汗喝了一碗又一碗，直喝到五内通畅，大汗淋漓，很快便恢复了健康。后来胡列也吐湖畔生活的人们将这种上天赐予的孟根扎噶斯（银色的鱼）称为“银鲫”即“陈旗鲫”，这种鱼成为呼伦贝尔草原的珍贵鱼种和知名品牌。

生产特点

陈巴尔虎旗的河以“活、肥、洁”著称，“活”是指水不是死水；“肥”是指湖畔和河岸牧草繁茂，是鱼类的天然饵料；“洁”是指河湖各河流没有任何污染，是少有的一池碧水。“活、肥、洁”为陈旗鲫提供了良好的生长条件。

陈旗鲫是野生冷水鲫鱼。在生长过程中不需要投喂人工饵料，全部是鱼类按自身需要所自行选择的浮游生物、天然饵料，所以陈旗鲫口感好、味道极其鲜美。陈巴尔虎旗水域的陈旗鲫由于气温低、生长速度慢、生长周期长，尾重 500 g 的陈旗鲫生长期要达 5 年之久，因此本水域产出的陈旗鲫具有品质优良、口感好的优点，在市场上非常畅销。

授权企业

陈巴尔虎旗渔利农牧鱼民专业合作社　于雁飞　13604707197

紫皮蒜
紫皮蒜
优质小米
Wujiahu
新谷园食品
优质小米
天赐草原
牛肉礼盒
扎赉特味稻
长粒香大米
扎赉特味稻
长粒香大米
扎赉特味稻
长粒香大米
有机
羊肉

兴安盟篇

阿尔山卜留克

登记证书编号：AGI01272

登记单位：阿尔山市绿色农畜产品发展协会

地域范围

阿尔山自然条件优越，位于兴安盟西北部，地处大兴安岭中段，地理坐标为东经119° 28′ ~ 121° 23′，北纬 46° 39′ ~ 47° 39′，海拔 1 010 m，是全国纬度最高的城市之一。东西长 142 km，南北长 118 km，总土地面积 7 408.7 km^2，耕地面积 30 万亩。共辖五岔沟镇、白狼镇、天池镇，温泉街、新城街、林海街 6 个镇（街）18 个行政村，地域保护面积 30 万亩。

品质特色

阿尔山卜留克个体大，维生素 C 含量高，口感好，风味独特，营养齐全，适宜鲜食或酱腌菜用。经分析，卜留克含有多种对人体有益的微量元素，对于人体生长发育

特别是骨骼发育、维护体液的电解质和化学平衡及促进新陈代谢等具有保健作用。

阿尔山卜留克是没有任何污染的天然绿色植物，每百克含维生素 C 28.6 mg，镁 244 mg，钙 788 mg；每千克含钾 6 950 mg，钠 253 mg，锌 3.54 mg；并且含有磷、粗纤维等 25 种对人体有益的营养元素，每百克产品中氨基酸总量达到 2.43 g。

人文历史

卜留克源于俄罗斯语“美味佳肴”之意，又名芜菁甘蓝，为十字花科芸薹属草本植物。原产于欧洲地中海沿岸，据《阿尔山文史资料》记载，成吉思汗大军远征东欧时发现并成为随军食品，除了肉制品之外，是当时征战必带的食物之一。又据《兴安盟志》和《科尔沁右翼前旗志》记载，在中俄联合抗日期间，为了后勤补给，卜留克被引入阿尔山地区种植。卜留克耐寒性较强，喜凉爽气候，最适宜生长在高纬度地区，与阿尔山的自然环境恰好吻合。目前，我国“南榨北卜”（榨菜、卜留克）酱腌菜市场格局已基本形成，卜留克将是未来消费者追捧的天然有机食品。

生产特点

阿尔山卜留克生长在阿尔山市原始森林腹地，种植面积约 134 hm^2，年产量 8 000 t。该地地理环境特殊，北高南低，属寒温带大陆性季风气候，年均日照时数 2 468 h，年均气温 -3.1 ℃，年均降水量 445.3 mm，集中在 6—8 月，正值卜留克块茎膨大需水多的时期。以上气候特点适宜卜留克生长所需的喜冷凉、长日照、膨大块茎水肥需求量大的生理特性。该地生产的卜留克产量高、质地好，特殊的地理位置和气候，造就了独特的“鲜、香、嫩、脆”等优良品质。

授权企业

阿尔山市丰润卜留克专业合作社　冯永国　13948257710

阿尔山黑木耳

登记证书编号：AGI00545

登记单位：阿尔山市绿色农畜产品发展协会

地域范围

阿尔山黑木耳农产品地理标志保护范围为五岔沟镇、白狼镇、天池镇，温泉街、新城街、林海街的 6 个镇（街）辖 18 个行政村。阿尔山自然条件优越，位于兴安盟西北部，地处大兴安岭中段，地理坐标为东经 119° 28′ ~ 121° 23′，北纬 46° 39′ ~ 47° 39′，地域保护面积 7 408.7 km^2。

品质特色

阿尔山黑木耳为波浪式的叶片状或耳状，新鲜的子实体半透明，胶质，富有弹性，干燥后急剧收缩成角质，且硬而脆。表面青色，底灰白，有光泽，朵大肉厚，膨胀性大，肉质坚韧，富有弹性，正所谓“貌似莲花，形如耳，面如绸”。阿尔山的黑木耳均以柞、椴等阔叶碎末为原料生产，符合它的自然属性，所以阿尔山林区的黑木耳与南方产品相比，干时肉厚色正，营养丰富；泡开有弹性，富光泽；食用时圆润、细腻，在全国黑木耳产品中属上品。阿尔山黑木耳每百克中含蛋白质 10.6 g、脂肪质 0.2 g、碳水化合物 65 g、纤维素 7 g，以外还含有多种维生素、氨基酸等。

人文历史

阿尔山全称“哈伦·阿尔山”，是蒙古语，意思是“热的圣泉”，由成吉思汗时期蒙古人命名而来。阿尔山地处大兴安岭南麓，据《阿尔山文史资料》（第一辑）记载，早在成吉思汗时期，就有一些蒙古族人、俄罗斯人在此狩猎和温泉洗浴，当时就有采食木耳的活动。随着时间的推移，当地居民采伐林木建房、立栅栏，上面经常长出木耳，人们对木耳的认识非常广泛，木耳也获得了“素中之荤”的美称。

生产特点

阿尔山市黑木耳生长在阿尔山市原始森林腹地，种植面积 120 hm^2，年产量 50 t。该地自然条件优越，地处大兴安岭中段，海拔 1 010 m，是全国纬度最高的城市之一，以其丰富的自然资源、秀丽的风光和神奇的矿泉资源被人们誉为“绿海明珠”。阿尔山森林茂密，自然环境优越，是闻名的矿泉疗养和生态文明体验区，属寒温带大陆性季风气候，全年气温较低，春季、夏季雨量充沛。气候冷凉，昼夜温差大，迎合了黑木耳生长所需的生理特性，孕育出味道独特的阿尔山黑木耳。

授权企业

阿尔山市白狼天原林产有限责任公司　陈倩　18548238715

阿尔山市天润农牧业扶贫发展有限公司　李嘉　18804802939

阿尔山市白狼浩岫林产有限责任公司　王学文　13948257755

五家户小米

登记证书编号： AGI01797

登记单位： 扎赉特旗新谷园杂粮产业协会

地域范围

五家户小米产自兴安盟扎赉特旗的音德尔镇五家户村，种植区辐射金星村、联合村、民胜村、德胜村、巨宝村和好力保乡巴岱村、古庙村、永兴村、五道河子村、腰山村、太阳升村。地理坐标为东经 120° 03′ ～ 123° 02′，北纬 46° 30′ ～ 46° 40′。

品质特色

五家户小米颗粒饱满、金黄圆润、油质丰富；食之香气浓郁，口感适中，柔软黏甜。五家户小米氨基酸总量为 9.5%、蛋白质含量为 9.0%、粗脂肪含量为 3%、直链淀粉含量为 14% ～ 20%、支链淀粉含量为 78%，富含草原沃土独有的矿物质，营养价值极高。熬出的粥味道独特，民间素有“代参汤”的美称；做出的米饭金黄润泽，香软可口；具有益胃健脾的功效，是老少皆宜的营养食品。

人文历史

据《扎赉特旗志》记载，1949 年小米播种面积 20.28 万亩，占粮食作物总面积的 19.88%，平均亩产 54.67 kg，总产 1 108.70 万 kg，占粮食作物总产量的 19.54%。1958 年播种面积 31.39 万亩，占粮食作物总面积的 22.39%，平均亩产 105.4 kg，总产 3308.51 万 kg，占粮食作物总产量的 2.46%。1978 年播种面积 28.51 万亩，占粮食作物总面积的 24.42%，平均亩产 68.5 kg，总产 1 952.94 万 kg，占粮食作物总产量的 18.09%。1985 年播种面积 20.70 万亩，占粮食作物总面积的 15%，平均亩产 97 kg，占粮食作物总产量的 12.76%。凭借非常适合小米种植的独特地理环境，五家户小米以颗粒饱满、金黄圆润、油质丰富，食之香气浓郁，口感适中，柔软黏甜而远近闻名，产品不仅畅销周边省市，还打入北京、上海等一线城市。

生产特点

五家户村属温带大陆性半干旱季风气候，年平均气温 4 ℃，年平均日照为 2 855 h，≥ 10℃平均有效积温 2 600 ～ 2 800 ℃，平均降水量 400 ～ 500 mm，无霜期 130 d 左右。光照充足，昼夜温差大，非常适宜小米种植，是生产优质小米的产区之一。近年来，扎赉特旗依托龙头企业，专注于五家户小米主辅食粮的自主研发与生产，走生产高端的主粮食品发展道路。现已建立“基地订单种植—优良品种培育—科学化管理—粮食回收仓储—精深生产加工—主粮食品进入市场”的完整绿色循环产业链。同时，建立“企业 + 专业合作社 + 种植户”的模式，通过专业合作社与种植户签订种植订单，企业进行收储、加工、销售，有效地搭建起了产销对接渠道。五家户小米种植规模逐年增加，品牌影响力逐渐扩大，已被老百姓认可为最好吃的主粮食品之一。

授权企业

扎赉特旗雨森农牧业有限责任公司　王贤艳　15034853777

内蒙古新谷园食品科技股份有限公司　边云桥　15849837658

扎赉特旗五家户基层供销合作社有限公司　王春凤　13624796868

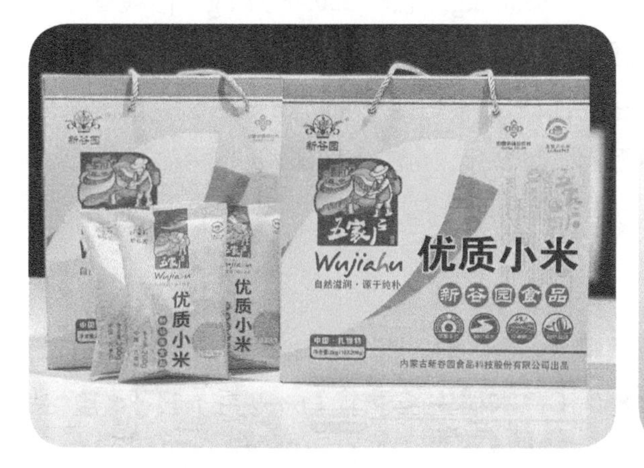

扎赉特大米

登记证书编号：AGI01796

登记单位：扎赉特旗农业技术推广中心

地域范围

扎赉特大米产于兴安盟扎赉特旗的新林镇，种植区域辐射全镇 10 个行政村，音德尔镇的 16 个行政村，好力保的 12 个行政村巴彦高勒镇的 7 个行政村，图牧吉镇的 1 个行政村，努文木仁乡的 7 个行政村，以及内蒙古自治区监狱管理局东部分局（分局驻地乌塔其）的乌兰监狱农场、乌塔其监狱农场、保安沼监狱农场境内，地理坐标为东经 122° 28′ ～ 123° 36′ ，北纬 46° 17′ ～ 47° 14′ 。

品质特色

扎赉特大米外观整齐、整精米率高、垩白度少、米质清亮、晶莹剔透，蒸煮米饭时可散发出浓郁的香味，米饭口感柔软，黏性适中，适口性好，米饭表面有油光，冷后不回生。赖氨酸总量约 6.4%，直链淀粉约 18%，胶稠度约 77.5 mm，粗蛋白质约 6.7%，支链淀粉约 79.5%，营养丰富，品种优良。保护面积 16 667 hm^2，年产 12 万 t。

人文历史

《扎赉特旗地方志》记载，1949 年水稻播种 1.76 万亩，占粮食作物总面积的 1.72%，平均亩产 50 kg，总产 88 万 kg，占粮食作物总产量的 1.55%。1958 年水稻播种 1.24 万亩，占粮食作物总面积的 8.87%，平均亩产 185.87 kg，总产 230.48 万 kg，占粮食作物总产量的 1.72%。1990 年从黑龙江方正县引进水稻旱育稀植技术，水稻单产从 150 kg 提高到 400 kg。1992 年开始推广水稻插抛秧技术，平均亩产 450 kg 左右，完成国家批复改造中低产田 13 万亩，其中水稻 5.5 万亩。2002 年，全旗水稻插抛秧面积达 7 万亩。2001—2002 年，推广水稻摆栽技术 1.5 万亩比插秧产量提高 10%。

生产特点

扎赉特旗属温带大陆性半干旱季风气候区，年平均日照 2 800 h，年平均气温 4 ℃，大于等于 10 ℃的有效积温 2 210 ～ 2 860 ℃，水稻生长季节（6—9 月）日平均气温 17 ℃，昼夜温差 10 ℃，最大温差 20 ℃。无霜期 105 ～ 135 d。积温和日照能够满足水稻正常生长需要，也是生产优质稻米的产区之一。种植区土壤以草甸土、黑钙土、黑土、栗钙土、沼泽土为主，土壤富含氮磷钾等多种营养元素。品种选择必须选用通过国家审定或者省级农业部门认定的，而且米质好、抗倒伏、抗病性强、分蘖较好、生育期适宜的品种。

授权企业

扎赉特旗绰勒银珠米业有限公司　朴成奎　13947486225

内蒙古谷语现代农业科技有限公司　陈玉鑫　15024830000

扎赉特旗雨森农牧业有限责任公司　王贤艳　15034853777

龙鼎（内蒙古）农业股份有限公司　龙凤　18613411319

扎赉特旗高壹米业有限责任公司　高壹　18304846888

扎赉特旗达益源家庭农场　姜武彬　13847930868

扎赉特旗裕品缘农业有限公司　单春义　13948996930

扎赉特旗米学彬家庭农场　米学彬　15144902890

扎赉特旗聚丰源农业有限公司　兰立国　13848697860

扎赉特旗富老乡亲家庭农场　王玉芝　13948287985

扎赉特旗蒙源粮食贸易有限责任公司　王佰刚　13404826789

扎赉特旗五家户基层供销合作社有限公司　王春凤　13624796868

扎赉特旗金鑫宇农牧专业合作社　王金才　13647897004

兴安盟兴安粳稻优质品种科技研究所　柳玉山　18147140797

扎赉特旗鑫光大农牧专业合作社　吕光　15148952777

扎赉特旗德发农牧业发展有限公司　刘延军　13948266857

扎赉特旗魏佳米业有限责任公司　魏广德　13190966668

扎赉特旗苍裕米业有限责任公司　李先帅　15598988008

内蒙古华贸食品科技有限公司　李学师　1394889699

吐列毛杜小麦粉

登记证书编号：AGI01939

登记单位：吐列毛杜农场种植养殖业协会

地域范围

吐列毛杜小麦粉产自兴安盟吐列毛杜农场，农产品地理标志保护范围为行政区域第一生产队、第二生产队、第三生产队、第四生产队、第五生产队。地理坐标为东经 120° 12′ ~ 120° 41′，北纬 45° 06′ ~ 45° 53′。

品质特点

吐列毛杜小麦粉原料颗粒呈琥珀色、全角质、富有光泽，品质优良。小麦粉色泽微黄，有油光感，无杂质无异味，味道可口，微甜。吐列毛杜小麦粉中含膳食纤维 2.5% ~ 3%，湿面筋 30% ~ 32%，吸水量 55 ~ 62 mL/100 g，平均稳定时间 8 min，最大拉伸阻力 780 E.U，延伸性 110 mm。蛋白质含量 11% 以上，碳水化合物含量在 70% 以上。麦麸皮中含有丰富的 B 族维生素和蛋白质，有和缓神经的功能，小麦胚芽中含有丰富的维生素 E，可抗老防衰，适宜老年人食用。

人文历史

吐列毛杜农场地处北疆边陲，金界壕遗址在北部横贯东西。界壕旁有数个方形戍堡遗址，有屯戍开荒种植麦类历史遗迹。20 世纪中叶，王震将军率十万解放军转业官兵

进驻北大荒，1960 年建立吐列毛杜农场。在那段激情燃烧的岁月里，这个英雄群体在曾经极苦奇难的环境中和一穷二白的条件下，战生存极限、创人间奇迹，为保障国家粮食安全建立不朽功勋，并受到过农业部的表彰。吐列毛杜农场自 1960 年始，为保障兴安盟、哲里木盟、白城等地区粮食及小麦粉供应保障，开始按计划指标种植小麦并加工小麦粉，供应周边地区计划调拨需求。在那个物资匮乏的年代吐列毛杜农场面粉为乌兰浩特市、科尔沁右翼中旗等周边城镇及单位解决了部分粮食及小麦粉供应难题。目前，全场年种植小麦面积保持在 5 万亩左右，小麦粉年加工能力近万吨。

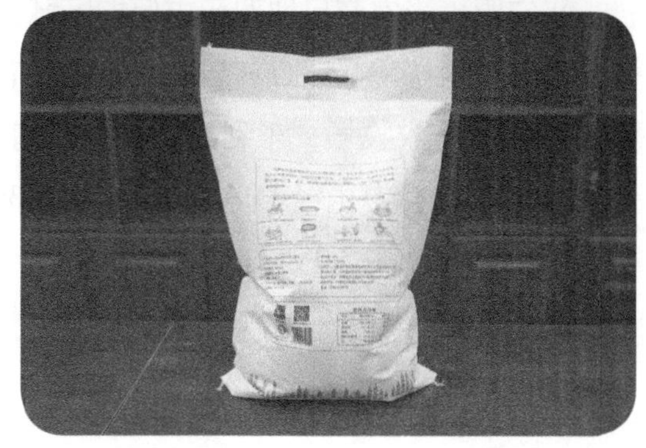

生产特点

吐列毛杜农场地处大兴安岭中段南麓的中低山区向低山丘陵区过渡地带，地势呈西北高，东南低，均为低山地貌，无平原，耕地均为山间谷地。土壤类型主要为暗棕壤、黑钙土、草甸土等，有机质含量约 4% ～ 9%。产地土层深厚，速效磷含量高。全境内有霍林河支流从北向南流过，其余均为降水时形成的小溪，属季节性存在。地下水属松散层潜水和基岩裂隙水，埋层 16 m，储量较大，给水度 0.01 ～ 0.03，水质良好，适于饮用、灌溉及植物吸收。属寒温带大陆性季风气候，年均日照时数 2 468 h，年均气温 -3.1 ℃，≥ 10 ℃的有效积温 1 900 ～ 2 100 ℃，全年无霜期 90 ～ 105 d，年均降水量 445.3 mm，集中在 6—8 月。光照充足，昼夜温差大，非常适宜小麦种植。

授权企业

兴安农垦集团吐列毛杜分公司　白永强　15104854370

兴安盟小米

登记证书编号： AGI02600

登记单位： 兴安盟农牧业产业化龙头企业协会

地域范围

兴安盟小米农产品地理标志保护区域位于兴安盟的扎赉特旗、科尔沁右翼前旗、科尔沁右翼中旗、乌兰浩特市、阿尔山市、突泉县即“三旗两市一县”的56个乡镇苏木及国有农牧场，东到好力保乡，南到好腰苏木，西到乌兰毛都苏木，北到新林镇，地理坐标为东经119°28′～123°39′，北纬44°15′～47°20′。保护规模10 000 hm^2，年产量3.0万t。

品质特点

兴安盟小米米粒色泽金黄，颗粒饱满，油质丰富，食之清香可口，绵软黏甜。蛋白质含量不低于8.0 g/100 g、淀粉含量不低于60 g/100 g、铁含量不低于10 mg/kg、维生素B_1含量不低于0.2 mg/100 g，含有氨基酸、维生素、蛋白质、脂肪、碳水化合物等营养成分；还含有人体必需的钙、磷、钾、锌等营养元素，属天然的绿色食品。

人文历史

兴安盟小米之一的科尔沁右翼中旗二龙屯小米素有皇帝贡品之称，相传1626年，科尔沁部贝勒寨桑之女（后被封为“孝庄皇后”）嫁给皇太极时，所带嫁妆中就有“二龙屯”小米，1645年清太宗皇太极的第八女固伦永安长公主下嫁图什业图亲王巴亚斯呼朗时，全家经常食用的就是“兴安盟小米”，并作为当时地方官向皇帝进贡的营养佳品，其色泽、味道曾为康熙皇帝所乐道。

据《兴安盟地方志》记载，清咸丰元年（1851年）兴安盟开始开荒种田，到清光

绪十七年（1891 年）卓索图盟喀喇沁，土默特旗（今辽宁省阜新、朝阳、建平等县）的蒙古族农民开始迁入札萨克图郡王旗（今科尔沁右翼前旗）中、南部一带，在洮儿河和归流河流域开荒种地。当时粮食作物品种中就有小米的种植。清光绪三十二年（1906 年）初具规模。1912 年种植达到 4.69 万亩，截至 2016 年播种面积达到 14.58 万亩，平均亩产 199 kg，总产量达 2 901.42 万 kg。小米是兴安盟主要的粮草兼用作物，20 世纪 40—50 年代是全盟粮食作物的主要品种。1949 年全盟小米播种面积 90 多万亩，平均亩产 30 ~ 40 kg，总产量 3 290 万 kg，50 年代以后改进播种方式，改大垄沟为小垄豁沟播种，产量有明显提高。兴安盟生产的小米不但品质优良、适口性好，而且生产过程安全无污染，小米品质达到了绿色有机产品标准。

生产特点

品种选择严禁使用转基因小米品种，选用优质、高产、抗病虫、抗逆性强，适合当地栽培的小米品种，目前兴安盟主要栽培品种为张杂谷 13 号。种植地块选择土壤有机质含量较高、地势呈浅山慢坡、降水量适中、黑土层较厚、土质疏松，特别适合小米等作物生长，与各种豆科等作物轮作既可以避免重茬，又保持了土壤肥力地力，有利于稳产高产的地块。生产控制中播种前 2 ~ 3 d 选择晴天中午将种子均匀摊在地上晒种，前 1 d 对种子进行盐水选、风筛选，清除杂物、草籽、秕粒等，用清水洗净，晾干待播。兴安盟地区最适宜的播期为 4 月 20 日—30 日。播种方法有撒播、穴播、条播等，小米的播种量一般每亩地 800 ~ 1 000 g，亩保苗 8 000 ~ 12 000 株，播种深度为 3 ~ 5 cm，播后镇压使种子紧贴土壤，以利于种子吸水发芽。在病虫害防治上，遵循绿色食品生产要求，优先选用微生物源、植物源、矿物源农药防治病虫害，严格控制化学农药的使用。

授权企业

兴安盟农牧业龙头企业协会　李杰颖　13274823099

扎赉特旗雨森农牧业有限责任公司　姜会红　15248506668

扎赉特旗五家户基层供销合作社有限公司　王春凤　13624796868

科右中旗山虎种养殖专业合作社　祁山虎　15849828387

突泉县兴隆山农业机械化种植专业合作社　刘付　15149042628

溪柳紫皮蒜

登记证书编号：AGI02797

登记单位：突泉县农畜产品质量安全管理站

地域范围

溪柳紫皮蒜农产品地理标志地域保护范围为兴安盟突泉县所辖突泉镇、六户镇、太平乡共计 3 个乡（镇）24 个行政村。地理坐标为东经 121° 69′ 53″ ～ 121° 28′ 56″ ，北纬 45° 56′ 21″ ～ 45° 31′ 39″ 。

品质特色

溪柳紫皮蒜鳞茎外皮紫色，大瓣种，瓣少而个体肥大，蒜头有 5 ～ 7 个蒜瓣，单头重 25 g 左右。蒜瓣围绕蒜薹座生在茎盘上，外包 3 ～ 4 层蒜皮，茎盘下面连带干枯须根，包裹整个蒜头的蒜皮为紫色，是由叶鞘基部膨大形成的。溪柳紫皮蒜蒜汁稠黏，蒜味辛辣，品质好，宜久存，每百克蛋白质含量不低于 7.0 g，大蒜素含量不低于 85 mg，粗纤维含量不低于 6 g，富含蛋白质和粗纤维，并含有镁、钾等人体所必需的多种微量元素及丰富的大蒜素。

人文历史

溪柳紫皮蒜种植历史较长，发展也较快，始于清朝末年，民国期间就趋于普遍种植大蒜。早在清光绪三十三年（1907 年）设镇，称醴泉镇。1914 年醴泉镇更名为突泉镇，建镇始即开始种植大蒜。据史料记载，民国 5 年（1916 年）突泉县大蒜种植面积 230 亩，伪满康德 8 年（1941 年）为 400 亩。中华人民共和国成立后，农村实行家庭联产承包经济体制改革后，1985 年，种植面积达 4 800 亩，比 1983 年增长 7.5%。

生产特点

溪柳紫皮蒜生长在原生态的大兴安岭南麓，兴安盟西南部大兴安岭和科尔沁草原接合处，该地区年平均气温 5 ℃，平均降水量 400 mm 左右；无霜期短（约 135 d），全年日照总时数 2 880 h，土地资源丰富，有机质含量高。生育期光照长，昼夜温差大，独特的地理、气候和水文条件以及该地的传统优良的农耕习惯是该紫皮蒜品质形成的重要因素。

为提高大蒜产量和质量，国家和突泉县政府不断投入资金扶持溪柳紫皮蒜主产区生产，帮助农民打机电井 50 余眼，1998 年又安装了喷灌设备，使产蒜区的耕地 100% 变为水浇地，再加上农民不断增施粪肥，改进栽培技术，改原来的 65 cm 宽的大垄为 33 cm 宽的小垄，增加了单位面积的保苗数，加强了田间管理，大蒜产量和质量有了显著提高，从而增加了单位面积的产出，使大蒜种植面积不断扩大。

授权企业

突泉县溪柳紫皮蒜专业合作社　李艳军　13847985859

突泉县城郊设施农业专业合作社　王贵臣　13624797536

突泉县艳梁农机机械化种植专业合作社　高国艳　18804825333

突泉县金农农作物机械化种植合作社　宫小朋　13847985859

突泉县艳宝农业机械化种植专业合作社　陈德泉　15174755552

兴安盟羊肉

登记证书编号：AGI02655

登记单位：兴安盟农牧业产业化龙头企业协会

地域范围

兴安盟羊肉农产品地理标志保护范围为兴安盟科尔沁右翼前旗所辖索伦镇、阿力得尔苏木、乌兰毛都苏木、桃合木苏木、满族屯满族乡苏木、阿力得尔牧场、索伦牧场；科尔沁右翼中旗所辖巴仁哲里木镇、吐列毛都镇、哈日诺尔苏木、吐列毛杜农场共计 8 个乡镇（苏木）3 个国有农牧场。地理坐标为东经 119° 28′ ~ 121° 24′，北纬 45° 20′ ~ 46° 47′。

品质特色

兴安盟羊肉肉质鲜嫩，色泽暗红油光，肌肉有光泽，红色均匀，脂肪洁白或淡黄色；闻之有淡淡膻味与香气、无酸味，风味极佳；外表微干或有风干的膜，不黏手，用手指按压后能立即恢复原状；煮熟后肉汤透明澄清，脂肪团聚于肉汤表面，具有羊肉特有的香味和鲜味，肉质细嫩，肌肉纤维呈现明显的大理石状，味道鲜美，口感好，肥而不腻，香而不腥膻。羊肉蛋白质含量不低于 16.0 g/100 g，矿物质铁含量不低于 4.39 mg/kg，矿物质钙含量不低于 45.5 mg/kg，脂肪含量不高于 20.1 g/100 g。

人文历史

兴安盟曾是成吉思汗的幼弟帖木哥 · 斡赤斤的领地。1203 年，成吉思汗征讨克烈

部王罕时，途经今兴安盟乌兰毛都草原时，斡赤斤将当地的羊肉做成手把肉，成吉思汗饱食了当地的羊肉后口留余香，称之是绝美的佳肴，从此以后这里所产的羊肉成为成吉思汗的贡品，每餐必备，兴安盟羊肉便成为草原上难得的美味佳肴，佳话在科尔沁草原广为流传。

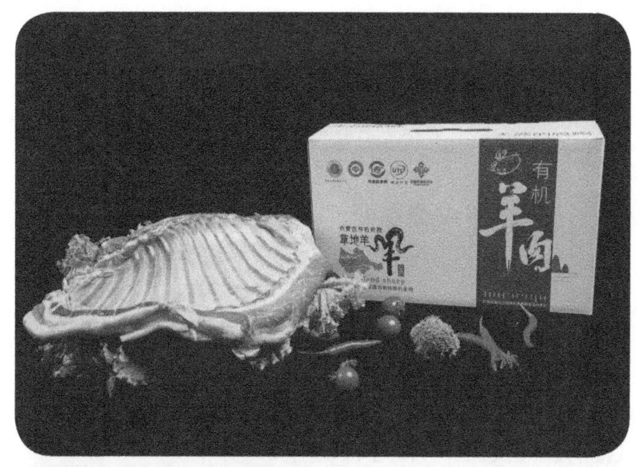

生产特点

兴安盟羊肉产自兴安盟，属于温带大陆性季风气候，平均年降水量在 373 ~ 467 mm，年平均气温在 -3.2 ℃ ~ 5.6 ℃，无霜期为 95 ~ 145 d。得天独厚的地理环境为发展畜牧业创造了良好环境，全盟牲畜总头数 798 万头（只），是内蒙古重要的畜产品生产基地，保护面积近 6 万 km^2，年存栏 1 000 多万（头）只，出栏 600 多万（头）只，产量达 12.5 万 t。

授权企业

科右前旗都冷杭盖养殖专业合作社　额尔敦朝克图　15598988089

科右前旗乌兰图雅牲畜养殖专业合作社　双河　18204840555

科右前旗阿力得尔百吉纳农牧营销专业合作社　颜世军　15849803558

科右前旗鑫祥圆养殖专业合作社　王国祥　18748220666

内蒙古九府牧业有限公司　白玉山　13624792018

科右前旗草原天鸿肉业有限公司　赵志东　13948239766

兴安盟牛肉

登记证书编号：AGI02654

登记单位：兴安盟农牧业产业化龙头企业协会

地域范围

兴安盟牛肉农产品地理标志保护范围为兴安盟科尔沁右翼前旗所辖索伦镇、阿力得尔苏木、乌兰毛都苏木、桃合木苏木、满族屯满族乡苏木、阿力得尔牧场、索伦牧场；科尔沁右翼中旗所辖巴仁哲里木镇、吐列毛都镇、哈日诺尔苏木、吐列毛杜农场共计8个乡镇（苏木）3个国有农牧场。地理坐标为东经119° 28′ ～121° 24′，北纬45° 20′ ～46° 47′。

品质特色

兴安盟牛肉风味独特、品质佳，其纤维细、脂肪少、肉中筋腱少，大理石花纹适中、肉质鲜嫩多汁，肥瘦相间、营养丰富、口感筋道、香醇满口，易消化吸收。蛋白质含量高、矿物质和维生素丰富、脂肪含量低，多吃可强健体魄，提高免疫力。每百克牛肉蛋白质含量13.7 g，脂肪含量5.1 g，钠625 mg，碳水化合物15.7 g。

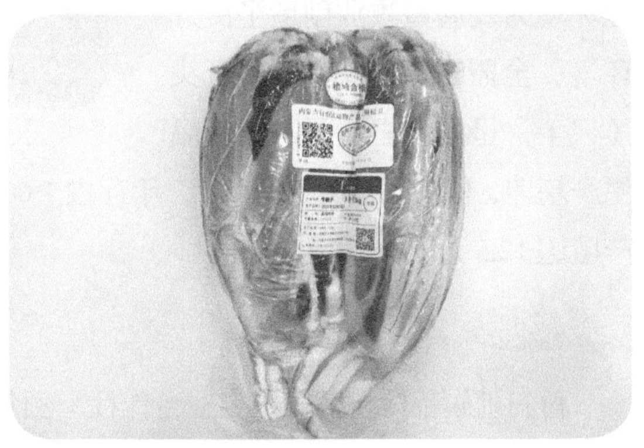

人文历史

内蒙古科尔沁大草原是天然的草牧场，水草丰美，牛羊肥壮。追溯牛

肉干历史，早在成吉思汗时期，蒙古骑兵便与牛肉干有着不解之缘，在作战中牛肉干在后勤上大大减少了军队行进的辎重。草原牧民自古就有晾晒牛肉干习俗，是招待贵客的食品，只有尊贵的客人来时才肯拿出烹制。

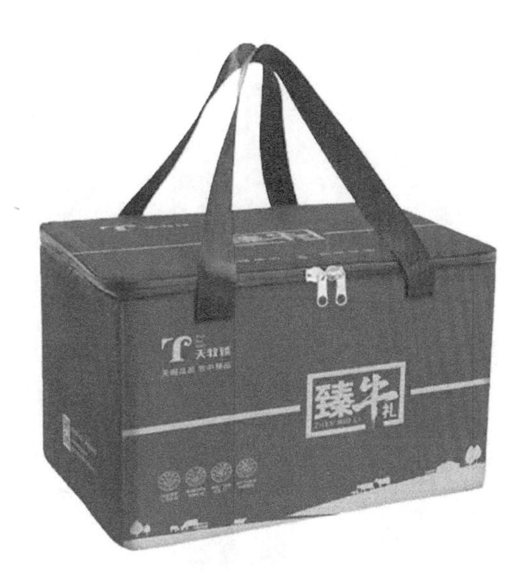

在远古的科尔沁蒙古族，以悠久的历史、创造了彪炳于史册的文化和游牧文明，世代根植于广袤的草原上，以“美草甘水则止，草尽水竭则移”的方式生存繁衍着。以哈萨尔为部落的游牧民族长期游牧于科尔沁草原和阿尔山地域，独特的生存方式创造了游牧民的饮食文化，他们饲养的牛只健康壮硕，其肉质紧密，肥瘦均匀，无膻味、有嚼劲，胶原蛋白和肌蛋白含量都非常高，用取自阿尔山的火山熔岩石烘烤牛肉，使之成为牛肉干，唇齿留香、回味悠长，形成了独具特色的美味风格，并延续至今，成为兴安盟地区特有的蒙古族美食文化。1983 年《兴安日报》首次记载了“兴安盟牛肉”。

生产特点

兴安盟牛肉产区属于温带大陆性季风气候，平均年降水量在 373 ~ 467 mm，年平均气温在 -3.2 ~ 5.6 ℃，无霜期为 95 ~ 145 d。得天独厚的地理环境为发展畜牧业创造了良好环境，年存栏 100 万头，出栏 40 万头，产量达 3 万 t。

授权企业

内蒙古天牧臻肉业有限公司　王刚　13304713217

内蒙古绿丰泉农牧科技有限公司　吴广旭　18804825033

通辽市篇

开鲁红干椒

登记证书编号：AGI02650

登记单位：开鲁县农畜产品质量安全中心

地域范围

开鲁红干椒农产品地理标志保护范围为通辽市开鲁县辖10个镇、1个街道办事处、12个国有农牧林场水库、217个嘎查村。地理坐标为东经120° 25′ ～ 121° 52′，北纬43° 9′ ～ 44° 10′。

品质特色

干椒皮红肉厚、色质纯正、果实细长、品质优良。开鲁红干椒蛋白质、碳水化合物、辣椒素等营养指标都明显高于普通红干椒。辣椒素0.5 ～ 1.0 g/kg，辣椒红素≥ 1.4 g/kg，钙≥ 100 mg/100 g，赖氨酸≥ 0.9 g/100 g，维生素C ≥ 1 000 mg/100 g，富含维生素和各种活性物质，被称为“红色药材”。在预防动脉硬化方面，一根红干椒中含有人体一日所需β胡萝卜素的分量，而β胡萝卜素是强力的抗氧化剂，可以防止低密度胆固醇（LDL）被氧化成有害的形态。

人文历史

开鲁县红干椒种植历史长达60余年，享有“红干椒之都”的美誉，是全国县域种植红干椒面积最大的地方。近年来种植面积稳定在60万亩，年产辣椒17.5亿kg。从2000年起，每年8月，开鲁县就成了红色的海洋，空气中都飘着红干椒的香味，辣香吸引了八方宾客，这就是“开鲁红干椒节”。开鲁县是中国最大的红干椒生产基地。

生产特点

开鲁红干椒产地气候类型属温带大陆性半干旱气候，光照资源充足，年平均气温5.9 ℃，作物生长季节的5—9月平均气温在15 ℃以上，平均气温17.8 ℃，大于10 ℃的有效积温均在3 163.3 ℃，昼夜温差较大，无霜期144 d。年降水量在341.8 mm左右，虽然降水少，但88.6%都集中降在作物生长的5—9月，属雨热同季，非常有利于作物生长。生产技术要求严格按照《开鲁红干椒绿色生产技术操作规程》操作。

开鲁县曾经举办4届"开鲁红干椒节"，广招天下客商，使"开鲁——中国红干椒之都"的美誉得到了空前的认可，开鲁红干椒开始作为一个统一的品牌与世人见面。2000年，包括红干椒在内共30个品种被内蒙古评为无公害产品。2002年被中国绿色食品发展中心认定为绿色食品。2007年开鲁红干椒经专家评定后获"内蒙古自治区优质产品"称号，并注册，获得了国家专利。2010年国家质检总局批准为开鲁红干椒实施地理标志保护。2014年红干椒标准化龙头企业将20万亩红干椒认证为绿色食品，2017年创建20万亩红干椒基地为全国绿色食品原料标准化生产基地。2018年12月开鲁红干椒通过第五次农产品地理标志登记专家评审委员会评审。

授权企业

内蒙古晶山食品有限责任公司　杨秀敏　13664003666

开鲁县天意辣椒产销专业合作社　刘成祥　13604758143

开鲁县开吉红干椒产销专业合作社　张一龙　15047538678

开鲁县鑫龙红干椒种植专业合作社　王海龙　13847511932

开鲁县星满天红干椒种植专业合作社　王铁金　13754050020

开鲁县张广富红干椒种植专业合作社　张广富　13847516366

开鲁县蒙椒都农业科技发展有限公司　崔志杰　18648556601

开鲁县顺亿商贸有限责任公司　王树伟　13804751035

库伦荞麦

登记证书编号：AGI02383

登记单位：库伦旗农畜产品质量安全监督管理站

地域范围

库伦荞麦农产品地理标志保护范围为通辽市库伦旗的 8 个苏木、乡（镇），1 个国有林场，187 个嘎查村，8 个社区局委会，总土地面积 4 716 km^2。地理坐标为东经 121° 09′ ～ 122° 21′，北纬 42° 21′ ～ 43° 14′。

品质特色

库伦旗生产的库伦荞麦，外表色泽褐色或灰褐色，颗粒饱满，粒大、皮薄、面白、粉筋。库伦荞麦蛋白质含量为 13.9% ～ 14.2%，粗脂肪 2.21% ～ 2.59%，淀粉 55%，富含 B 族维生素、维生素 E、铬、磷、钙、铁、铜、赖氨酸、氨基酸、脂肪酸、亚油酸、烟碱酸、烟酸、芦丁等。

人文历史

据史料记载，自有农事活动以来，库伦地区就大量种植荞麦，距今已有 1 000 多年的历史。荞麦是库伦旗主要农作物之一，以种植广、产量高、质量优而闻名国内外，库伦旗素有“中国荞麦文化之乡”的美称。根据《库伦旗志》记载，20 世纪 50 年代的农

业合作化，至20世纪80年代的联产承包责任制，30多年中全旗每年有30%的耕地用于种植荞麦，年均荞麦产量1 000多万kg，最高年份达到1 500万kg。除留一部分自食外，其余全部外销。

生产特点

库伦旗地处燕山北部山地向科尔沁沙地过渡地段，号称“八百里瀚海”的塔敏查干沙带横贯东西。独特的地理、气候、土质等条件特别适合荞麦生长，从而造就了“库伦荞麦”独特的品质。

库伦旗通过政策支持、项目资金扶持等方式，进一步做大做强了库伦荞麦产业。2018年，组织“三品一标”认证企业参加了北京、广州、呼和浩特、厦门、长沙、通辽等地的多次展会。通过“政府搭台、企业唱戏”的形式，将其产品拿到各类展会上向国内外推介。进一步加大优势产品宣传力度，在“库伦荞麦”赢得北京、呼和浩特等北方大城市市场的同时，让“库伦荞麦”名片的系列荞麦产品赢得了更广阔的市场。

授权企业

库伦旗库伦镇丰顺有机杂粮农民专业合作社　海桂霞　13947539495

内蒙古宏达盛茂科技发展有限公司　于晓弘　13948853555

库伦旗扣河子镇耕耘农机专业合作社　韩风轩　13948851502

库伦旗神田原生态食品有限公司　青格乐图　18647536199

内蒙古绿研农业开发有限公司　张莹　15374844446

内蒙古蕴绿菌业有限公司　郭雅鑫　13847598475

内蒙古每丰农业服务有限公司　杨旭　13190097771

通辽黄玉米

登记证书编号：AGI02175

登记单位：通辽市农畜产品质量安全中心

地域范围

通辽黄玉米农产品地理标志保护范围为通辽市所辖科尔沁区、开鲁县、科尔沁左翼中旗、科尔沁左翼后旗、库伦旗、奈曼旗、扎鲁特旗、霍林郭勒市、开发区共计9个旗（县、市、区）97个乡镇（苏木）2 127个行政村（嘎查）。地理坐标为东经119° 15′ ~ 123° 43′，北纬42° 15′ ~ 45° 41′。

品质特色

通辽黄玉米棒形美观，果穗筒形，穗长19 ~ 23 cm，穗行数16 ~ 18行，穗轴白色，籽粒半马齿形、外表色泽金黄；颗粒饱满紧实、角质率高，千粒重大于395 g。含水量低，霉变率低，易储藏。经检测，通辽黄玉米中粗淀粉含量≥ 76%，粗蛋白质含量≥ 9.7%，碳水化合物含量≥ 74%，同时富含多种氨基酸和微量元素，氨基酸总量≥ 7.2%。

人文历史

据史料记载，通辽黄玉米种植已有100多年的历史，宣统二年（公元1910年），通辽已有玉米种植，100多年间，玉米由过去的零星种植发展成为现在的第一大农作物，逐渐遍布整个通辽市，并完成了由农家种向双交种、单交种的演变。通辽黄玉米已成为中国玉米的形象代表，外观色泽金黄、籽粒饱满、容重高、适口性好，主要品种玉米淀粉含量均在70%以上。

生产特点

通辽市地处北纬42° ~ 45°，这一区域被称为世界三大“黄金玉米带”，这一区域的温、光、气、热、水资源非常适合玉米生长发育，是优质玉米的极佳生产区，通辽黄玉米就产自这独特的生态环境之中。常年种植面积超过1 000万亩，2022年，全市玉米播种1 692万亩，总产量87.815亿kg，经农业农村部玉米专家指导组实测，通辽市密植高产示范创造了东北春玉米大面积单产纪录，进一步巩固了国家重要商品粮生产基地的地位。“通辽黄玉米”作为中国玉米的形象代表，品质优良、外观色泽金黄、籽粒饱满、角质率高、适口性好，主要品种玉米淀粉含量都在70%以上。通辽年平均气温0 ~ 6 ℃，年平均日照时数3 000 h左右，≥ 10 ℃积温3 000 ~ 3 200 ℃，无霜期140 ~ 160 d，平均年降水量350 ~ 400 mm。光照时间足，雨、热与玉米生育进程三者同期，且昼夜温差大，这些独特的地理和气候条件造就了通辽黄玉米稳产、高产、淀粉含量高、霉变率低等特殊的品质，是食品、饲料和工业原料的最佳选择，尤其是幼畜、幼禽的首选饲粮。

授权企业

科尔沁左翼中旗龙粒源食品有限公司　张庆海　15848548855

科左中旗红绿蓝种植专业合作社　徐文明　15149957788

科左中旗原生种植专业合作社　钱京生　13739940866

内蒙古蒙深良牧生态农业发展有限责任公司　朱新军　15714755888

科尔沁左翼中旗广臣种植专业合作社　孙广臣　15048576660

科尔沁左翼中旗金家种植专业合作社　金永喜　18747859888

科尔沁左翼中旗鑫惠民农机专业合作社　郭顺　13948137690

内蒙古绿洲食品有限公司　王丽霞　13948137690

内蒙古绿研农业开发有限公司　张玉玲　13722055446

内蒙古弘达盛茂农牧科技发展有限公司　于晓弘　13948853555

库伦旗库伦镇丰顺有机杂粮农民专业合作社　海桂霞　13947539495

库伦旗六家子镇长伟农机种植专业合作社　孙长伟　15750567068

库伦旗白音花镇治国农机种植专业合作社　宋志国　13739990316

库伦旗芒汗苏木利佳家庭农场　翟乐乐　13947556485

库伦旗六家子镇利勇家庭农牧场　张利勇　15134749832

库伦旗六家子镇立民家庭农牧场　周立民　15849591407

库伦旗扣河子镇耕耘农机种植合作社　韩风轩　13948551502

奈曼旗方盈种养殖专业合作社　张玉辉　15648585888

奈曼旗凯宏种养殖专业合作社　刘晓亮　13488581919

通辽市妙禾膳源粮食生产加工有限公司　斯日古楞　15144801863

内蒙古濮旺农牧产品有限公司　包海燕　15204849888

红春农机专用合作社　陆海龙　13847557601

科左后旗振江种植专业合作社　张振江　13947513519

科左后旗茂林塔拉农业种植专业合作社　宝山　13789454561

扎鲁特旗新利生态农场　李喜利　18804751877

扎鲁特旗正达粮油贸易有限公司　于宏达　13847568333

扎鲁特旗启农商贸有限责任公司　何胜君　13947504699

内蒙古玉王生物科技有限公司　李庆涛　18747395277

开鲁县志国农业种植农机服务专业合作社　陈志国　15248348911

开鲁县玉利粮食购销有限责任公司　韩冬　15148715555

通辽市开鲁县益丰农业专业合作社　郭子祥　13948581997

开鲁县新哲粮食购销有限公司　倪光　18004754326

开鲁县金海粮食购销有限公司　金宪忠　15924471111

开鲁县华凯豆类供销专业合作社　胡秀华　15924590773

开鲁县高成粮食购销中心　齐成　13947523918

开鲁县瑞鑫农业机械服务专业合作社　周瑞　13947500863

开鲁县黑龙坝镇东发粮贸　韩洪波　15004960333

开鲁县增力种植养殖专业合作社　何海彬　13847597622

开鲁县大榆树镇鑫龙粮食收购站　王凤兰　13789717222

开鲁县福临农业综合服务专业合作社　王剑　13904756231

开鲁县金谷粮食种植专业合作社　张立伟　15134792777

通辽市科尔沁区日兴种植专业合作社　丛立波　13847516922

通辽市科尔沁区悯农农机种植合作社　张玉荣　17704753355

内蒙古通辽市新仓宪辉种植专业合作社　赵宏诚　15561065565

通辽市科尔沁区庆和镇袁震家庭农场　袁智杰　15247557766

通辽市汇民盛丰农民专业合作社　马冬晨　15750505555

通辽市科尔沁区钱家店镇五环家庭农场　刘玉环　13204817881

通辽市德瑞玉米工业有限公司　赵冰　13947511788

通辽梅花生物科技有限公司　栾玉涛　18347535222

通辽市科尔沁区博丰农机农牧业专业合作社　林荣　13754151522

通辽市科尔沁区民丰种植专业合作社　赵宝君　15004943222

扎鲁特草原羊

登记证书编号：AGI03101

登记单位：扎鲁特旗农畜产品质量安全检验检测中心

地域范围

扎鲁特草原羊农产品地理标志保护范围为通辽市扎鲁特旗所辖鲁北镇、黄花山镇、巨日合镇、巴雅尔吐胡硕镇、阿日昆都楞镇、香山镇、嘎亥图镇、巴彦塔拉苏木、乌兰哈达苏木、格日朝鲁苏木、乌力吉木仁苏木、乌额格其苏木、查布嘎图苏木、道老杜苏木、前德门苏木、香山农场、乌日根塔拉农场、乌额格其牧场共计 15 个苏木（镇）、3 个国有农场 206 个行政村。地理坐标为东经 119° 13′ 48″ ～ 121° 56′ 05″ ，北纬 43° 50′ 13″ ～ 45° 35′ 32″ 。

品质特色

扎鲁特草原羊体躯被毛为纯白色，头部毛以黑、褐为主，四肢端正，体格较大，体质结实，体躯深长，肌肉丰满；胸宽而深，肋骨拱圆；背腰宽平，后躯丰满。尾大而厚，尾宽过两腿，尾尖不过飞节。扎鲁特草原羊肉质鲜嫩、肥瘦相间、脂肪具有清香之味、食之爽口、食后回味无穷。羊肉营养价值高，蛋白质含量≥ 20.3%，铁含量≥ 22.6%，锌含量≥ 22.5%，不饱和脂肪酸含量≥ 40.5%，还富含人体所需的多种氨基酸，特别是谷氨酸和天门冬氨酸的含量较高。

人文历史

扎鲁特旗形成于 15 世纪中叶，养羊历史悠久，早在成吉思汗时期就是中国北方最大的天然牧场之一，因为盛产的羊肉营养丰富、品质上乘而享有盛名。其位于科尔沁草原腹地北纬 45° 的“天然黄金牧场”，独特的地理、自然气候等因素，赋予了这里泉水淙淙、百草丰美、天然无污染的自然环境，从而造就了“扎鲁特草原羊”的独特品质。

生产特点

扎鲁特旗地处通辽市西北部，大兴安岭南段，科尔沁草原腹地，属内蒙古高原向松辽平原过渡带。地势西北高、东南低，北部为山地，中部为低山丘陵，南部为平原和坨沼地带。最高海拔 1 444.2 m，最低海拔 179.2 m，是典型的山地草原，有利于羊自然放牧生长。扎鲁特草原羊适应性好，放牧采食能力强。生产过程严格按照《扎鲁特草原羊繁殖、饲养、防疫等生产技术规程》进行管理。

授权企业

扎鲁特旗罕山肉业有限责任公司　孔令国　13904757175

扎鲁特旗海底捞食品有限公司　孙丹丹　17326804876

扎鲁特旗新利生态农场　李喜利　18804751877

科尔沁牛

登记证书编号：AGI01946

登记单位：通辽市农畜产品质量安全中心

地域范围

科尔沁牛农产品地理标志保护范围为通辽市所辖科尔沁区、开鲁县、科尔沁左翼中旗、科尔沁左翼后旗、库伦旗、奈曼旗、扎鲁特旗、霍林郭勒市、开发区9个旗（县、市、区）97个乡镇（苏木）2 127个行政村（嘎查）。地理坐标为东经119° 15′ ～ 123° 43′，北纬42° 15′ ～ 45° 41′，具有悠久的草原畜牧传统，全市有45万～60万 km^2 的天然牧场，气候温和，阳光、雨水充沛，水草丰美，牧草优良，生长植物1 600多种，其中可做优质牧草的有900多种，科尔沁草原是中国最理想的天然牧场，通辽市素有"内蒙古粮仓"和"黄牛之乡"的美誉。

品质特色

科尔沁牛具有肉质细嫩的特点，先进的排酸工艺以及科学的屠宰、分割技术和工艺，均有效地增强了肉质的细嫩程度，牛肉口味纯正，入口香嫩多汁，肉香四溢。每百克科尔沁牛肉中含蛋白质19.6 ～ 20.5 g，脂肪2.18 ～ 11 g，铁0.65 ～ 3.01 mg，锌1.80 ～ 4.71 mg，磷126 ～ 230 mg，氨基酸16.6 ～ 20.8 g，氨基酸中硬脂酸含量较低，必需脂肪酸含量较高，亚麻酸和亚油酸含量较高。

人文历史

科尔沁牛属乳肉兼用品种，因产于内蒙古东部地区的科尔沁草原而得名。科尔沁牛是以西门塔尔牛为父本，蒙古牛、三河牛及蒙古牛的杂种母牛为母本，采用育成杂交方法培育而成。1990 年通过鉴定，并由内蒙古自治区人民政府正式验收命名为“科尔沁牛”。科尔沁牛吸收了父本牛的特点，产乳和产肉性能较高，又具有蒙古牛适应性强、耐粗饲、耐寒、抗病力强、易于放牧等优良特点。

生产特点

科尔沁牛产地通辽市，地处北纬 45° 的科尔沁草原“天然黄金牧场”，属于北温带大陆性季风气候，降水适宜，日照充沛，土地肥沃，空气清新，水质洁净，气候冷凉，生物多样性强。这一地区牧草丰茂，具有独特的饲草资源，富含肉牛所需的粗蛋白质、粗脂肪、钙、磷等多种营养元素，为啮齿类、有蹄类动物提供了优质营养。北纬 45° 具备得天独厚的自然条件，使得肉牛产业的发展具有独特的地域优势。

养牛产业为通辽市主导产业，近年来通辽市把加快发展肉牛产业作为调整农村牧区经济结构，促进农牧民增收的战略任务来抓，2022 年全市科尔沁牛存栏数达 367 万头，科尔沁牛养殖业的发展和壮大为全市牛肉工业产业提供了强大的资源优势。

授权企业

内蒙古草原牛王肉业有限公司　王克英　15148755999

开鲁县新利养殖专业合作社　杨树春　13848759687

开鲁县林辉草业种植有限责任公司　刘林　13604756283

霍林郭勒市牵越食品加工有限公司　吕静　13327053295

内蒙古额仑生态集团有限责任公司　何崇鑫　15047109090

库伦旗昌盛养殖专业合作社　文志颖　13877777766

内蒙古佳刍牧业有限公司　郭瑞　17640059000

内蒙古鹏莱农牧业有限公司　高云鹏　15565688888

通辽市明清肉制品有限公司　靳淑芬　15147036166

通辽市科尔沁区木里图镇冬来养殖场　谢冬来　13474858888

通辽市富强牛业有限公司　宋淑梅　15047528000

通辽市广发草原食品有限责任公司　罗洋　15848588888

通辽市优睿牧业有限公司　付继寒　15848515678

通辽市三淼畜牧养殖有限公司　张利　13804757980

通辽市科尔沁区鸿图牧业养殖专业合作社　姜磊　13034755557

通辽市科尔沁区泽金养殖专业合作社　张锡凌　18747866999

内蒙古百艺丰食品有限公司　张建飞　18846623111

内蒙古蒙戈力食品有限责任公司　赵艳超　15656561234

扎鲁特旗百顺养殖专业合作社　邵晓艳　13948581221

扎鲁特旗白音艾丽家庭农场　三月　15114715666

科尔沁左翼后旗红白花基础母牛养殖专业合作社　孟达福白乙　15334962444

科尔沁左翼后旗散都苏木日昇农业科技养殖专业合作社　郭树平　18804851111

科左后旗欣盛养牛专业合作社　白浩斯巴根　18747863555

巴胡塔苏木伊和塔拉黄牛养殖专业合作社　杨光　13474755255

内蒙古新牛畜牧科技有限公司　王铎　15809885678

通辽市凯丰牧业有限公司　孙世凯　13948155570

通辽市科左后旗塔班格日繁荣养殖场　斯琴　15144975222

科尔沁左翼后旗巴胡塔苏木巴音杭盖养殖场　永海　13848941512

科尔沁左翼后旗博王牧业有限公司　白永生　13754054994

通辽市科左后旗甘旗卡镇海成家庭农牧场　王海成　13514858436

科尔沁左翼中旗泽强养殖专业合作社　李军　15734758545

科左中旗沃尔嫩养殖场　阿永嘎　15547558555

通辽市东蒙肉业有限公司　刘军波　15847524001

奈曼旗康泰养殖专业合作社　吕桂云　13500637526

奈曼旗昂乃养殖有限公司　宋海志　15804752592

奈曼旗特木勒养殖专业合作社　特木勒　13948544479

内蒙古稼和农牧业有限公司　张华　18905315345

赤峰市篇

赤峰小米

登记证书编号：AGI01799

登记单位：赤峰市农业技术服务中心

地域范围

赤峰小米农产品地理标志保护范围为赤峰市辖区内的阿鲁科尔沁旗、巴林左旗、巴林右旗、林西县、克什克腾旗、翁牛特旗、喀喇沁旗、松山区、红山区、元宝山区、宁城县、敖汉旗12旗（县、区）132苏木（乡、镇）。地理坐标为东经116° 21′ 07″ ~ 120° 58′ 52″ ，北纬41° 17′ 10″ ~ 45° 24′ 15″ 。总面积为90 021 km^2，东西最宽375 km，南北最长457.5 km。

品质特色

赤峰小米颗粒大、粒径约为1.0 ~ 1.5 mm，粒呈圆形、晶莹透明，小米适口性好、营养丰富、金黄馨香，每百克含蛋白质8.65 ~ 11.4 g，维生素B_1 0.31 ~ 0.48 mg，

维生素 B_6 0.04 ~ 0.05 mg，维生素 E 0.79 ~ 1.32 mg，叶酸 23.8 ~ 34.1 μg，磷 176 ~ 290 mg，钾 183 ~ 255 mg，富含人体所需的蛋白质、维生素、微量元素，是平衡膳食、调节口味的理想食品，是女人哺乳、老人养病、婴儿断奶的首选食物之一。

人文历史

赤峰市种植小米历史悠久，2003 年在兴隆沟遗址出土了距今 8 000 年的粟和黍的碳化颗粒标本，经加拿大、英国和我国的研究机构用 C_{14} 等手段鉴定论证后，认为是人工栽培形态最早的谷物，由此推断赤峰敖汉地区是中国古代旱作农业起源地，也是横跨欧亚大陆旱作农业的发源地。

生产特点

赤峰小米以其独特的生长环境和特定的生产方式形成了独特的产品特色。赤峰市属中温带半干旱大陆性季风气候区，地处大兴安岭南段和燕山北麓山地，呈三面环山，西高东低，多山多丘陵的地貌特征，是典型的旱作农业区，杂粮生产是种植业中的优势产业。近年来，赤峰市经过不断努力，小米产业逐渐做大做强，目前小米产业逐渐形成了区域化种植、标准化生产、产业化经营的格局。赤峰市 2019 年被确定为赤峰小米中国特色农产品优势区。赤峰小米病虫害防治以农业防治、生物防治、物理防治为主，化学防治为辅，种植过程中配合使用化肥与有机肥。

授权企业

内蒙古浩源农业科技发展有限公司　于永辉　13847643671

内蒙古汇源农业开发有限公司　魏志刚　13948693213

阿鲁科尔沁旗京天科众原生态种植专业合作社　刘翠娟　13901132987

巴林左旗大辽王府粮贸有限公司　贾坤　15148329666

巴林左旗德惠粮贸有限公司　张晓慧　15848991539

巴林右旗众惠新型农牧业联合社　孟和毕力格　13948666928

内蒙古坝林短角有机农业发展有限公司　张志军　13847603286

巴林右旗辰晟杂粮种植专业合作社　张晓华　15048666222

林西县恒丰粮油加工有限责任公司　赵滔　13816682215

克什克腾旗沐沦香商贸有限公司　牛亚明　18947669567

翁牛特旗强宏农作物种植专业合作社　黄利强　15147680888

喀喇沁旗巴美农牧业专业合作社　李庆杰　13674865983

喀喇沁旗绿野种植专业合作社　尚宇昕　13848368512

喀喇沁旗联谊农牧业专业合作社　刘海　13150926938

内蒙古金沟农业发展有限公司　李欣瑜　15248660005

敖汉旗惠隆杂粮种植农民专业合作社　魏登峰　15949439508

赤峰市竣英科学种养专业合作社　毛新颖　15004881749

宁城县志永米业有限公司　王彦彬　18304909862

内蒙古聚骐农业有限公司　刘梦瑶　15604769234

内蒙古佟明阡禾食品有限责任公司　李彦明　13304768761

内蒙古北斗星科技有限公司　周志昭　18047676757

阿鲁科尔沁旗诚实信用米业有限公司　刘庆　13948693164

阿鲁科尔沁旗金粟农牧业专业合作社　郭凯敏　13848860581

赤峰市汇民粮油工贸有限公司　李国民　13848884548

巴林左旗润弘源种养殖专业合作社　陈富　13847653897

赤峰凯峰商贸有限公司　张庆武　15849992288

赤峰绿仁粮食贸易有限公司　韩建辉　15047685205

喀喇沁旗大红谷食品有限责任公司　贡井友　15847367388

敖汉禾为贵杂粮种植农民专业合作社　赵黑龙　13789462033

敖汉旗建宇杂粮种植农民专业合作社　左志超　18747621235

赤峰市元宝山区益祥种植专业合作社　孙大立　15104806615

赤峰市元宝山区稷丰种植专业合作社　高凤军　13847962566

赤峰孔家湾种植专业合作社　辛爱东　13848764612

内蒙古富碳农业开发有限公司　曹友庆　13734851777

赤峰祥锋种养殖专业合作社　霍瑞明　15248083770

赤峰江鸿粮油工贸有限公司　刘明玉　13704765654

内蒙古福润东方有机农业科技有限公司　王玉玲　15847339388

阿鲁科尔沁旗农丰杂粮有限责任公司　李耀文　13847647811

赤峰荞麦

登记证书编号：AGI01739

登记单位：赤峰市农业技术服务中心

地域范围

赤峰荞麦农产品地理标志保护范围为赤峰市辖区内的阿鲁科尔沁旗、巴林左旗、巴林右旗、林西县、克什克腾旗、翁牛特旗、喀喇沁旗、松山区、红山区、元宝山区、宁城县、敖汉旗12旗（县、区）132苏木（乡、镇）。地理坐标为东经116° 21′ 07″ ～ 120° 58′ 52″，北纬41° 17′ 10″ ～ 45° 24′ 15″。总面积为90 021 km^2，东西最宽375 km，南北最长457.5 km。

品质特色

赤峰荞麦茎光滑，无毛或具细茸毛，圆形，稍有棱角，幼嫩时实心，成熟时空腔。形状有三角形、长卵圆形等。赤峰荞麦籽粒营养丰富，是理想的保健食品。荞麦籽粒维生素 B_2 含量较高，为0.22 ～ 0.26 mg/100 g，维生素 B_6 含量为0.12 ～ 0.18 mg/100 g，钙含量较高，为16.9 ～ 19 mg/100 g，磷含量较高，为384 ～ 428 mg/100 g，钾含量较高，为457 ～ 516 mg/100 g。荞麦比其他大宗粮食蛋白质含量高，含有19种氨基酸，含有较多的易被人体吸收的精氨酸、赖氨酸、胱氨酸。

人文历史

赤峰荞麦在辽代已有种植，宋代沈括的《熙宁使虏图抄》中记载，“永安地……谷宜粱荞，而人不善艺，四月始稼，七月毕敛”。元代亦有种植，清代放垦后种植更多。中华人民共和国成立后，荞麦种植最多年份为 190 万亩，最少年份为 56 万亩，荞麦及荞麦壳还出口日本及东南亚等地。

生产特点

赤峰荞麦以独特的自然生态环境和特定的生产方式形成了独特的地域特色产品。赤峰地处大兴安岭南段和燕山北麓山地，分布在西拉木伦河南北与老哈河流域广大地区，呈三面环山，西高东低，多山多丘陵的地貌特征。赤峰市属中温带半干旱大陆性季风气候区。冬季漫长而寒冷，春季干旱多大风，夏季短促炎热、雨水集中，秋季短促、气温下降快、霜冻降临早，适合荞麦种植。赤峰荞麦病虫草害防治以农业防治、生物防治、物理防治为主，化学防治为辅，化肥与有机肥配合使用。

授权企业

内蒙古浩源农业科技发展有限公司　于永辉　13847643671

内蒙古汇源农业开发有限公司　魏志刚　13948693213

阿鲁科尔沁旗京天科众原生态种植专业合作社　刘翠娟　13901132987

巴林左旗大辽王府粮贸有限公司　贾坤　15148329666

林西县恒丰粮油加工有限责任公司　赵滔　13816682215

翁牛特旗强宏农作物种植专业合作社　黄利强　15147680888

内蒙古金沟农业发展有限公司　李欣瑜　15248660005

敖汉旗惠隆杂粮种植农民专业合作社　魏登峰　15949439508

内蒙古聚骐农业有限公司　刘梦瑶　15604769234

内蒙古佟明阡禾食品有限责任公司　李彦明　13304768761

内蒙古北斗星科技有限公司　周志昭　18047676757

赤峰市汇民粮油工贸有限公司　李国民　13848884548

巴林右旗众惠新型农牧业联合社　孟和毕力格　13948666928

赤峰凯峰商贸有限公司　张庆武　15849992288

喀喇沁旗红利丰农业专业合作社　冷飞　15648610000

敖汉禾为贵杂粮种植农民专业合作社　赵黑龙　13789462033

赤峰江鸿粮油工贸有限公司　刘明玉　13704765654

赤峰绿豆

登记证书编号：AGI01798

登记单位：赤峰市农业技术服务中心

地域范围

赤峰绿豆农产品地理标志保护范围为赤峰市辖区内的阿鲁科尔沁旗、巴林左旗、巴林右旗、林西县、克什克腾旗、翁牛特旗、喀喇沁旗、松山区、红山区、元宝山区、宁城县、敖汉旗12旗（县、区）132苏木（乡、镇）。地理坐标为东经116° 21′ 07″ ～ 120° 58′ 52″，北纬41° 17′ 10″ ～ 45° 24′ 15″。总面积为90 021 km^2，东西最宽375 km，南北最长457.5 km。

品质特色

赤峰绿豆粒大颗均、深绿有光，性喜温暖，耐旱，适应性强，生长期短，具有豆味浓香、好煮易烂的特点。检测结果显示每百克赤峰绿豆含蛋白质24.0 ～ 24.5 g，脂肪1.02 ～ 1.14 g，维生素E 2.56 ～ 3.54 mg，维生素B_1 0.11 ～ 0.23 mg，钙107 ～ 113 mg，磷343 ～ 364 mg，钾1.12×10^3 mg，赤峰绿豆蛋白质、脂肪、维生素E、维生素B_1、钙、磷、钾等含量均优于其他同类产品；特别是绿豆蛋白中的赖氨酸类含量较高，清热、解毒、性甘凉，有重要的保健和药用价值。

人文历史

赤峰市内被国家考古界命名的原始人类文化类型有兴隆洼文化、赵宝沟文化、红山文化、富河文化、小河沿文化、夏家店下层文化。从考古发掘出来的石器、骨器、陶器、青铜器等生产生活器物证明，早在8 000余年前境内的原始先民已经过着原始农耕、渔猎和畜牧的定居生活。20世纪50年代，赤峰市从东北引进了粳米绿豆，到90年代，赤峰市农牧业科学研究院从农家品种资源中选育出赤绿一号、大鹦哥绿豆品种并在生产上大面积应用。赤峰市从20世纪70年代开始规模化种植。

生产特点

赤峰绿豆以独特的自然生态环境和特定的生产方式形成了独特的地域特色产品。赤峰市属中温带半干旱大陆性季风气候区。冬季漫长而寒冷，春季干旱多大风，夏季短促炎热、雨水集中，秋季短促、气温下降快、霜冻降临早。赤峰绿豆病虫草害防治以农业防治、生物防治、物理防治为主，化学防治为辅，化肥与有机肥配合使用。

授权企业

内蒙古浩源农业科技发展有限公司　于永辉　13847643671

内蒙古汇源农业开发有限公司　魏志刚　13948693213

阿鲁科尔沁旗京天科众原生态种植专业合作社　刘翠娟　13901132987

巴林左旗大辽王府粮贸有限公司　贾坤　15148329666

巴林左旗德惠粮贸有限公司　张晓慧　15848991539

林西县恒丰粮油加工有限责任公司　赵滔　13816682215

克什克腾旗沐沦香商贸有限公司　牛亚明　18947669567

翁牛特旗强宏农作物种植专业合作社　黄利强　15147680888

内蒙古金沟农业发展有限公司　李欣瑜　15248660005

敖汉旗惠隆杂粮种植农民专业合作社　魏登峰　15949439508

内蒙古聚骐农业有限公司　刘梦瑶　15604769234

内蒙古佟明阡禾食品有限责任公司　李彦明　13304768761

内蒙古北斗星科技有限公司　周志昭　18047676757

赤峰市汇民粮油工贸有限公司　李国民　13848884548

巴林左旗润弘源种养殖专业合作社　陈富　13847653897

巴林右旗众惠新型农牧业联合社　孟和毕力格　13948666928

内蒙古坝林短角有机农业发展有限公司　张志军　13847603286

赤峰凯峰商贸有限公司　张庆武　15849992288

敖汉禾为贵杂粮种植农民专业合作社　赵黑龙　13789462033

赤峰市元宝山区益祥种植专业合作社　孙勇　15104806615

天山明绿豆

登记证书编号：AGI00033

登记单位：赤峰市阿鲁科尔沁旗农业环保能源工作站

地域范围

天山明绿豆农产品地理标志保护范围为阿鲁科尔沁旗辖区内的天山镇、天山口镇、双胜镇、巴彦花镇、绍根镇、扎嘎斯台镇、新民乡、先峰乡、乌兰哈达乡、赛罕塔拉苏木、巴拉奇如德苏木、巴彦温都苏木等12个苏木、乡（镇），221个村。地理坐标为东经119° 02′ ~ 121° 01′，北纬43° 21′ ~ 45° 24′。

品质特色

天山明绿豆，粒大适中，颗粒饱满，色泽明亮，鲜绿。天山明绿豆含蛋白质27.18%，比其他绿豆高3%左右，含脂肪0.97%，含淀粉49.39%，含钙924 mg/kg，含磷2 496 mg/kg，含铁38.52 mg/kg，并且富含B族维生素、叶酸、胡萝卜素、硫胺素等，具有清热、解毒作用，其性甘凉，对防治高血压、动脉硬化、坏血病、夜盲症等都有一定的疗效。

人文历史

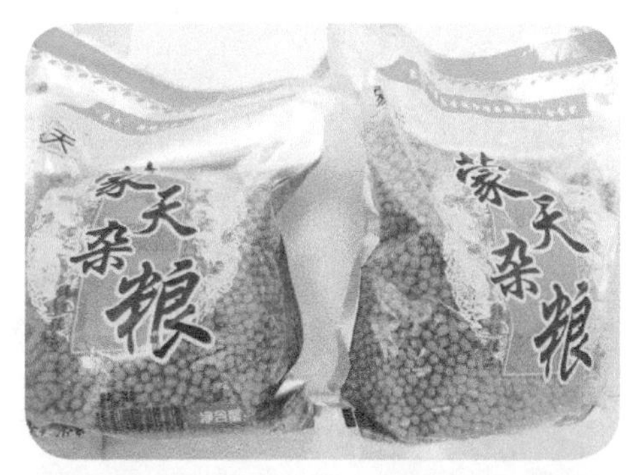

天山明绿豆种植始于20世纪70年代末，1977年进入国民经济统计资料，2006年，阿鲁科尔沁旗被农业部《特色农产品区域布局规划（2006—2015年）》列为特色粮油——绿豆产品主要种植区域。2011年，在北京召开的地理标志保护与发展经验交流暨第二次全国地理标志调研报告会上，天山明绿豆因其地理位置独特，品质优良，荣获“全国最具综合价值地理标志产品”称号。

生产特点

阿鲁科尔沁旗属典型的大陆型气候，年均气温5.5 ℃，年日照时数2 760 ~ 3 030 h，极端最高气温40.6 ℃，极端最低气温-32.7 ℃，年平均积温2 900 ~ 3 400 ℃，年均降水量300 ~ 400 mm，无霜期95 ~ 140 d，适宜种植天山明绿豆，种植过程中以农业防治、生物防治、物理防治为主，化学防治为辅，化肥与有机肥配合使用。

天山明绿豆的分类、质量指标，运输和储存严格执行GB/T10462—2008《绿豆》标准，粮食卫生执行GB 2715—2016《食品安全国家标准粮食》。

授权企业

赤峰市蒙天购销有限公司　霍春飞　15332945177

内蒙古浩源农业科技发展有限公司　于永辉　13847643671

内蒙古双辉杂粮有限公司　李凤臣　18847645888

阿鲁科尔沁旗农丰杂粮有限公司　李耀文　13847647811

敖汉旗荞麦

登记证书编号：AGI00100

登记单位：敖汉旗农产品质量安全中心

地域范围

敖汉旗荞麦农产品地理标志保护范围为敖汉旗境内，下洼镇、兴隆洼镇、林家地乡、玛尼罕乡（镇）的 53 个村。地理坐标为东经 119° 32′ ～ 120° 54′，北纬 41° 42′ ～ 43° 01′。

品质特色

敖汉旗荞麦茎直立，高 60 ～ 120 cm，节间光滑、中空、有棱，节处膨大，略弯曲且有少量茸毛。茎初为绿色，后红色，成熟时变为褐色，有分枝。果实为卵圆形瘦果，果皮浅灰色、深灰色、黑色不等。敖汉荞麦籽粒粗蛋白质含量 15.28%，淀粉 66.59%，粗脂肪 3.32%，芦丁 0.400%。

人文历史

早在清朝，敖汉旗就有种植荞麦的历史，但并没有形成产业，近十年来，随着政府的支持与龙头企业的发展，敖汉旗已成为内蒙古主要荞麦生产基地，荞麦已成为敖汉旗杂粮主导产业之一，是农民经济收入的一项主要来源。

生产特点

敖汉旗荞麦产地处燕山山脉努鲁儿虎山北麓，科尔沁沙地南缘，是燕山山地丘陵向松辽平原的过渡地带，土壤有黄土、轻壤、中壤和沙壤，土质较肥沃。年日平均≥ 2 ℃的气温在 110 d 以上，年日平均气温≥ 10℃的积温在 2 200 ℃以上，年降水量在 350 mm 以上。

播前深耕细耙，使土壤疏松，土面平整。基肥每公顷施腐熟有机肥 7 500 ~ 11 250 kg，每公顷施过磷酸钙 300 ~ 450 kg，尿素 45 ~ 75 kg。用草木灰做种肥，每公顷施入量为 1 500 ~ 7 500 kg，同时施入磷酸二铵 60 ~ 90 kg。荞麦在现蕾开花后，追施速效氮肥，每公顷 75 kg 为宜。

授权企业

敖汉旗惠隆杂粮种植农民专业合作社　魏登峰　15949439508

林东毛毛谷小米

登记证书编号： AGI01669

登记单位： 巴林左旗供销合作社联合社

地域范围

林东毛毛谷小米农产品地理标志保护范围为赤峰市巴林左旗林东镇辖区内。地理坐标为东经 118º 44′ ~ 119º 48′，北纬 43º 36′ ~ 48º 48′，南北长 130 km，东西宽 110 km。区域保护面积 40 万亩。

品质特色

林东毛毛谷茎叶繁茂，株高为 126 cm，穗圆柱形，穗码紧，有白色刺毛，粒大皮薄，籽粒黄色，米黄色，色泽鲜黄透亮，颗粒圆润饱满，品质好，出米率高。而且在每百克小米中含蛋白质 9.7%，脂肪 1.7%，碳水化合物 77%，胡萝卜素 0.12 mg，维生素 B_1 0.66 mg，维生素 B_2 0.09 mg，此外，林东毛毛谷小米还富含人体所必需的蛋白质、可溶性糖、氨基酸以及钙、磷、铁、锌、硒等微量元素。

人文历史

巴林左旗种植谷类作物有着悠久历史，新石器时期的富河先民即已在这片土地上耕种。《辽史 · 食货志》以及其他传记中也有很多关于契丹人种粟和以粟顶税的记载。1962 年内蒙古考古队在辽上京皇城南部探测到谷皮；1985 年在小辛庄修筑防洪坝时出土一个装有粮食的陶罐，其中就有谷子，这说明在契丹人种植的谷物中，就有毛毛谷。

生产特点

林东毛毛谷产地林东镇属中温带半干旱的森林草原气候类型，年平均气温在 3.5 ℃左右，平均年降水量大于 380 mm。这个地区虽然热量条件差，气候比较寒冷，但降水量较多，土质比较肥沃，有天然的森林和草场，适宜种植谷子。林东毛毛谷小米按照 DB23/T52—2016《绿色食品　谷子生产技术操作规程》和全程质量控制体系实施种植和管理。

授权企业

巴林左旗兴业源振兴农副产品加工专业合作社　胡振合　16600328555

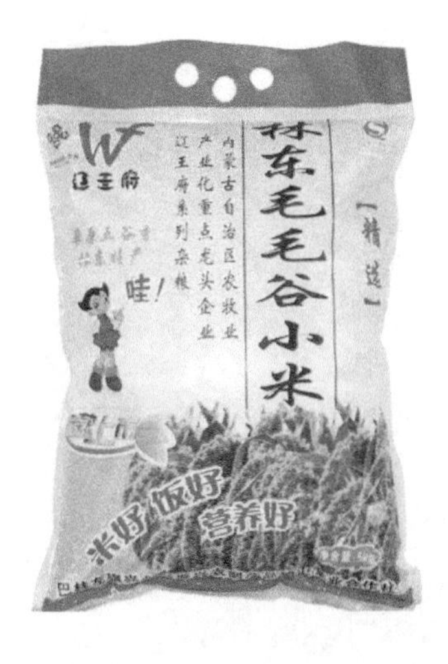

夏家店小米

登记证书编号：AGI00188

登记单位：赤峰市松山区夏家店乡特色农产品协会

地域范围

夏家店小米农产品地理标志保护范围为内蒙古赤峰市松山区夏家店乡霍家沟村、东新井村、兴隆沟村、鸡冠山村、二道坡村、新井村、平房村、干沟村。地理坐标为东经 123° 57′ ～ 125° 45′，北纬 45° 23′ ～ 45° 59′。

品质特色

夏家店小米颗粒圆润，金黄透亮，含有丰富的色氨酸，具有香醇的口感和丰富的营养成分，被誉为“草原金米”。夏家店小米经初选、脱皮、抛光、去石、除杂、轻磨、冷加等八道工序，最大限度地保留了谷物天然营养成分，成就了天赐好米。每百克夏家店小米含蛋白质 8.65 ～ 11.4 g，维生素 B_1 0.31 ～ 0.48 mg，维生素 B_6 0.04 ～ 0.05 mg，

维生素 E 0.79 ~ 1.32 mg，叶酸 23.8 ~ 34.1 μg，磷 176 ~ 290 mg，钾 183 ~ 255 mg，是平衡膳食、调节口味的理想食品。

人文历史

夏家店小米种植历史悠久，夏家店地区生产的小米曾是大辽王朝的专用贡米。夏家店上层文化属晚期青铜文化，距今 3 000 年左右，系中华民族史上影响较大的北方少数民族东胡族所创造，被史学界称为“东胡文化”。先后出土了多为本土铸造的大量青铜器，夏家店遗址群面积 380 000m^2，2006 年被国务院公布为全国重点文物保护单位。

生产特点

夏家店地区土壤具有极强的透水性和透气性，并含有丰富的钠、钾、铜、铁、钙、镁、锰、锌、硒等人体所必需的微量元素及矿物质、有机质。该地区空气纯净清新，日照充足，土质肥沃，尤其适宜杂粮杂豆等谷物生长。采用传统原始的耕种方式，天然雨水浇灌，不使用化肥农药，得天独厚的自然环境配合科学的栽培和管理方法，使本地出产的小米营养丰富，口感香醇。

授权企业

赤峰神农工贸有限公司　李德新　13947367106

牛家营子桔梗

登记证书编号：AGI00876

登记单位：喀喇沁旗牛家营子镇农民中药材协会

地域范围

牛家营子桔梗农产品地理标志保护范围为内蒙古赤峰市喀喇沁旗牛家营子镇全域。地理坐标为东经 118° 08′ ～ 119° 02′，北纬 41° 53′ ～ 42° 14′。

品质特色

牛家营子桔梗全株光滑，高 40 ～ 50 cm，体内具白色乳汁。根粗大肉质，长圆锥形或圆柱形，外皮黄白色或灰白色。质脆，断面不平坦，形成层环棕色，皮部类白色，有裂隙，木部淡黄白色。茎直立，上部稍分枝。牛家营子桔梗总皂苷含量为 3 ～ 4 g/100 g，总黄酮含量为 0.02 ～ 0.03 g/100 g，蛋白质含量为 7 ～ 8 g/100 g，还含有大量人体所必需的氨基酸类、多糖等物质，具有祛痰止咳，宣肺、排脓的作用。

人文历史

牛家营子镇中药材种植已有 300 多年历史，早在清朝康熙年间此地就建有“药王庙”，供奉药王孙思邈。公元 1784 年，乾隆皇帝狩猎至此，闻药香醉人，赏药花悦目，遂赐名“药王村”。至此，农户家家种药，延续至今，地产桔梗质量属全国一流，除药用外，年产鲜桔梗 15 000 t 以上，全部销往韩国、日本。1999 年牛家营子中药材基地被科技部列为中药材现代化研究与产业开发专项研究基地之一，被誉为“中国桔梗之乡”。

生产特点

牛家营子桔梗产地牛家营子处中纬度，属中温带半干旱大陆性季风气候区。土壤肥沃，地势平坦，土层深厚，土壤平均有机质含量 1.3%，全氮含量 0.08%，全磷含量 0.05%，全钾含量 2.43%，富含硅、锌、铁、锰等微量元素，土壤 pH 值为 8.3。春季干旱多大风，夏季短促炎热、雨水集中，秋季短促、气温下降快、霜冻降临早。

牛家营子桔梗病虫草害防治以农业防治、生物防治、物理防治为主，化学防治为辅，化肥与有机肥配合使用。桔梗采收一般在 9 月中下旬，待植株枯萎后，割去茎叶、芦头，以人工用特制药叉采挖，挖出直根，不伤不碰。将挖出的桔梗把根部泥土洗净后，浸在水中趁鲜用竹片或玻璃片刮去表面粗皮，洗净，晒干或用无烟煤火烘干即成。

授权企业

赤峰荣兴堂药业有限责任公司　王宏伟　13947673581

赤峰市冯氏桔梗食品有限公司　冯志伟　13704767849

牛家营子北沙参

登记证书编号：AGI00875

登记单位：喀喇沁旗牛家营子镇农民中药材协会

地域范围

牛家营子北沙参农产品地理标志保护范围为内蒙古赤峰市喀喇沁旗牛家营子镇全域。地理坐标为东经 118° 08′ ～ 119° 02′，北纬 41° 53′ ～ 42° 14′。

品质特色

牛家营子北沙参呈细长圆柱形，偶有分枝，长 30 ～ 45 cm，直径 0.5 ～ 1.2 cm。表面淡黄白色，略粗糙，偶有残存外皮，不去外皮的表面黄棕色。全体有细纵皱纹及纵沟，并有棕黄色点状细根痕。顶端常留有黄棕色根茎残基；上端稍细，中部略粗，下部渐细。质脆，易折断，断面皮部浅黄白色，木部黄色。

牛家营子北沙参根茎含有大量人体必需的氨基酸类物质，此外其总皂苷含量为 0.3 ～ 0.4 g/100 g，总黄酮含量为 0.09 ～ 0.10 g/100 g，蛋白质含量为 10.5 ～ 11.5 g/100 g。还含有挥发油、香豆素、淀粉、生物碱、三萜酸、豆甾醇、β - 谷甾醇，沙参素等成分。

人文历史

牛家营子镇中药材种植已有300多年历史，早在清朝康熙年间此地就建有“药王庙”，供奉药王孙思邈。公元1784年，乾隆皇帝狩猎至此，闻药香醉人，赏药花悦目，遂赐名“药王村”。从此名扬各州郡，家家种药，户户得益，历久不衰，延续至今。地产北沙参产量占全国80%，并以色白、条长、味醇正誉满全国，远销中国香港和东南亚。1999年牛家营子中药材基地被科技部列为中药材现代化研究与产业开发专项研究基地之一，被誉为“中国北沙参之乡”。

生产特点

牛家营子北沙参产地牛家营子处中纬度，属中温带半干旱大陆性季风气候区。土壤肥沃，地势平坦，土层深厚，土壤平均有机质含量为1.3%，全氮含量0.08%，全磷含量0.05%，全钾含量2.43%，富含硅、锌、铁、锰等微量元素，土壤pH值为8.3。春季干旱多大风，夏季短促炎热、雨水集中，秋季短促、气温下降快、霜冻降临早。

牛家营子北沙参病虫草害防治以农业防治、生物防治、物理防治为主，化学防治为辅，化肥与有机肥配合使用。北沙参采收一般在9月末10月初，多以人工用特制药叉采挖，将挖出的参根用清水洗净泥土后，放入开水中烫煮加工去皮，一般烫煮的时间为2 ~ 3 min，待中部能去皮即可，捞出放入冷水中并及时剥皮，然后晒干或烘干。

授权企业

赤峰荣兴堂药业有限责任公司　王宏伟　13947673581

赤峰市冯氏桔梗食品有限公司　冯志伟　13704767849

喀喇沁山葡萄

登记证书编号： AGI02799

登记单位： 喀喇沁旗农业产业联合会

地域范围

喀喇沁山葡萄农产品地理标志保护范围为喀喇沁旗辖区内的锦山镇、王爷府镇、美林镇、牛家营子镇、乃林镇、十家满族乡、西桥镇、南台子乡、小牛群镇、河南街道和河北街道，11 个乡镇（街道）161 个嘎查村，地理坐标为东经 118° 08′ ～ 119° 02′，北纬 41° 53′ ～ 42° 14′。

品质特色

喀喇沁山葡萄果枝结实，果实甜酸，品质优良，穗大粒饱，口味宜人，单宁多，色素浓，可生食，可溶性固形物 22.7% ～ 25.4%，可溶性总糖 24.8% ～ 28.0%，总酸 14.33 ～ 18.24 g/kg，维生素 C 7.12 ～ 8.95 mg/100 g。花色素、单宁等含量均高于欧亚葡萄种，是酿造高级葡萄酒的理想材料。喀喇沁山葡萄由于产地生态条件的独特性，其所酿出的葡萄酒与欧亚种群葡萄所酿出的酒在风格、品质上有很大差异。

人文历史

喀喇沁山葡萄种植有较长的历史，清代和民国年间，喀喇沁旗各族群众就已在庭院栽植果树。到 20 世纪 60 年代初期，全旗已建成扁担沟、二道沟、水泉沟、喇嘛地、东局子、西桥、下水地、乃林果园等较大的葡萄等水果生产基地。80 年代末，随着全旗的生态经济沟建设，葡萄等果树的栽培面积不断扩大，山葡萄等品种在喀喇沁旗安家落户、生根、开花结果。

生产特点

喀喇沁山葡萄以独特的自然生态环境和特定的生产方式形成了具有地域特色的产品。喀喇沁旗地形复杂多样，地势由西南向东北倾斜，旗内以茅荆坝和马鞍山梁为主体，由西向东构成中低山地、丘陵漫岗和河谷平原 3 种地貌类型。旗内太阳辐射强烈，日照丰富，水热同期，积温有效性高，适宜于山葡萄生长，当地生产的山葡萄口感较好。喀喇沁山葡萄病虫草害防治以农业防治、物理防治、生物防治为主，化肥与有机肥配合使用。

授权企业

喀喇沁旗贾海葡萄种植专业合作社　贾海　13514762213

赤峰弘坤蒙野酒业有限责任公司　徐鑫阳　15104767799

喀喇沁旗马鞍山乡山葡萄协会　刘宇　13674860006

喀喇沁番茄

登记证书编号：AGI02260

登记单位：喀喇沁旗农业产业联合会

地域范围

喀喇沁番茄农产品地理标志保护范围为喀喇沁旗辖区内的锦山镇、王爷府镇、美林镇、牛家营子镇、乃林镇、十家满族乡、西桥镇、南台子乡、小牛群镇、河南街道和河北街道，11 个乡镇（街道）161 个嘎查村，地理坐标为东经 118° 08′ ～ 119° 02′ ，北纬 41° 53′ ～ 42° 14′ 。

品质特色

喀喇沁番茄果形扁圆，果面光滑、红润透亮，果肉紧实细致、心室小，酸甜适中，多汁细嫩，软糯沙口，风味浓郁，耐储性强，营养物质含量中番茄红素≥ 154 mg/kg，可溶性固形物≥ 5.5%，维生素 C ≥ 16.3 mg/100 g，可滴定酸≤ 0.55%，可溶性总糖≥ 4.24%，并且含有丰富的 B 族维生素。

人文历史

喀喇沁旗番茄种植历史悠久、人文厚重。据《喀喇沁旗志》（卷六第八章）记载："喀喇沁旗自有农业垦殖，就有园田蔬菜栽培。一般以自食为主，后也有少量集市交易"。番茄的品种有黄柿子、苹果青、九站西红柿、阿尔巴捷耶夫、大黄156、特瑞皮克、北京早红、强丰、鲜丰、北京矮红、吉林大桃、春魁、密植红等。喀喇沁番茄的外界名声越来越响，品牌效应越来越大，番茄文化的影响力也越来越强。喀喇沁番茄有明显的地域特征，有广阔的市场前景，有广泛的社会基础，也一定会有美好的可期未来。

生产特点

喀喇沁番茄以独特的自然生态环境和特定的生产方式形成了具有地域特色的产品。喀喇沁旗地形复杂多样，地势由西南向东北倾斜，旗内以茅荆坝和马鞍山梁为主体，由西向东构成中低山地、丘陵漫岗和河谷平原3种地貌类型。旗内太阳辐射强烈，日照丰富，水热同期，积温有效性高，适宜于番茄生长，当地生产的番茄口感较好。喀喇沁番茄病虫草害防治以农业防治、物理防治、生物防治为主，化学防治为辅，化肥必须与有机肥配合使用。

授权企业

喀喇沁旗瑞蔬丰蔬菜种植专业合作社　吴井瑞　13947673467

喀喇沁苹果梨

登记证书编号：AGI02261

登记单位：喀喇沁旗农业产业联合会

地域范围

喀喇沁苹果梨农产品地理标志保护范围为喀喇沁旗辖区内的锦山镇、王爷府镇、美林镇、牛家营子镇、乃林镇、十家满族乡、西桥镇、南台子乡、小牛群镇、河南街道和河北街道，11 个乡镇（街道）161 个嘎查村，地理坐标为东经 118° 08′ ~ 119° 02′，北纬 41° 53′ ~ 42° 14′。

品质特色

喀喇沁旗出产的苹果梨抗寒丰产，果形偏圆，皮薄肉多，果肉乳白细腻，石细胞少，爽口香甜，脆嫩多汁，营养物质含量中可溶性固形物≥ 11.5%，果实硬度≥ 4.1 kg/cm^2，可溶性总糖≥ 7.81%，总酸≤ 2.59 g/kg，维生素 C ≥ 7.18 mg/100 g。含丰富的维生素 C、维生素 B_1、维生素 B_2 及钙、磷、铁等营养成分，种植面积在 200 hm^2，总产量达 0.6 万 t。

人文历史

苹果梨原产朝鲜。1921年，吉林省延边朝鲜族自治州首先从朝鲜引种成活，并发展成为国内苹果梨的原产地。1965年，喀喇沁旗从延边引进苹果梨，用当地梨树一次性嫁接成功，现已成为环境最适应、表现最优秀、发展最迅速、群众最欢迎的喀喇沁旗地产水果的翘楚。《喀喇沁旗志》记载：截至1995年前，梨占喀喇沁旗地产水果的二把交椅，苹果梨占梨的头把交椅。

生产特点

喀喇沁苹果梨以独特的自然生态环境和特定的生产方式形成了具有地域特色的产品。喀喇沁旗地形复杂多样，地势由西南向东北倾斜，旗内以茅荆坝和马鞍山梁为主体，由西向东构成中低山地、丘陵漫岗和河谷平原3种地貌类型。旗内太阳辐射强烈，日照丰富，水热同期，积温有效性高，适宜于苹果梨生长，当地生产的苹果梨口感较好。喀喇沁苹果梨病虫草害防治以农业防治、物理防治、生物防治为主，化学防治为辅，化肥与有机肥配合使用。

授权企业

喀喇沁旗红利丰农业专业合作社　冷飞　15648610000

喀喇沁旗龙头山农业专业合作社　张秀娟　13704760717

喀喇沁青椒

登记证书编号：AGI02259

登记单位：喀喇沁旗农业产业联合会

地域范围

喀喇沁青椒农产品地理标志保护范围为喀喇沁旗辖区内的锦山镇、王爷府镇、美林镇、牛家营子镇、乃林镇、十家满族乡、西桥镇、南台子乡、小牛群镇、河南街道和河北街道，11 个乡镇（街道）161 个嘎查村，地理坐标为东经 118° 08′ ~ 119° 02′ ，北纬 41° 53′ ~ 42° 14′ 。

品质特色

喀喇沁青椒个大肉厚，籽粒细小，色泽鲜艳，清脆爽口，微辣带甜，耐储易运，营养物质含量中蛋白质≥ 0.74 g/100 g，维生素 C ≥ 54.6 mg/100 g，可滴定酸≤ 0.12%，可溶性总糖≥ 3.67%。

人文历史

据《喀喇沁旗志》记载，自喀喇沁旗农垦出现到1995年前，青椒在全旗蔬菜家族中位列白菜类、绿叶菜类、葱蒜类之后，菜瓜类、根菜类、豆角类、薯芋类之前。到20世纪90年代末，青椒产业取得长足发展，沿老哈河、锡伯河（旗内两大主干河流）两岸和赤承、平双等主干公路崛起大批青椒产业区和产业带，涌现出锦山镇龙山村、西桥镇西桥村、四十家子乡四十家子村等一批青椒种植专业村，成为能够与番茄产业比肩的全旗蔬菜产业的支柱之一。

生产特点

喀喇沁青椒以独特的自然生态环境和特定的生产方式形成了具有地域特色的产品。喀喇沁旗地形复杂多样，地势由西南向东北倾斜，旗内以茅荆坝和马鞍山梁为主体，由西向东构成中低山地、丘陵漫岗和河谷平原3种地貌类型。旗内太阳辐射强烈，日照丰富，水热同期，积温有效性高，适宜于青椒生长，当地生产的青椒口感较好。喀喇沁青椒病虫草害防治以农业防治、物理防治、生物防治为主，化学防治为辅，化肥与有机肥配合使用。

授权企业

喀喇沁旗润田种植专业合作社　李树阳　15047626767

喀喇沁旗百合农机农艺专业合作社　刘利军　13948764928

克旗黄芪

登记证书编号：AGI02798

登记单位：克什克腾旗经济作物工作站

地域范围

克旗黄芪农产品地理标志保护范围为克什克腾旗辖区内的经棚镇、宇宙地镇、万合永镇、同兴镇、芝瑞镇、新开地乡、红山子乡等克什克腾旗的 8 个农区乡镇，84 个行政村。地理坐标为东经 116° 21′ ~ 118° 26′，北纬 42° 23′ ~ 44° 15′。

品质特色

克旗黄芪呈圆柱形的单条，切去芦头，顶端间有空心。表面淡棕色或淡棕褐色，有不整齐的纵皱纹或纵沟。质硬而韧，不易折断，断面纤维性强，并有粉性，皮部黄白色，木部淡黄色或黄色，有放射状纹理和裂隙。味甘，嚼之有豆腥味。黄芪甲苷含量 ≥ 0.07 mg/g，毛蕊异黄酮葡萄糖苷含量 ≥ 0.05 mg/g，甲苷、毛蕊异黄酮葡萄糖苷含量与其他地区黄芪相比较高。

人文历史

乌兰布统乡黄芪塔拉村，1958年建村于黄芪塔拉上，故名，系蒙古语，意为产黄芪草的甸子。系村委会和分场驻地，位于乡政府驻地西北45 km草原上。

生产特点

克旗黄芪选种为当地野生黄芪多年自然繁殖的道地栽培种。主要采用仿野生栽培，病虫草害防治以农业防治、生物防治、物理防治为主，全部使用有机肥。采收一般秋季在9—10月或第二年春季在越冬芽萌动之前进行采挖，以特制挖药机进行全面深松采挖，挖出直根，不伤不碰。一般亩产干货300 kg，高产的可达350 kg以上。

授权企业

克什克腾旗优农农业发展有限公司　白凤杰　15148378827

克什克腾旗鑫地种植专业合作社　王飞　13514866900

克什克腾旗亚麻籽

登记证书编号：AGI02795

登记单位：克什克腾旗亚麻籽种植协会

地域范围

克什克腾亚麻籽农产品地理标志保护范围为克什克腾旗辖区内的经棚镇、宇宙地镇、万合永镇、同兴镇、芝瑞镇、新开地乡、红山子乡等克什克腾旗的 8 个农区乡镇，84 个行政村。地理坐标为东经 116° 21′ ~ 118° 26′，北纬 42° 23′ ~ 44° 15′。

品质特色

克什克腾旗亚麻籽籽粒形状呈扁卵形，长 1.5 ~ 3.0 cm，叶宽 0.2 ~ 0.8 cm，前端鸟嘴状，表面平滑、红润而有光泽，千粒重 5 ~ 7 g，含 α-亚麻酸 52% ~ 59%、亚油酸 13.5% ~ 16%。

人文历史

克什克腾旗亚麻籽种植生产已有700多年历史。据《克什克腾旗志》记载：亚麻种植对土壤要求不高，适应性强，全旗瘠薄地均可种植，成本低，收益大，是农民所喜爱种植的油料作物。

胡麻引种丰富了中国农耕种植技术和品种，公元2世纪中期崔寔的《四民月令》记载：二月可种胡麻，谓之上时也。胡麻分为两种，即白胡麻和八棱胡麻，北魏贾思勰的《齐民要术》对胡麻的用途和种收有具体的记载：白胡麻油多，人可以为饭。

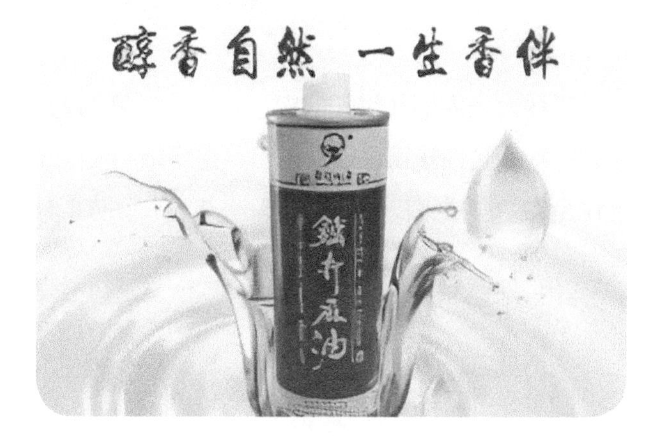

生产特点

克什克腾亚麻籽种植采取的传统加现代科技精耕细作的特殊生产方式，保证了其籽粒的优良品质。籽粒中富含a-亚麻酸、蛋白质、亚油酸、亚麻木酚素、膳食纤维、亚麻胶等有效成分。

克什克腾亚麻籽内在品质鲜明，虽然30%的出油率不算高，但是麻油加工生产工艺是古法捶打压榨，其油品营养成分没被破坏，色泽清纯，味道醇香，久置无沉淀析出，营养价值极高。

授权企业

克什克腾旗呼德艾勒农牧业农民专业合作社　王浩　13789635959

巴林大米

登记证书编号：AGI01940

登记单位：巴林右旗农业技术推广站

地域范围

巴林大米农产品地理标志保护范围为巴林右旗所辖大板镇、西拉沐沦苏木、友联村、红星村、乌兰格日乐嘎查、友爱、新立、前进、西拉木伦村、达林台嘎查、益和诺尔嘎查、布敦花嘎查、沙布嘎嘎查、西热嘎查共 2 个苏木（镇）12 个嘎查（村）。地理坐标为东经 118° 11′ ~ 120° 05′，北纬 43° 12′ ~ 44° 28。

品质特色

巴林大米为形状纵长的白色颗粒，长度约为 0.6 mm，宽度约为 0.3 mm。巴林大米营养丰富，质纯味正，香软可口，是平衡膳食、调节口味的理想食品。巴林大米中含碳水化合物 75% 左右，蛋白质 7% ~ 8%，脂肪 1.3% ~ 1.8%，并含有丰富的 B 族维生素等营养物质。

人文历史

巴林大米种植历史悠久，据《巴林右旗旗志》记载，巴林右旗是辽的发祥地。据《辽史》记载，契丹族在此过着“马逐水草，人仰潼酪，勉强射生，以给日用”游牧狩猎的生活。1986 年全旗水稻面积仅有 8 000 亩，到 2014 年底，巴林右旗水稻播种面积为 3 万亩，平均每亩单产为 600 kg，稻谷总产量为 0.18 亿 kg，稻谷已经成为巴林右旗的主要粮食作物。随着农业现代化的进程，巴林大米产生的附加值越来越大，对地方生产总值做出了较大的贡献。

生产特点

巴林水稻种植大多在水田里，水稻属喜温好湿的短日照作物。巴林右旗有效积温高，昼夜温差大，独特的气候条件和不同的土壤类型，使巴林右旗粮食作物生产更具地方特色，当地生产的大米口感较好。巴林水稻病虫草害防治以农业防治、生物防治、物理防治为主，化学防治为辅，化肥与有机肥配合使用。

授权企业

巴林右旗蒙益康农牧场　张树文　13947661937

内蒙古坝林短角有机农业发展有限公司　张志军　18947631000

巴林右旗金山农牧场　刘金山　15598554995

昭乌达肉羊

登记证书编号：AGI01741

登记单位：赤峰市家畜改良工作站

地域范围

昭乌达肉羊农产品地理标志保护范围为赤峰市辖区内的克什克腾旗、阿鲁科尔沁旗、巴林右旗、巴林左旗、翁牛特旗、林西县共 6 个旗县 71 个乡镇（苏木）1 188 个行政村（嘎查）。地理坐标为东经 117° 06′ ~ 120° 58′，北纬 42° 26′ ~ 45° 24′。

品质特色

昭乌达肉羊体格较大，体质结实，结构匀称，胸部宽而深，背部平直，臀部宽广，肌肉丰满，肉用体型明显。被毛白色，闭合良好，无角，颈部无皱褶（或有 1 ~ 2 个不明显的皱褶），头部至两眼连线、前肢至腕关节和后肢至飞节均覆盖有细毛。

每百克羊肉中含蛋白质 20.6 ~ 21.8 g，脂肪 2.18 ~ 31 g，铁 0.62 ~ 3.31 mg，锌 1.82 ~ 4.91 mg，磷 126 ~ 232 mg，维生素 A 7.18 ~ 11.2 μg。昭乌达羊肉硬脂酸含量较低，氨基酸中必需脂肪酸含量较高，亚麻酸和亚油酸含量较高，具有鲜而不腻、嫩而不膻、肥美多汁、爽滑绵软的特点，是低脂肪高蛋白的健康食品。

人文历史

昭乌达肉羊是我国第一个草原型肉羊品种，既适合规模化、标准化生产又适于广大农牧民分户饲养，对解决制约我国北方牧区及半农半牧区肉羊产业发展的品种资源问题具有重要意义。

昭乌达肉羊培育起源于20世纪50年代，以当地蒙古羊为母本，以苏联美利奴羊、萨利斯克羊、东德美利奴羊为父本进行改良，到80年代末改良培育出200多万只毛质白色化、细度为22 ~ 23 μm的改良型细毛羊。

生产特点

昭乌达肉羊存栏区域海拔为300 ~ 2 000 m，昭乌达肉羊养殖牧场生态环境优越，野生植物分布广泛，种类繁多，共有野生植物1 863种，分属118科、545属，其中586种植物具有野生药用价值，739种植物具有饲用价值。区域内无“三废”污染排放，饮用水以无污染的河水及地下水为主，富含多种对羊只有益的微量元素。

授权企业

内蒙古草原金峰畜牧有限公司

李瑞　13904769945

内蒙古好鲁库德美羊业有限公司

姚秀果　13948634927

巴林羊肉

登记证书编号：AGI01944

登记单位：巴林右旗家畜改良站

地域范围

巴林羊肉农产品地理标志保护范围为巴林右旗辖区内的大板镇、索博日嘎镇、查干诺尔镇、宝日勿苏镇、巴彦琥硕镇、幸福之路苏木、查干沐沦苏木、巴彦塔拉苏木、西拉沐沦苏木 9 个苏木（镇），162 个嘎查村。地理坐标为东经 118° 11′ ～ 120° 05′，北纬 43° 12′ ～ 44° 28′。

品质特色

巴林羊为肉毛兼用品种，以产肉为主，无角，体格较大，体质结实，骨骼健壮，肌肉丰满，肉用体型明显，呈圆筒形，具有早熟性。头大，四肢细长而强健，体躯多为白色，头颈及四肢多黑色或者褐色。巴林羊肉营养丰富，营养物质中蛋白质含量为（22.04 ± 2.00）g/100 g，钙含量为（5.23 ± 1.5）mg/100 g，其肉质细嫩、鲜美可口、不膻不腻，深受各地人们的喜爱。

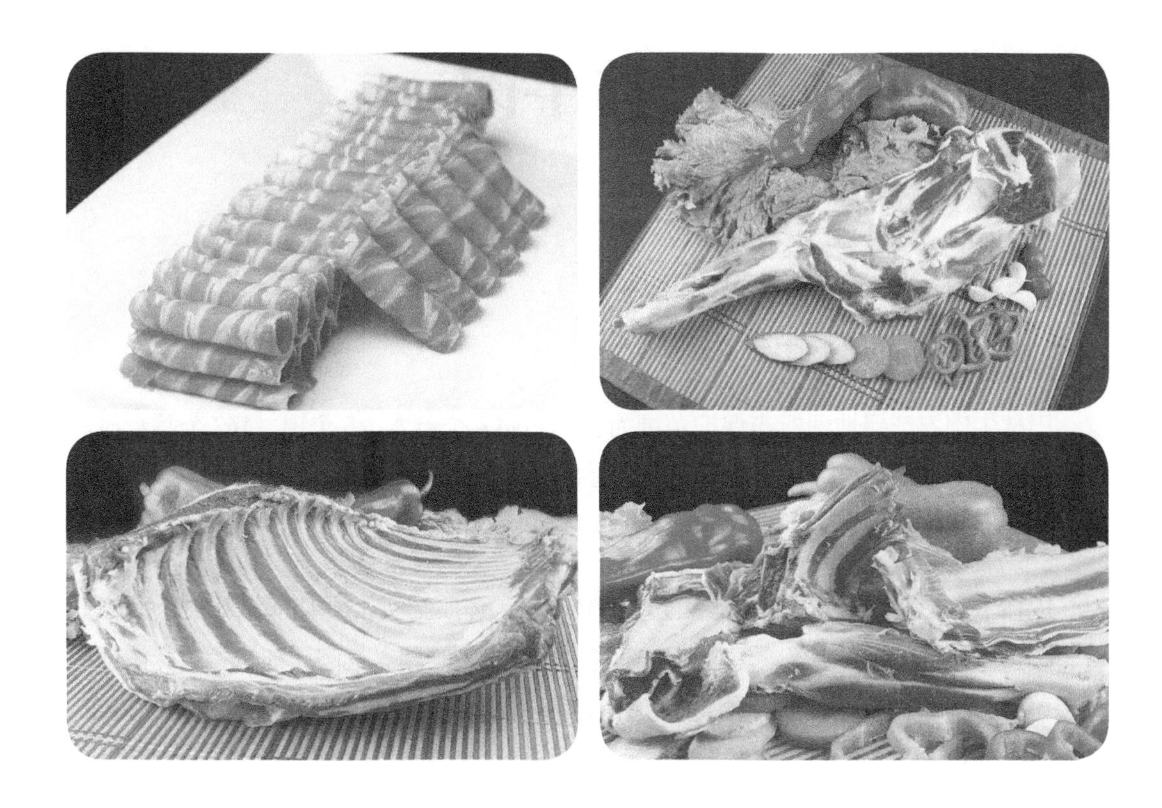

人文历史

巴林羊母体为20世纪50年代当地蒙古羊同苏联美利奴羊、高加索、萨里斯克羊、东德美利奴羊、乌珠穆沁大尾羊、哈萨克羊进行杂交选育而成的偏肉用杂交改良细毛羊，1996年，以引进的奥美型种羊为父本进行杂交改良克服了原有的不足，1999年后，进一步引进乌珠穆沁大尾羊和无角多赛特等肉羊品种，改进肉用和繁殖性能，主要提高了肉用性能。1999年开始在杂交二代基础上，选择理想型个体组成巴林肉羊育种群进行横交固定，到2006年理想型羊群体规模迅速扩大。

生产特点

巴林羊是在巴林右旗纯天然、无污染的环境下生长，以自然放牧为主，经过长期自然选择和人工选育，成为了蒙古羊的一个优良类群。它具有体格大，活重高，产肉多，生长发育快，成熟早，抓膘能力强，抗灾抗病力强，肉质鲜美、肥而不腻，无膻味的特点，是中国宝贵的肉羊资源。

授权企业

内蒙古宏发巴林牧业有限责任公司　韩凌　13847693239

巴林牛肉

登记证书编号：AGI01943

登记单位：巴林右旗家畜改良站

地域范围

巴林牛肉农产品地理标志保护范围为巴林右旗 4 个苏木、5 个镇、162 个嘎查村。地理坐标为东经 118° 11′ ~ 120° 05′，北纬 43° 12′ ~ 44° 28′。

品质特色

巴林牛为肉乳兼用品种，以产肉为主，体格大，体质结实，颈粗厚多肉，胸深肋圆，背、腰、臀部肌肉鼓突明显，尾部肌肉充实，腿部肌肉圆厚。其肉质细嫩、香味浓郁、鲜美可口、不膻不腻，煮沸后肉汤透明澄清，脂肪具有清香之味，深受各地人们的喜爱。

人文历史

巴林牛养殖历史悠久，距今 4 000 年前居住在巴林右旗的古代先民们已经驯化和饲养牛和猪等牲畜。巴林右旗自 20 世纪 50 年代开始了牛的改良，方向以发展乳肉兼用型为主，将当地本地牛同短角牛、三河牛进行杂交改良，到 2005 年理想型牛群体规模迅速扩大。

生产特点

巴林牛主要采取自然放牧和半舍饲结合的饲养方式，饲料以秸秆和青贮饲料为主，补充精饲料。该牛以纯种西门塔尔牛为父本，采用育成杂交的方法培育而成，为肉乳兼用品种，以产肉为主，具有体格大，体质结实，颈粗厚多肉，胸深肋圆，背、腰、臀部肌肉鼓突明显，尾部肌肉充实，腿部肌肉圆厚的特点。

授权企业

巴林右旗赛罕乌拉牧业有限责任公司　朝格图　13848999623

达里湖华子鱼

登记证书编号：AGI00369

登记单位：达里诺尔国家级自然保护区管理处

地域范围

达里湖华子鱼农产品地理标志保护范围为内蒙古赤峰市克什克腾旗西北部，地处达里诺尔国家级自然保护区境内，水域面积为 228 km^2，地理坐标为东经 116° 22′ ~ 117° 00′，北纬 43° 11′ ~ 43° 27′，总面积 119.414 hm^2。

品质特色

达里湖华子鱼平均生长年限都在 5 年以上，个体大的甚至超过 10 年；蛋白质含量 72% ~ 85%，脂肪含量 5% ~ 10%，钠 250 ~ 400 mg/100 g，铜 0.5 ~ 1.5 mg/100 g；蛋白质含量较高，而脂肪含量却较低；微量元素中钠、铜等含量高于其他同类鱼；可食部分大，鱼肉品质高，肉质坚实，口感鲜嫩。

人文历史

达里湖自古便有大洛湖、大水泊、答儿海子、达儿捕鱼尔海之称。达里湖隋唐时期成大水泊，其侧是辽太祖耶律阿保机述律平皇后的出生地，建有仪坤州。公元 937 年

辽太宗耶鲁德光到平原松林，观潢源（西拉沐沦河），拜日于此。金时期称鱼儿泺，世宗、章宗筑长城，建桓州、抚州、全州于此。元时期称达儿海子，一代天骄成吉思汗曾数次消暑于达里湖，1214年封赏弘吉剌部于此。元代蒙古黄金家族弘吉剌部控制达里湖周边广大地区，成为他们的世袭领地。元代皇帝时常至此巡视。末帝惠宗妥欢帖睦尔退守达里湖西岸的鲁王城，曾在达里湖乘船作乐，命人捕鱼为食。相传，当年康熙皇帝亲临草原，从达里湖捕鱼后，又在草原上采摘了白蘑、百里香一起煮制，鲜香的美味使康熙皇帝胃口大开，他说吃了这里的鱼，他便不想天下的鱼了，回到京城后他仍念念不忘，多次派人来捕鱼，飞马送入京城。有记载称：清康熙年间，塞外灾荒，上遣官携网具来达里湖教牧民捕鱼为食，后关内村民大量涌入捕鱼为业。雍正三年、雍正十三年、乾隆六年、乾隆十七年，清廷先后四次下诏禁往达里湖捕鱼。道光年间，扎萨克府允许人民捕鱼，以提取赋税。

生产特点

达里湖野生鱼源于自然，天然生态，其生长、繁殖过程都在达里湖水系中自然完成，生长过程中不投放任何饵料，完全以湖内自产的水生动植物和有机质为食，湖里特殊水质使其生长周期延长，经过长时间的缓慢生长，其产生的营养价值远远高于其他同种鱼类。

授权企业

克什克腾旗达里湖渔业有限责任公司　司杰　18247616161

达里湖鲫鱼

登记证书编号：AGI00368

登记单位：达里诺尔国家级自然保护区管理处

地域范围

达里湖鲫鱼农产品地理标志保护范围为内蒙古赤峰市克什克腾旗西北部，地处达里诺尔国家级自然保护区境内，水域面积为 228 km^2，地理坐标为东经 116° 22′ ~ 117° 00′ ，北纬 43° 11′ ~ 43° 27′ ，总面积 119.414 hm^2。

品质特色

每百克达里湖鲫鱼含蛋白质 70 ~ 82 g，脂肪 4 ~ 10 g，钠 200 ~ 400 mg，铜 0.3 ~ 0.6 mg，蛋白质含量高且脂肪含量低，肉质细腻坚实、味道鲜美无腥、营养价值丰富，富含多种对人体极为有益的微量元素和氨基酸，可食部分大，鱼肉品质高，肉质坚实、口感鲜嫩。

达里湖鲫鱼在北方地区同类鱼中生长速度最慢，鱼龄最长，所产商品鱼均在 5 ~ 10 龄，与同类产品相比鱼体最大、味道最鲜、营养价值最高。素有“赛甲鱼”之称。

人文历史

达里湖自古便有大洛湖、大水泊、答儿海子、达儿捕鱼尔海之称。达里湖隋唐时期成大水泊，其侧是辽太祖耶律阿保机述律平皇后的出生地，建有仪坤州。公元 937 年辽太宗耶鲁德光到平原松林，观潢源（西拉沐沦河），拜日于此。金时期称鱼儿泺，世宗、章宗筑长城，建桓州、抚州、全州于此。元时期称达儿海子，一代天骄成吉思汗曾数次消暑于达里湖，1214 年封赏弘吉剌部于此。元代蒙古黄金家族弘吉剌部控制达里湖周

边广大地区，成为他们的世袭领地。元代皇帝时常至此巡视。末帝惠宗妥欢帖睦尔退守达里湖西岸的鲁王城，曾在达里湖乘船作乐，命人捕鱼为食。相传，当年康熙皇帝亲临草原，从达里湖捕鱼后，又在草原上采摘了白蘑、百里香一起煮制，鲜香的美味使康熙皇帝胃口大开，他说吃了这里的鱼，他便不想天下的鱼了，回到京城后他仍念念不忘，多次派人来捕鱼，飞马送入京城。有记载称：清康熙年间，塞外灾荒，上遣官携网具来达里湖教牧民捕鱼为食，后关内村民大量涌入捕鱼为业。雍正三年、雍正十三年、乾隆六年、乾隆十七年，清廷先后四次下诏禁往达里湖捕鱼。道光年间，扎萨克府允许人民捕鱼，以提取赋税。

生产特点

达里湖野生鱼源于自然，天然生态，其生长、繁殖过程都在达里湖水系中自然完成，生长过程中不投放任何饵料，完全以湖内自产的水生动植物和有机质为食，湖里特殊水质使其生长周期延长，经过长时间的缓慢生长，其产生的营养价值远远高于其他同种鱼类。

授权企业

克什克腾旗达里湖渔业有限责任公司　司杰　18247616161

苏尼特羔羊肉
DRIED MILK CAKE
THE CHEESE OF XILINGOL

锡林郭勒盟

阿巴嘎黑马

登记证书编号：AGI01276

登记单位：阿巴嘎旗畜牧工作站

地域范围

阿巴嘎黑马农产品地理标志保护范围为内蒙古锡林郭勒盟阿巴嘎旗的吉日嘎朗图苏木、伊和高勒苏木、那仁宝力格苏木、别力古台镇、洪格尔高勒镇、查干淖尔镇6个苏木（镇）的71个嘎查。地理坐标为东经113° 28′ ~ 116° 11′，北纬43° 05′ ~ 45° 26′，位于锡林郭勒盟中北部，东边与东乌珠穆沁旗和锡林浩特市相邻，西边与苏尼特左旗毗邻，南部与正蓝旗交界，北部与蒙古国接壤，国境线长175 km。草场总面积2.7万 km^2，年存栏马8 000匹，其中成年母马5 000匹，年产马奶2 000 t。

品质特色

阿巴嘎黑马全身被毛乌黑发亮，体质较清秀结实，结构协调匀称，骨骼坚实，肌肉发达有力；头略显清秀，直头或微半兔头，额部宽广，眼大而有神，嘴桶粗，鼻孔大，耳小直立，耳根粗大；颈略长，颈础低，多数呈直颈，颈肌发育良好，头颈结合、颈肩背结合良好；鬐甲低而厚；前胸丰满，多为宽胸；母马腹大而充实，公马多为良腹；背

腰平直而略长，结合良好；尻短而斜；四肢端正，四肢关节、筋腱明显且发达，蹄质坚实，蹄小而圆，系部较长，蹄掌厚而弹性良好；鬃毛、距毛发达，尾毛长短、浓稀适中。

阿巴嘎黑马在锡林郭勒盟阿巴嘎旗草原上全天放牧的饲养条件下，经过长期人工与自然选育的影响，具有耐粗饲、易牧、抗严寒、抓膘快、抗病力强、恋膘性和合群性好等特点。阿巴嘎旗在历史上以策格之乡而闻名。阿巴嘎黑马行动灵活敏捷，速度快、耐力较强。产马奶性能好，每匹母马平均泌乳期天数 90 d 左右，年产马奶 300 kg 左右。

人文历史

阿嘎巴黑马是传说中的僧僧黑马。阿巴嘎草原深处那仁宝力格苏木有一处自然形成的马蹄印岩石，当地牧民称之为成吉思汗马蹄石。一代天骄成吉思汗曾率兵征战此地，非常喜欢此处美景，下令就地安营，祭拜了此处敖包，畅饮了此处闻名遐迩的清泉——僧僧宝力格（蒙语，意思是最好的泉水），休兵息马，将士欢欣鼓舞，战马奔腾雀跃，留下了马蹄迹，这就是民间传说中“僧僧黑马”的历史背景。在阿巴嘎旗境内发现岩画 230 余幅，其中与马有关的岩画有 60 多幅。成吉思汗同父异母的兄弟别力古台驻守阿巴嘎部落（阿巴嘎旗所在地别力古台镇因此而得名），为建立蒙古汗国立下了卓越的功勋。他身兼数职，其中一职就是管理蒙古汗国所有战马。别力古台非常喜爱体格健壮、四肢发达、腰身长、奔跑速度快、耐力强的纯黑色马。长期以来，阿巴嘎黑马在这里繁衍生息，在长期的自然选择和人工选择的影响下，逐步形成了现在的地方良种。阿巴嘎黑马因僧僧宝力格而得名。长期以来，广大牧民群众在选留种马时，将毛色乌黑发亮、体躯发育良好、奔跑速度快的马匹留作种用，久而久之，形成了现在的阿巴嘎黑马。1958 年 4 月，阿巴嘎旗原宝格都乌拉苏木赛汗图门嘎查（现别力古台镇）建立了草原民兵连，在 1959 年的“八一建军节”时，“黑马连”参加了电影《草原晨曲》的拍摄；1960 年 10 月，八一电影制片厂为“黑马连”拍摄专题片；电影《阿巴嘎旗黑马连》和电视剧《今天的黑马连》在全国范围内发行，成为全国民兵的先进典型和榜样。2006 年在调查后，经多方协商将原称“僧僧黑马”更名为“阿巴嘎黑马”。

2009 年 6 月，经国家畜禽遗传资源管理委员会审定、鉴定为畜禽遗传资源，列入了国家畜禽遗传资源名录。

生产特点

阿巴嘎黑马在蒙古高平原典型草原独特的气候，优良的草质，纯天然、无污染的环境下生长，饲养方式以自然放牧为主。产地属于中温带干旱、半干旱大陆性气候，多大风和寒潮，冷暖多变，光照充足，草原植被由旱生或广旱生植物群落组成。阿巴嘎黑马选育方式为在核心群里生产种公马，提供给其他选育群。在马的整个饲养管理过程中，做好配种、产驹、哺乳、断奶、体尺体重、疫病防治、产奶性能、速度耐力测试等记录。

授权企业

阿巴嘎旗坛斯阁畜牧繁育综合开发有限公司　巴义拉图　13604790734

阿巴嘎旗吉日嘎朗图苏木白嘎力策格销售专业合作社　那顺巴特尔　13514799586

苏尼特羊肉

登记证书编号：AGI00101

登记单位：锡林郭勒盟农牧业科学研究所

地域范围

苏尼特羊肉农产品地理标志保护范围为内蒙古锡林郭勒盟苏尼特左旗、苏尼特右旗和二连浩特市3个旗（市）所辖行政区域的12个苏木镇，104个嘎查。位于锡林郭勒盟西北部，蒙古高原东南部，地理坐标为东经111° 24′ ～ 115° 12′，北纬42° 45′ ～ 45° 15′，草原总面积5.9万km^2。年存栏羊145万只，年出栏100万只。

品质特色

苏尼特羊体格适中，体质结实，结构匀称。母羊无角，少部分种公羊有角，公羊头大小适中，鼻梁隆起，眼大明亮，颈部粗短。背腰平直，体躯宽长，呈长方形，尻部稍高于鬐甲，后躯发达，大腿肌肉丰满，四肢强壮，脂尾小呈纵椭圆形，中部无纵沟，尾端细而尖且向一侧弯曲；被毛为白色异质毛，部分羊头部、腕关节和飞节以下部少量有色毛。苏尼特羊属肉脂兼用型地方品种，在特定生态环境中经过长期的自然选择和人工选育而形成，适应荒漠、半荒漠草原环境；主要分布在锡林郭勒盟苏尼特左旗、苏尼特右旗、二连浩特市等地；具有耐寒冷、抗干旱、耐粗饲、宜放牧、生长发育快、抗病力强等特性。苏尼特羊肉具有香味浓郁的特点，其肉质鲜嫩、肥瘦相间、肥而不腻、食之爽口。煮沸后肉汤透明澄清，脂肪具有清香之味，食后回味无穷，食而不腻。经分析，其营养价值高于同类产品：pH值为6.46；水分含量为72.80%；粗蛋白质含量较高，平均为19.59%；粗脂肪含量较低，平均为3.14%；各种氨基酸含量较高，特别是谷氨酸和天门冬氨酸的含量相当可观。

人文历史

苏尼特羊肉始于明代，距今至少有600多年的历史，因苏尼特羊肉具有中医学说中的“强筋壮骨、滋补元气、开胃、健脾、固肾、强肝”等功能，当地妇女在产期有喝羊肉汤、羊肉粥的传统，在明代就有苏尼特封建领主沿“张库商道”向明廷进贡苏尼特羊的记载，开苏尼特羊肉专供宫廷御用的先例，也就是在这个时候，东北和蒙古地区的“涮锅”食法传入京都。如今，火爆京城的北京东来顺涮锅更令苏尼特羊肉闻名遐迩。1997年苏尼特羊被内蒙古验收命名为地方良种，2010年被列入《国家畜禽遗传资源品种名录》。

生产特点

苏尼特羊饲养严格遵循在苏尼特草原上，以天然放牧为主，保证纯天然、无污染的生长环境。产地气候属于温带干旱、半干旱大陆性季风气候。气候特点是冬季寒冷漫长；春季干旱，多大风；夏季短促、温热、降水集中；秋温剧降，霜冻临早。草场总面积5.9万 km^2，以荒漠草原和干草原为主，草场营养类型以氮碳型为主。品种选择以耐寒，耐粗，宜牧，小脂尾型为主。

授权企业

苏尼特左旗满都拉图肉食品有限公司　李慧廷　15247921842

苏尼特左旗乔宇肉食品有限公司　杨淑兰　18704796677

锡林郭勒羊羊牧业股份有限公司　袁军　17804716809

内蒙古量天尺牧业发展有限公司　苗壮　18248055252

苏尼特左旗大都苏尼特肉食品有限公司　李艳鹏　15164952224

苏尼特左旗功宽肉食品有限公司　敖日格勒　13848492170

苏尼特左旗鑫海肉食品有限公司　吕建茹　15204797864

苏尼特右旗牧羊肉业有限责任公司　靳秀章　13664897022

内蒙古草原万开蒙郭勒肉业有限责任公司　托娅　15849919888

苏尼特右旗天润肉业有限责任公司　孟建文　13034706076

苏尼特右旗赛润肉业有限责任公司　樊志明　13947969596

苏尼特右旗安达肉业有限责任公司　沙如拉其其格　15004795697

苏尼特右旗绿赛清真肉食品有限责任公司　吴利群　13947900880

苏尼特右旗亿原肉业有限公司　徐敏　15164958639

乌冉克羊

登记证书编号：AGI01277

登记单位：阿巴嘎旗畜牧工作站

地域范围

乌冉克羊农产品地理标志保护范围为内蒙古锡林郭勒盟阿巴嘎旗的吉日嘎朗图苏木、伊和高勒苏木、那仁宝力格苏木、别力古台镇、洪格尔高勒镇、查干淖尔镇6个苏木（镇）的71个嘎查，位于锡林郭勒盟中北部。地理坐标为东经113° 28′ ~ 116° 11′，北纬43° 05′ ~ 45° 26′。东边与东乌珠穆沁旗和锡林浩特市相邻，西边与苏尼特左旗毗邻，南部与正蓝旗交界，北部与蒙古国接壤，国境线长175km。草场总面积2.7万km^2。年存栏羊110万只，年出栏58.9万只。

品质特色

乌冉克羊黄头（颈）、褐青头（颈）为主，体躯白色。体格大，头略小，额较宽，鼻隆起。眼大而突出，颈中等长，颈基粗壮，鬐甲稍高，部分个体颈上部有鬃毛。胸宽而深，前胸突出，肋骨拱圆，胸深约为体高的1/2，背腰平宽，体躯较长，后躯发育良好，肌肉丰满，十字部略低于鬐甲部。尾形呈方圆形，尾长宽度多数接近，尾中线有道微纵沟，尾尖细小而向上卷曲，并紧贴于尾端纵沟里或“S”形细小尾尖。全身结构匀称，体质结实，骨骼健壮肌肉发育良好，皮肤致密而富有弹性，被毛厚密而绒多。公羊有角的占50%左右，母羊一般无角。

乌冉克羊系喀尔喀蒙古羊血统，属肉用短脂尾粗毛羊，为蒙古羊的一个优秀类群，是在锡林郭勒盟阿巴嘎旗草原特定的光照、温度、湿度、降水、水质、地形地貌、土质等生态环境条件下，经过长期自然选择和人工选育而形成的地方良种。该羊素以生长发育迅速、抗严寒、合群性好、遗传性能稳定、具有多脊椎多肋骨特征、瘦肉多、肉质优良而著称。乌冉克羊肉具有香味浓郁、肉质柔嫩、食之爽口等风味特点，蛋白质含量在 21.0 g/100 g 以上，皮下脂肪平均为 17.0 g/100 g，氨基酸总含量为 19.0 g/100 g 左右。

人文历史

史料记载，“乌冉克”是蒙古诸部之一，原居住在蒙古国西北部唐努山一带，故名为“唐努乌冉克”。据《清史稿》记载，康熙二十七年（1688 年），为逃避噶尔丹战乱，当时居住在唐努山一带的乌冉克人，携带畜群向东南迁徙至阿巴嘎左翼旗境内居住下来，过几年后大部分乌冉克人返回唐努山一带，但仍有部分人畜留在此地。当时，阿巴嘎旗王爷下令，让唐努乌冉克人归则速归，留则归附于阿巴嘎部。由于乌冉克人视该地为吉祥之地，便同意留了下来，并隶属于阿巴嘎左翼旗，被划分为六个佐领（苏木），至今已有 300 多年的历史。在这漫长的历史演变过程中，乌冉克羊随着它的主人，在当地特定的生态环境中，经过长期的自然选择和牧民们的精心培育，逐渐形成了一个独特的地方良种——乌冉克羊。2009 年 6 月，经国家畜禽遗传资源委员会审定，鉴定为畜禽遗传资源，列入《国家畜禽遗传资源品种名录》。

生产特点

乌冉克羊饲养方式以自然放牧为主，产地气候属中温带干旱、半干旱大陆性气候，多大风和寒潮，冷暖多变，光照充足。草场总面积 2.7 万 km^2，草原植被由旱生或广旱生植物群落组成。产地区域南部水资源较丰富，水质良好，尤其多处的泉水富含多种矿物质和微量元素，草原优良，环境天然无污染。

授权企业

阿巴嘎旗良种肉羊种羊场　巴义拉图　13604790734

阿巴嘎旗吉尔嘎朗图苏木巴音敖包嘎查乌冉克羊基地　敖登格日勒　15947096048

乌珠穆沁羊肉

登记证书编号：AGI00035

登记单位：锡林郭勒盟农牧业科学研究所

地域范围

乌珠穆沁羊肉农产品地理标志产地范围为内蒙古锡林郭勒盟东乌珠穆沁旗、西乌珠穆沁旗、锡林浩特市、阿巴嘎旗和乌拉盖管理区5个旗（区）所辖行政区域内的23个苏木镇，246个嘎查。地理坐标为东经115°10′～119°50′，北纬43°2′～46°30′，平均海拔在700～1 800 m，草场面积10.8万km^2。年存栏388万头，年出栏380万头。

品质特色

乌珠穆沁羊体质结实，体躯深长，肌肉丰满。公羊少数有螺旋形角，母羊无角。耳宽长，鼻梁微拱。胸宽而深，肋骨拱圆。背腰宽平，后躯丰满。尾大而厚，尾宽过两腿，尾尖不过飞节。四肢端正，蹄质坚实。体躯被毛为纯白色，头部毛以白色、黑褐色为主。腕关节、飞节以下允许有杂色毛。

乌珠穆沁羊是蒙古羊系统中的一个优良类群，属于脂尾肉用粗毛羊品种，主要产于锡林郭勒盟东部乌珠穆沁草原。具有耐寒冷，耐粗牧，生长发育快，成熟早，抗灾抗病力强等特性。乌珠穆沁羊肉具有香味浓郁的特点，肉质柔嫩、食之爽口。经分析，

其水分含量较一般的羊肉低，干物质的含量明显高于一般羊肉。成年羊干物质的含量高达 56.19%，比一般羊肉高 9.06%；谷氨酸的含量很高，成年羊为 13.32 mg/100 g；人体必需的几种氨基酸含量也很高，第一限制性氨基酸——赖氨酸的含量很高，成年羊为 6.59 mg/100 mg。

人文历史

据《蒙古族简史》所述，辽代时期的塔塔儿部“鞑靼”所处地，正是如今内蒙古锡林郭勒盟的北部。在《汉书匈奴传》中也有“骑羊引弓射鸟鼠”的描述，因此可推测，早在公元 7—8 世纪，乌珠穆沁草原已有大量脂尾粗毛羊。在当地特定的自然气候和生产方式下，经过长时间的自然选择和人工选择逐渐形成了具有放牧采食抓膘快、保膘强、贮脂抗寒、体大肉多、脂尾重、羔羊发育快、肉质鲜美等特点的乌珠穆沁羊，成为我国宝贵的肉羊资源，1986 年内蒙古正式命名该品种为“乌珠穆沁羊”。

生产特点

乌珠穆沁羊饲养方式以自然放牧为主，产地属于典型的大陆性气候，冬季严寒而漫长，约6个月左右，夏季短稍热，气候独特。产地区域河流为内陆河，分属巴拉格尔河水系和乌拉盖河水系，水资源较丰富且无污染。草场面积10.8万 km^2，草原以草甸草原和干旱草原为主，牧草资源丰富，草质优良以禾本科为主。品种选择以耐寒，耐粗牧，生长发育快，成熟早，抗灾抗病力强为主。

授权企业

锡林郭勒大庄园肉业有限公司　刘福杰　18648158388

锡林郭勒额尔敦食品有限公司　孙鸿涛　15047936089

东乌珠穆沁旗蒙源肉业有限公司　张树明　18647959588

内蒙古西乌珠穆沁绿肉类食品有限公司　代琴　13847909643

东乌珠穆沁旗沁牧食品有限公司　李娟　15047173188

东乌珠穆沁旗吉祥草原食品有限公司　荣天霞　18847932884

东乌珠穆沁旗草原泰羊肉业有限公司　任占利　15249521555

东乌珠穆沁旗兴原肉业有限公司　刘宝全　15947193344

东乌珠穆沁旗草原东方肉业有限责任公司　相汉利　13947990686

阿巴嘎旗额尔敦食品有限公司　冯旭东　15148631011

锡林郭勒盟绿达工贸有限责任公司　王斌　15304795604

东乌珠穆沁旗蒙发肉业有限公司　张建华　13947908420

锡林郭勒盟威远畜产品有限责任公司　常研萍　13171386318

锡林郭勒盟草原蒙誉牧业有限责任公司　刘瑞鸿　13684795838

东乌珠穆沁旗蒙优羊肉业有限公司　杨小东　13948792333

锡林郭勒盟草原蒙强肉业有限公司　张志强　15247863199

锡林郭勒奶酪

登记证书编号：AGI03102

登记单位：锡林郭勒盟农牧业科学研究所

地域范围

锡林郭勒奶酪农产品地理标志产地范围为内蒙古锡林郭勒盟锡林浩特市、正蓝旗、正镶白旗、镶黄旗、阿巴嘎旗、苏尼特左旗、苏尼特右旗、东乌珠穆沁旗、西乌珠穆沁旗、太仆寺旗 10 个旗（市）共 29 个苏木（镇）。地理坐标为东经 112° 36′ ~ 120° 00′，北纬 42° 32′ ~ 46° 41′。奶牛养殖规模为 23 万头，奶酪年产量 2 万 t。

品质特色

锡林郭勒奶酪包括奶豆腐、楚拉、毕希拉格、酸酪蛋 4 种产品。①奶豆腐：四方形为主，整体呈乳白色或微黄色，具有乳香味，微酸；凝固状态好、有弹性；每百克产品含蛋白质 ≥ 20 g，钙 ≥ 200 mg，磷 ≥ 300 mg，亚油酸 ≥ 100 mg，α - 亚麻酸 ≥ 50 mg。②楚拉：小块无固定形状，整体呈乳白色或微黄色，具有乳香味，微酸；质地均匀，稍硬；每百克产品含蛋白质 ≥ 30 g，钙 ≥ 150 mg，磷 ≥ 500 mg，亚

油酸≥300 mg，α-亚麻酸≥100 mg。③毕希拉格：片状，整体浅褐色或黄褐色，具有浓郁乳香味；较硬；每百克产品含蛋白质≥40 g，钙≥200 mg，磷≥500 mg，亚油酸≥200 mg，α-亚麻酸≥ 50 mg。④酸酪蛋：片状或塔形，整体呈乳白色、微黄色或黄褐色，具有乳香味，微酸；质地均匀，稍硬；每百克产品含蛋白质≥30 g，钙≥400 mg，磷≥300 mg，亚油酸≥200 mg，α-亚麻酸≥ 40 mg。

人文历史

锡林郭勒奶酪具有悠久的历史传承和广泛的认可度。早在《后魏书》中即有有关奶酪的记载，可见当时的鲜卑等游牧先民已掌握了制作乳、酪等奶制品的加工制作技术。时代变迁，朝代更迭，生长在锡林郭勒草原上的游牧民族所制作的锡林郭勒奶酪，源于草原独有的生态环境、传统的制作工艺以及拥有更高营养成分和活性物质的奶源，逐渐形成自己的特定品质，在历史上即成为清朝皇室、军队、王公大臣们的“贡品”，也成为当地民众流行的家庭美食和祭祀用品。

生产特点

锡林郭勒盟奶酪主要产区也是锡林郭勒盟奶牛主要养殖区域，区域内可利用草原面积达 9 万 km^2，草场类型包括草甸草原、典型草原、沙地草原和荒漠半荒漠草原。产区内光照充足，生态环境类型独特，具有草原生态群落的基本特征，能全面反映内蒙古高原典型草原生态系统的结构和生态过程。土壤以暗栗钙土和栗钙土为主，其中暗栗钙土养分含量丰富，是最肥沃的土壤类型之一，有机质含量最高可达 70.0 g/kg，为优良牧草的生长提供了可靠保证。牧草中干物质含量丰富，奶牛在采食该类牧草后，所产牛奶中乳蛋白、脂肪的含量也相应显著提高。优良的牧草加天然的放养环境，为奶牛产出优质的鲜奶提供了可靠的保证，也为锡林郭勒奶酪的独特品质提供了有力的支撑。

锡林郭勒奶酪原料要求来自产地内天然放牧奶牛所产的新鲜牛奶，奶牛种类包括西门塔尔、荷斯坦、蒙古牛，奶牛的饲养管理严格遵循国家、自治区和地方制定的相关奶牛饲养管理技术规范和准则。鲜奶感官指标为：色泽呈均匀一致的乳白色或稍带微黄色；具有鲜奶特有的滋味和香味，无异味；组织呈均匀乳液，无沉淀、无凝块、无肉眼可见的杂质。鲜奶内在品质指标为：脂肪≥ 3.80%，蛋白质≥ 3.5%，α-亚油酸≥ 54 mg/100 g。鲜奶卫生指标为：《食品安全国家标准　生乳》（GB 19301—2010）。鲜奶来源必须遵循《中华人民共和国农产品质量安全法》《中华人民共和国动物防疫法》等相关法律法规。

锡林郭勒奶酪采用蒙古族传统工艺制法，符合生产技术标准为《食品安全国家标准　干酪》（GB 5420—2021）、《食品安全地方标准　蒙古族传统乳制品　第 3 部分：奶豆腐》（DBS15/001.3—2017）、《食品安全地方标准　蒙古族传统乳制品　楚拉》（DBS15/007—2016）、《食品安全地方标准　蒙古族传统乳制品　毕希拉格》（DBS15/005—2017）、《食品安全地方标准　蒙古族传统乳制品　酸酪蛋（奶干）》（DBS15/006—2016）。①奶豆腐：生鲜乳经多层纱布过滤后，静置于室温（20 ~ 25 ℃）自然发酵 1 ~ 2 d，当 pH 值达到 4.6 时，即出现凝乳现象，经手工脱脂（撇取奶嚼克）后，将下层的凝乳倒入锅中放在文火上慢慢加热。经过文火熬制的凝乳乳清慢慢

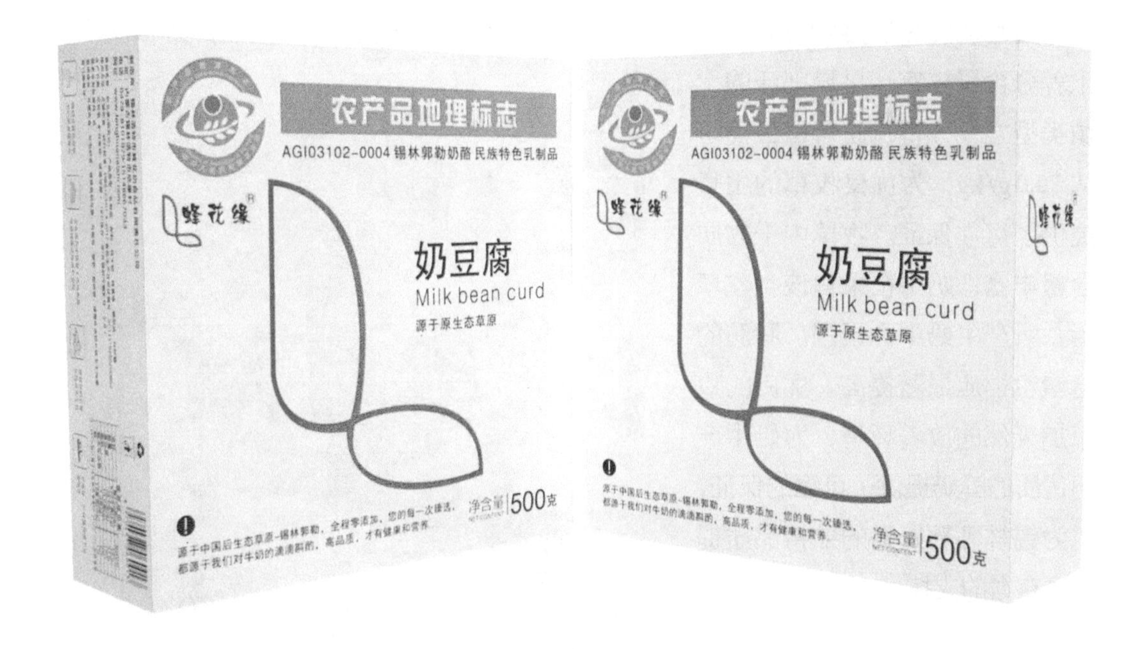

被分离出来。将乳清用勺舀出倒入漏勺中，把留在漏勺中的残渣再次倒入锅中，直到将锅中分离出的乳清彻底撇去。撇清乳清后锅中剩下的奶豆腐泥是制作奶豆腐的原料，然后升高温度并不断地糅合，将蒸发出来的乳清及时撇去，至奶豆腐拉伸性较好时即可装入模具。倒入模具中的奶豆腐放在阴凉处经 2 ~ 3 h，待成型后从模中倒出晾干或切成薄片晾干储存。可包装成为新鲜奶豆腐销售，也可切割晾晒后包装成干制奶豆腐销售。②楚拉：将鲜奶静置于室温（20 ~ 25 ℃）自然发酵 1 ~ 2 d，当 pH 值达到 4.6 时，即出现凝乳现象，然后用文火加热，手工脱脂，不停搅拌，形成凝乳块。后倒入纱布中，用挤压的方式将乳清排除，再掰成小块进行晾晒即可。③毕希拉格：将牛奶静置于室温（20 ~ 25 ℃）自然发酵 1 ~ 2 d，当 pH 值达到 4.6 时，即出现凝乳现象，形成的凝乳放入锅文火加热，再添加生奶搅匀，待凝乳分离，捞出凝乳，放入布袋或用纱布包裹，置于平板上，用力挤压，使其充分沥水后，夹在石板或木板中，用重物压制。经 2 ~ 3 h，凝乳沥液彻底控干，凝固成型，然后从包裹中取出晾干，用锋利刀或马鬃尾毛按厚薄之需分割成片，晒干。④酸酪蛋（奶干）：将制作奶豆腐、楚拉、毕希拉格时排出的乳清液经过二次发酵及蒸馏后的浓稠部分装入干净布袋，放在木板上用重物挤压，控干乳清后用压榨工具挤出晒干。

授权企业

阿巴嘎旗牧人恋乳业有限责任公司　张明明　13847928557

正蓝旗杭克拉奶食品加工厂　通嘎拉嘎　13684794544

正蓝旗长虹乳制品厂　孙立山　15247993801

锡林浩特市蜂花奶食品有限公司　刘悍兵　15164981113

锡林浩特市牧乡源奶食品有限公司　马信雅　13674799930

苏尼特右旗巴音希密食品有限责任公司　苏日嘎拉图　18548188896

锡林郭勒盟希牧赛商贸有限公司　达古拉　15247909987

内蒙古颂达来食品有限公司　那木拉　15849900334

锡林郭勒盟锡林春泽食品有限公司　钱日明　15547944541

内蒙古蒙壤商贸有限责任公司　乌日汗　15847972058

苏尼特左旗敦达奶制品有限公司　索永军　13674793795

乌兰察布市

乌兰察布马铃薯

登记证书编号：AGI00034

登记单位：乌兰察布市农畜产品质量安全中心

地域范围

乌兰察布马铃薯农产品地域保护范围分布在乌兰察布市 11 个旗（县、市、区），地处内蒙古中部，位于黄土高原、晋冀山地和内蒙古高原交错地带，地理坐标为东经 110° 20′ ～ 114° 48′，北纬 41° 10′ ～ 43° 23′。

品质特色

乌兰察布马铃薯种植品种多样，品种克新一号的特色品质为：株型开展，株高 70 cm 左右，茎绿色，长势强；叶绿色，复叶肥大；花序总梗绿色，花柄节无色，花冠淡紫色，雄蕊黄绿色，柱头 2 裂，雌雄蕊均不育；块茎椭圆形，白皮白肉，表皮光滑，芽眼多深度中等，结薯集中，块大整齐；块茎休眠期长，耐贮藏。干物质含量 18.1%，淀粉含量 13% ～ 14%，粗蛋白质含量 0.65%，维生素 C 含量 14.4 mg/100 g。品种大西洋的特色品质为：株型直立，生长势中等；茎秆粗壮，基部分布有不规则的紫色斑点；叶亮绿色，紧凑；花冠浅紫色，开花多，天然结实性弱；块茎卵圆形或圆形，白皮白肉，表皮光滑，有轻微网纹，鳞片密，芽眼浅。淀粉含量 15%，还原糖含量 0.03%。

人文历史

乌兰察布市种植马铃薯历史悠久，是内蒙古三件宝“莜面、山药（马铃薯）、羊皮袄”之一。乌兰察布市马铃薯科研起步早发展快，20 世纪 60 年代就开始脱毒种薯生产。全国第一个脱毒种薯组培室就建在乌兰察布市。乌兰察布市农林科学研究所是国内最早研究应用马铃薯茎尖剥离、切段繁殖、组织培养技术的单位之一，已形成经过茎尖脱毒、温网室生产脱毒薯和原原种，在控制条件下生产原种，使种薯生产走上了产业化的道路。经过多年研究，该所在马铃薯遗传育种、专用品种选育、病虫害防治、马铃薯模式化栽培技术研究方面取得了较大进展，育成了蒙薯10号、蒙薯11号等10余个优良品种。从1994年开始马铃薯种植面积稳定在420万亩。2009年乌兰察布市被中国食品工业协会正式命名为“中国马铃薯之都”。乌兰察布马铃薯名列2013年“中国100个最具综合价值地理标志”第38位，荣获2015年“中国最具影响力品牌价值评估”第17位。

生产特点

乌兰察布市地区土壤主要类型为栗钙土，多呈沙性，有机质含量平均2.9%，适宜种植马铃薯。乌兰察布市马铃薯首先培育出试管脱毒苗，脱毒苗经温室扩繁成扦插苗，再栽于网室中生产原原种，而后逐年生产原种、一级种和二级种。乌兰察布市马铃薯种植全部选用原种级别的脱毒种薯，品种选择多样化，生产方式上采用膜下滴灌、喷灌、高垄栽培等方式。播种前种薯催芽，将种薯置于室内催芽，并覆盖地膜结合早播，使种薯早出苗、早结薯、早收获。在马铃薯生长过程中科学施肥，适当增加磷肥、钾肥可促进结薯及成熟。

授权企业

内蒙古民丰种业有限公司　王伟　13190590898

乌兰察布希森马铃薯种业有限公司　张军 13304740198

北方马铃薯批发市场有限公司　郭润　13654741937

兴和县裕丰薯业有限责任公司　张裕　15924456808

兴和县海丰农作物种植农民专业合作社　张海军　15848496999

乌兰察布市瑞田现代农业股份有限公司　李金龙　13847402878

华颂种业（北京）股份有限公司　安晓慧　13847412888

四子王旗繁欣生态农牧业有限公司　李繁　13847415328

内蒙古中加农业生物科技有限公司　秦国华　18947128414

内蒙古鑫雨种业有限公　王淑娟　18647475444

四子王旗盛丰种植专业合作社　刘彪　13704744961

察右中旗富民农副产品贸易中心　张金泉　15924452700

乌兰察布莜麦

登记证书编号：AGI02010

登记单位：乌兰察布市农畜产品质量监督管理中心

地域范围

乌兰察布莜麦农产品地理标志保护范围为乌兰察布市所辖集宁区、察哈尔右翼前旗、卓资县、丰镇市、兴和县、凉城县、察哈尔右翼中旗、察哈尔右翼后旗、商都县、化德县、四子王旗共11个旗（县、市、区）50个乡镇（苏木）。地理坐标为东经110° 26′ ～ 114° 49′，北纬40° 10′ ～ 43° 28′。

品质特色

乌兰察布莜麦外观完整，大小均匀，坚实饱满，富有光泽，品质优良。乌兰察布莜麦主要营养物质含量参考范围值：每百克产品含蛋白质10.06% ～ 17.60%，脂肪5% ～ 10%，维生素 B_1 0.1 ～ 0.8 mg，维生素 B_2 0.05 ～ 0.21 mg，维生素E 0.50 ～ 0.82 mg，钙50 ～ 110 mg，磷200 ～ 300 mg，镁60 ～ 90 mg，铁5.0 ～ 11.0 mg，锌10 ～ 30 mg。

人文历史

乌兰察布市是世界公认莜麦黄金生长纬度带，种植的莜麦内在品质优良，营养丰富，在禾谷类作物中β-葡聚糖、蛋白质、脂肪含量均高于其他同类产品。莜麦是乌兰察布市的传统粮食作物之一，已成为乌兰察布市优势产品和主导产业，年均种植总面积稳定在80万亩左右，产量约6 200万kg，居全国地级市之首。莜麦含有丰富的蛋白质、维生素、粗纤维等，对动脉硬化、冠心病、高血压、糖尿病都有一定的防治作用。莜麦喜寒凉，耐干旱，抗盐碱，生长期短，所以乌兰察布的莜麦因营养丰富、口感上佳而被当地人民称为“一宝”，产品远销北京、山西、河北等地。

生产特点

国内裸燕麦主要是“大粒裸燕麦”，亦称莜麦，种植面积在 90% 以上；皮燕麦主要指作为饲料的皮燕麦籽粒，播种前结合土壤耕作施入肥料。选择适宜本区域种植的高产、优质、抗逆性强的燕麦品种。旱地籽粒产量指标 1 500 ~ 2 250 kg/hm^2。忌重茬，播种前对种子进行发芽试验，重复 2 ~ 3 次，前山地区一般在 5 月中旬至下旬播种；后山地区一般在 5 月上旬至中旬播种。一般旱坡地亩播量 7.5 ~ 10.0 kg，平滩地亩播量 10.0 ~ 12.5 kg，二阴下湿地和水地亩播量 12.5 kg。播种深度为 4 ~ 6 cm，早播的要适当深些，晚播的要适当浅些。播种前用 50% 多菌灵或 15% 三唑酮可湿性粉剂或拌种霜以种子重量 0.3% 的用药量拌种，防治燕麦坚黑穗病。当燕麦穗由绿变黄，上部、中部籽粒变硬，表现出籽粒正常的大小和色泽，进入蜡熟期时进行收获。收获可用人工或机械，时间一般在 9 月上中旬。收获脱粒后及时进行晾晒，籽粒含水量在 13% 以下时即可装袋贮藏。

授权企业

内蒙古阴山莜麦食品有限公司　李志强　18586095755

内蒙古燕园食品有限公司　黄义平　13847105552

商都县利丰园农牧民种养殖专业合作社　乔有霞　18247475666

内蒙古蒙十二粮行生态有限公司　陈占东　13015100559

内蒙古香油牛牛食品有限公司　王一江　15924555698

兴和县同恒粮油贸易有限责任公司　朱伟　18604846767

察右前旗塞上活力种养殖专业合作社　杨利　13725188855

内蒙古塞主粮油贸易有限公司　马惠平　15049998668

凉城县世纪粮行有限公司　张明旺　18747474900

化德大白菜

登记证书编号：AGI01667

登记单位：化德县农产品质量安全检验检测站

地域范围

化德县是内蒙古乌兰察布市以农业生产为主的旗县之一，化德大白菜农产品地理标志保护地域包括乌兰察布市化德县的朝阳镇、长顺镇、七号镇、白音特拉乡、德包图乡、公腊胡洞乡，涉及93个行政村，地理坐标为东经113° 33′ 04″ ~ 114° 48′ 13″，北纬41° 36′ 47″ ~ 42° 17′ 41″。

品质特色

化德大白菜叶球弹头形、半叠抱直筒形，横径18 ~ 25 cm，纵径25 ~ 30 cm，单株重4 kg左右，外叶浓绿，内叶嫩黄，叶帮质嫩，叶柄汁多甜脆，气味清新，糖分含量高，纤维较少，口感好，品质佳。化德大白菜蛋白质含量1.1% ~ 1.5%，膳食纤维含量0.4% ~ 1.0%，维生素C含量10.2 ~ 16.1 mg/100 g，并含有铁、钾、钙、镁等。

人文历史

据《化德县志》记载，化德县地处内蒙古南缘，清末民初大白菜就是主要蔬菜，多为一家一户小面积种植供自家食用，多余大白菜拿到集市出售。民国22年（公元1933年）

察哈尔省政府主席兼第29军军长宋哲元到化德境内视察军务，在朝阳、嘉卜寺等地部署驻军，伙食以大白菜为主。1977年内蒙古自治区畜牧局在化德县推广化德县“立秋贮青草、白露贮山药秧、秋分贮白菜叶”的经验。1999年全县大白菜产业得到快速发展，2004年全县总播种面积70.32万亩，种植面积发展到了7.5万亩。目前化德县大白菜种植品种有20多个，经历了从长白菜到抱头白菜，从白芯到黄芯的发展历程。产品远销北京、天津、广州、上海、杭州等全国各大城市。

生产特点

化德县境内地貌复杂，海拔高度在1 244 ~ 1 719 m，有低山丘陵区、缓坡丘陵区、山间盆地、山间洼地、河谷洼地、波状高原6种地形。当地土壤类型丰富，有机质含量较高。化德县属中温带半干旱大陆性季风气候，气候特点寒暑剧变，昼夜温差大，风沙日数多，蒸发量大，气候干燥，日照时间长，太阳辐射强度大，光能源丰富，年平均气温2.5 ℃，无霜期103 d，有利于营养物质的积累，得天独厚气候条件造就了化德大白菜独特品质。化德大白菜种植品种为“四季黄”选育而成的“民乐王”，种植地选择于地势平坦、排灌方便、土壤耕层深厚、理化性状良好的砂壤土、壤土及轻黏土地块。播种期分为春茬和秋茬。春茬型品种在5月上旬播种育苗，6月初定植；秋茬型品种在6月上旬至7月上旬播种。播种后加强间苗定苗、中耕除草、合理浇水、追肥、病虫害防治等田间管理。大白菜在叶球生长坚实后，可视市场供需情况适期采收，在第一次寒流来临前抢收完毕。

授权企业

化德县杰利种养专业合作社　郭杰　13664056560

商都西芹

登记证书编号：AGI01668

登记单位：商都县农产品质量安全检验检测站

地域范围

商都县隶属内蒙古乌兰察布市，是乌兰察布市最大的蔬菜生产县，商都县小海子镇被誉为“内蒙古自治区西芹第一镇”。商都西芹农产品地理标志保护地域分布在七台镇、小海子镇、十八顷镇、大黑沙土镇、玻璃忽镜乡、屯垦队镇、三大顷乡、卯都乡8个乡镇，涉及52个行政村，地理坐标为东经113° 08′ ~ 114° 15′，北纬41° 18′ ~ 42° 29′。

品质特色

商都西芹叶片直立，宽3 ~ 4 cm，多呈水晶状。叶柄宽大肥厚，叶片较大，叶色浓绿，叶柄上部为绿色，下部黄绿色，植株紧凑粗大，植株高70 ~ 80 cm，根茎部为实心，纤维少，品质好。商都西芹质地脆嫩，性凉，有芳香气味。商都西芹营养丰富，每百克商都西芹含蛋白质1.3 ~ 2.0 g，碳水化合物0.6 ~ 2.0 g，膳食纤维2.0 ~ 2.8 g，磷40 ~ 44 mg，维生素B_2 0.08 ~ 0.15 mg，维生素C 8 ~ 11 mg，钙51 ~ 54 mg，镁12 ~ 16 mg。

人文历史

商都芹菜产业起源于20世纪50年代中期集体所有制时代，当时集体菜园子里种的大部分为胡芹，棵大肉少茎多，后从张家口坝上地区引进芹菜，通过集体菜园子的种植和培养，芹菜的品质大幅度提高，种植面积不断增加，集体所有制撤销，农户们开始自己种植芹菜。西芹产业的壮大得益于10多年“菜篮子工程”和“进退还工程”实施，商都县成为乌兰察布市乃至内蒙古最大的西芹种植基地，蔬菜种植面积达8万亩，西芹种植面积达5万亩。

生产特点

商都县地处内蒙古高原，地貌类型以浅山丘陵为主，全境地形起伏不平，海拔1 300 ~ 1 600 m，当地土壤绝大部分属栗钙土。商都县气候属温带半干旱大陆性气候，纬度偏北，海拔较高，气候冷凉，雨热同季，日照充足，营养成分易于积累，可以充分满足喜光作物的需要，适宜西芹等冷凉蔬菜生长，西芹采用设施育苗、露地栽培方式生产，产品有大棵西芹、小棵西芹两种类型，主要栽培品种为美国文图拉长期在商都县种植选育而成的当地品种。大棵西芹2月中旬播种，在有覆盖物的厚墙体日光温室内进行生产。小棵西芹3月中旬播种，日光温室、塑料大棚、拱棚中均可生产。生长过程中注意中耕除草、肥水管理和病虫害防治。大棵西芹株高达到80 ~ 100 cm、小棵西芹株高达到60 ~ 80 cm时适时收获，防止植株老化。

授权企业

商都县鑫磊蔬菜专业合作社　谷守江　13514840895

丰镇胡麻

登记证书编号：AGI02796

登记单位：丰镇市农产品质量安全监管站

地域范围

丰镇胡麻农产品地理标志地域范围确定为乌兰察布市丰镇市巨宝庄镇、三义泉镇、红砂坝镇、隆盛庄镇、黑土台镇、元山子乡、浑源窑乡、官屯堡乡、南城办事处共 9 个乡镇（办事处），地理坐标为东经 112° 47′ 31″ ~ 113° 47′ 18″，北纬 40° 18′ 27″ ~ 40° 48′ 28″。

品质特色

胡麻外观大小均匀，籽粒饱满，呈扁圆形，表皮光滑，色泽油亮，呈褐色，小籽粒重 6 ~ 7 g，大籽粒重 7 ~ 8 g，品质上乘。营养物质含量亚麻酸（占总脂肪酸）53% ~ 59%，亚油酸（占总脂肪酸）14% ~ 16%，油酸（占总脂肪酸）26% ~ 33%，粗蛋白质（占干基）21% ~ 23%，粗脂肪（占干基）41% ~ 45%，总膳食纤维（占干基）12% ~ 14%。

人文历史

《乌兰察布盟志》记载乌兰察布市是内蒙古胡麻重点产区，丰镇是我国胡麻主产区之一，20 世纪 50 年代以前，胡麻品种都是农家品种，油用种以红胡麻为主，是全国第二大胡麻中心产区，世界公认的胡麻黄金生长纬度带，沿袭数百年种植历史的“胡麻之乡”，也是全球优质胡麻核心产区，完成了三种功能型配方油研发，获得了国家发明专利授权。2017 年获中外食用油产业联盟金奖；2017 年被聘任为高端食用油产业联盟理事单位；2018 年成为内蒙古首家亚麻籽油生态原产地保护。“立夏”种胡麻，七股八个杈，“小满”种胡麻，到老还开花。主要品种有雁杂十号、四九胡麻、大同四号、本地红以及乌亚三号、乌亚四号等胡麻新品种。胡麻年均种植面积稳定在 6 万亩左右，年产量约 2 250 t，种植面积和产量均居全国县（市）前列。到 2020 年，实现建设 8 万亩高产优质胡麻基地，最终实现年生产胡麻 1 万 t。

生产特点

种子选用内蒙古自治区农牧业科学院选育优质新品种内亚9号，选中上等肥力，4 ~ 5 年内未种胡麻、平整、无盐碱斑块，排灌便利土地。伏耕或秋深耕 25 cm 以上。早春解冻后及时耙耱整地，达到土壤细碎地面平整上松下实以利防旱保墒，每年 4 月下旬至 5 月上旬播种，采用牵引五行播种机播种，保证播种质量。苗期浅锄，现蕾期深中耕，有条件的地区可在枞形期浇一水，在生长季节进行二次中耕锄草。后期运用无公害除草技术和物理防治技术对病虫害进行防治。当全田有 75% 的植株上部蒴果开始变褐，种子呈固有光泽，摇动植株沙沙作响，即可收获。从播种到收获全程运用机械化。

授权企业

内蒙古格林诺尔生物有限公司　张明旺　13901131374

察右前旗甜菜

登记证书编号：AGI02384

登记单位：察哈尔右翼前旗农畜产品质量安全检验检测站

地域范围

察右前旗甜菜农产品地理标志保护区域范围为乌兰察布市察哈尔右翼前旗所辖土贵乌拉镇、平地泉镇、巴音镇、玫瑰营镇、黄旗海镇、乌拉哈乡、三岔口乡共计7个乡镇）50个行政村。地理坐标为东经112° 48′ ~ 113° 40′ ，北纬40° 41′ ~ 41° 13′ 。

品质特色

察哈尔右翼前旗种植的甜菜以糖用甜菜为主，外观完整，大小均匀，块茎发白且形状规则为圆锥体，表面光滑具有光泽，个体重量达到0.5 ~ 1.5 kg，每百克甜菜中含蔗糖12.0 ~ 13.0 g，蛋白质0.8 ~ 1.00 g，膳食纤维2.60 ~ 3.00 g，维生素C 3.50 ~ 3.80 mg，钙20.5 ~ 22.0 mg，钾90 ~ 100 mg。

人文历史

20世纪70年代以来，内蒙古在乌兰察布市建立起日处理甜菜500 t以下的中、小型糖厂，总加工能力为1 800 t/d。1998年，内蒙古察哈尔右翼前旗实行旱作甜菜覆膜栽培技术。2011年，察哈尔右翼前旗成立甜菜种植专业合作社。2011年，乌兰察布市有

17.04 万亩设施甜菜，甜菜产量 43 万 t。2016 年，察哈尔右翼前旗甜菜种植面积达 5.1 万亩，其中纸筒甜菜 3 万亩。2017 年，察哈尔右翼前旗甜菜农产品地理标志保护面积达 5 万亩，保护规模达年产量 20 万 t。

生产特点

育苗是将甜菜种子提前播入装满床土的特制育苗纸筒内，在育苗棚内进行育苗，避免在大树下、坑洼处、冻地上育苗，每亩育苗占地 2 m^2。要选择有机质含量高、肥沃的耕层表土，最好是 5 年以上没种过甜菜的麦茬、玉米茬、亚麻茬等地块取土，土壤质地要壤土或砂壤土，土壤含水量在 18% ~ 20%（用手握成团，自然落地后能散开）的土。土壤酸碱度以中性为好，pH 值 6.5 ~ 7.5，严禁用黏土、砂土、碱土、生土、喷过杀草剂的土及发生过甜菜根腐病、甜菜丛根病的土。播种覆土播深要一致，0.8 ~ 1 cm 为宜，一般用播种盘播种，播种达到不漏播、不重播，确保播种质量。移栽田要选择土层深厚、土质肥沃、有机质含量较高的平川地、平岗地或排水良好的二阴地，移栽前平整好土地。最好实行四年以上轮作，前茬以小麦、玉米为好。移栽密度要达到 4 800 ~ 5 300 株 / 亩，即行距 × 株距为（50 ~ 60）cm×（23 ~ 25）cm。10 月上中旬适宜收获，当外部叶片枯黄衰老、中层叶片黄绿、心叶张开时为甜菜成熟时的外观标志。晚收的甜菜要注意预防冻害。

授权企业

博天糖业（察右前旗）有限公司　冯志强　13654743899

凉城 123 苹果

登记证书编号：AGI02007

登记单位：凉城县农产品质量安全监管站

地域范围

凉城 123 苹果农产品地理标志保护范围位于乌兰察布市凉城县所辖六苏木镇、天成乡、岱海镇、岱海旅游办事处共 4 个乡镇（办事处）25 个行政村。地理坐标为东经 112° 28′ ~ 112° 30′，北纬 40° 29′ ~ 40° 32′。

品质特色

凉城 123 苹果属中型苹果。抗寒力较强，能耐 -36 ℃绝对低温。栽后 2 ~ 3 年结果，早期丰产性好。果实阔椭圆形，底色鲜黄，有些紫红色晕及断续条纹，外观美丽。肉质细脆，汁多甜香，平均果重 75 g 左右，营养物质含量每百克产品含蛋白质 0.21 ~ 0.32 g，维生素 C 6.4 ~ 8.3 mg，可溶性固形物 12.1% ~ 15.1%，钠 0.40 ~ 0.67 mg，钾 100 ~ 125 mg，磷 20.3 ~ 33.5 mg，钙 9.0 ~ 12.3 mg，镁 4.50 ~ 6.20 mg。有醒脑、润喉、清肺、健胃、增强肌体抗病能力等功效。

人文历史

凉城县果树栽培历史悠久。20 世纪 60 年代，凉城县开始引进以金红“123”为主的中型苹果在岱海滩区几个条件较好的果园进行了栽植，经多年观察，在凉城县适应性较强，表现出结果早、产量高、抗寒抗旱等特性。70 年代，凉城县开始大面积发展中型苹果种植，从岱海滩区向丘陵山区，中型苹果逐步取代了以黄太平为主的小苹果，成为凉城县的主栽品种，中型苹果面积达 634.8 hm^2，占全县果园总面积的 73%。

生产特点

凉城 123 苹果产地要求在东经 112° 28′ ～ 112° 30′，北纬 40° 29′ ～ 40° 32′ 的中温带大陆性气候区，干旱与半湿润交错带，符合高原性小气候条件良好，土壤含有机质、昼夜温差大，光照充足等要求。栽植时间在春季果苗未萌芽前进行，一般在 4 月中上旬完成栽植。栽植时先把表土与腐熟基肥、研碎的黑矾等混合均匀回填入坑内到一半左右位置，采用“三埋两踩一提苗”的方法，先用表土埋根部，随埋随踩随提苗，埋至根茎处踩实，嫁接口要略高于地面 1 cm 左右，使浇水后接茬与地面齐平。一般株距 × 行距为 2.5 m ×（5 ～ 6）m 或 3 m × 5 m，每亩 45 ～ 54 株。产品严格按照无公害标准进行生产过程的管理，产后贮藏、运输等环节均按照无公害标准进行。从播种到收获的生产过程要有农事活动记录，统一印制生产作业记录本，要求农户按管理的程序及时、认真填写，包括：施用肥料名称、时间、剂量；使用农药名称、时间、用量、防治对象；除草时间、方法；采收获时间、数量、销售地域。每户生产记录必须保存两年以上。

授权企业

凉城县金果种植合作社　乔建军　13947429043

四子王旗杜蒙羊肉

登记证书编号：AGI01067

登记单位：四子王旗家畜改良工作站

地域范围

四子王旗杜蒙羊肉农产品地理标志保护地域为乌兰察布市四子王旗全部行政区域，涉及 12 个苏木（乡、镇、场）。四子王旗是乌兰察布市的唯一的牧业旗（县）。地理坐标为东经 110° 20′ ～ 113° 00′，北纬 41° 10′ ～ 43° 22′。

品质特色

四子王旗杜蒙羊是在天然草原自然放牧条件下生长的耐寒、耐粗、宜牧、生长快、无脂尾的瘦肉型绵羊，黑头白身，体格大，体质结实，结构匀称。四子王旗杜蒙羊羊肉肉质细嫩、肉层厚实紧凑，瘦肉率高，肌肉色泽鲜红或深红、有光泽，脂肪呈乳白色，味美多汁、无膻味、香味浓郁、风味独特。杜蒙羊肉高蛋白质、低脂肪，蛋白质含量 20% 以上，脂肪含量 6.0% ～ 6.5%，不饱和脂肪酸比重大，脂肪品质好，被誉为“肉中之人参”。

人文历史

杜蒙羊就是在天然草原自然放牧条件下，利用黑头杜泊公羊与当地的戈壁羊（即蒙古羊）经过 10 多年的人工杂交改良选育而成，显示出蒙古羊和杜泊羊固有的突出优点，而独特的地理环境和自然气候也造就了其独特的羊肉品质。

生产特点

四子王旗境内地貌总体趋势是南高北低，地形复杂多样，土壤类型丰富，有机质含量分布不均。草原面积为 203.34 万 hm^2，主要天然牧草以小针茅、小禾草、葱类等杂类草为主，有碱韭（多根葱）、蒙古葱（沙葱）、小型针茅、野韭菜、细叶韭等优良植物 240 多种，其中 90% 以上种类可作牧草，属于良等以上牧草不少于 100 种，是非常适合饲养杜蒙羊的天然草场。四子王旗深居内陆，海拔较高，具有高原气候特点，属温带大陆性气候，年均气温 3℃，寒暑变化强烈，昼夜温差较大，降水量少，年际变化和年内变化较大，年降水量平均为 313.8 mm，分布不均匀，年际变化和年内变化较大，光能资源丰富，利于牧草的生长。四子王旗境内荒漠草原的自然环境干旱，牧草干物质含量高。夏、春、秋三季杜蒙羊饮用井水，冬季以天然雪为主。四子王旗杜蒙羊饲养方式主要以在天然草原放牧为主，一般在冬季和春季进行少量补饲。全年放牧在严格的草畜平衡条件下进行，3 个月补饲、3 个月放牧补饲、6 个月放牧；羔羊在 45 ～ 60 日龄断乳进入育肥期，4 ～ 6 个月龄后出栏。

授权企业

内蒙古赛诺肉业有限公司　马计因　13654714444

四子王旗戈壁羊

登记证书编号：AGI01742

登记单位：四子王旗农牧业合作社发展协会

地域范围

四子王旗地处内蒙古中部，是乌兰察布草原的主要组成部分，也是乌兰察布市唯一的一个牧业旗县。四子王旗戈壁羊农产品地理标志保护范围为四子王旗牧区的全部区域，包括查干补力格苏木、脑木更苏木、白音敖包苏木、白音希勒嘎查、敖包图嘎查及白音朝克图镇等，地理坐标为东经 110° 20′ ~ 113° 00′，北纬 41° 10′ ~ 43° 22′。

品质特色

四子王旗戈壁羊耐寒、耐粗饲、易牧，体格大，体质结实，结构匀称，后躯发达，肌肉丰满，四肢粗壮，头型略显狭长，鼻梁隆起鼻间略凹、眼大有神，耳大下垂，公羊多数螺旋形角，母羊多数无角或角不发达，一般颈长适中，肋骨开张较差，背腰宽而平正，四肢略长，尾巴向上弯曲。中部无纵沟，尾端细而尖且尾向下。被毛为异质毛，毛色洁白，头颈部以黄色和黄白花色为主；腕关节和飞节以下部、脐带周围有色毛，以浅黄色为主。蛋白质含量高大于 19%，脂肪小于 10%，钙高于 4.4%，铁超过 1.80%，锌高于 4.7%，天氨基酸总量大于 18%。羊肉具有肉质细嫩、瘦肉率高、脂肪少、味美多汁、高蛋白质、低脂肪、无膻味、香味浓郁、风味独特等特点，在羊肉中独具特色，被誉为“小人参”。

人文历史

四子王旗戈壁羊是蒙古四子部落在 16 世纪初由大兴安岭呼伦贝尔草原迁徙到四子王旗境内后，经过人为本土驯化、自然育种和人工培育等过程选育的完全适应当地环境条件的优质肉用型羊。适合于本地区游牧，耐粗饲、抗寒、抗逆性强、抗病毒性强。

生产特点

四子王旗草原面积 203.34 万 hm^2，主要天然牧草以小针茅、小禾草、葱类等杂类草为主，其中 90% 以上种类可作牧草，属于良等以上的牧草不少于 100 种，非常适合饲养四子王旗戈壁羊。该羊的生产方式主要以天然草原放牧为主，在冬春季节少量补饲天然牧草，这种传统放牧方式由清朝一直延续至今。天然牧草是该羊主要饲料来源，该羊合群，四肢强健善走，适合大群放牧。该羊采食能力强，采食贴近地面较短的草，能在冬季用前肢刨开积雪采食枯草，所采食植物种类比其他家畜多，能够充分利用杂草灌木类植物。

授权企业

内蒙古友联农牧业科技创业有限公司　张振铎　13604712005

种业

呼和浩特市篇

毕克齐大葱

登记证书编号：AGI02652

登记单位：土默特左旗农产品质量安全检测中心

地域范围

毕克齐大葱农产品地理标志保护范围包括呼和浩特市土默特左旗毕克齐镇所辖44个行政村的耕地。地理坐标为东经40° 74′，北纬111° 30′。

品质特色

毕克齐大葱葱白紧密脆嫩，辣味纯正持久，香气浓郁、多汁，具清香味，品质极佳。鲜食、炒菜、调味均可。毕克齐镇所产大葱既耐贮藏又耐运输。毕克齐大葱鲜株高90 ~ 130 cm，葱白长30 ~ 50 cm，假茎粗2.2 ~ 2.9 cm。小葱秧的葱白基部有1个小红点，似胭脂红色，随着葱的成长而扩大，裹在葱白外皮，形成红紫色条纹或棕红色外皮，故名“一点红”。鲜葱水分含量≤ 94%，全硫含量≥ 0.4 g/kg，可溶性总糖含量≥ 5.5%。

人文历史

毕克齐种植大葱始于清乾隆年间，有200多年的历史。据土默特史料记载，毕克齐大葱俗名“一点红”，茎基结实，长度为30 cm左右，一直是呼和浩特及周边地区主栽品种。从20世纪80年代开始，当地引进了山东大葱进行试验，经改良成为具有本地特色的品

种。1989 年，内蒙古自治区农作物品种审定委员会认定毕克齐大葱是呼和浩特地区农家品种。截至 2017 年底，毕克齐大葱的种植面积 15 000 多亩。毕克齐大葱是土默川饮食文化的重要组成部分，毕克齐大葱的味道就是家乡的味道。

生产特点

土默特左旗毕克齐镇属典型的蒙古高原大陆性气候，四季气候变化明显，降水量适中，境内空气较为湿润，光照充足，雨热同季，远离污染，水源清洁，水质甘甜清凉，富含多种有益健康的矿物质，土地肥沃，有塞北“小江南”的美誉，适宜种植毕克齐大葱，种植出的大葱产品品质优良。

毕克齐大葱选择内葱二号等适应当地种植的品种，苗床选择排水良好、疏松肥沃的土壤，前茬不能为葱蒜。播种量为每亩播种 3.5 ~ 4 kg，每亩苗床所育秧苗可定植 5 ~ 6 亩。播种分条播和撒播，播后覆土 1 ~ 2 cm。一般在上一年 9 月上旬育苗。

大田轮作要在二年以上。定植期每亩施腐熟有机肥 ≥ 5 000 kg，翌年 7 月上旬定植。密度安排为行距 72 ~ 75 cm，株距 4 ~ 5 cm，每亩植苗 1.8 万 ~ 1.9 万株。结合追肥浇水进行 3 ~ 4 次培土。

授权企业

土默特左旗绿川种苗生产经营农民专业合作社　郝小平　13947163760

土默特左旗神业种养殖农民专业合作社　申如意　13404819722

呼和浩特市神乙农牧业农民专业合作社　董志红　13847111336

哈素海鲤鱼

登记证书编号：AGI02656

登记单位：土默特左旗农产品质量安全检测中心

地域范围

哈素海鲤鱼农产品地理标志保护区域范围为呼和浩特市土默特左旗所辖敕勒川镇、善岱镇的 2 个镇 11 个行政村。养殖区域哈素海水库和周围“2814”项目区渔场位于土默川平原腹地，地理坐标为东经 110° 54′ ~ 111° 02′，北纬 40° 33′ ~ 40° 39′。

品质特色

哈素海鲤鱼体态修长，色泽鲜亮，身体两侧鳞部呈金黄色，背部微黑、尾鳍鲜红。哈素海鲤鱼采用活水养殖，生产的水产品具有富含蛋白质、脂肪、维生素，色泽鲜艳，肉质细嫩和营养丰富等特点。

人文历史

哈素海被称作“塞外西湖”，位于呼和浩特市土默特左旗西部，被称为海的哈素海实际是湖，是“一带一路”草原丝绸之路的重要之地。哈素海与大青山之间的草场，历史上被称为敕勒川，北魏民歌《敕勒歌》唱到的歌词“敕勒川，阴山下，天似穹庐，笼盖四野，天苍苍，野茫茫，风吹草低见牛羊”，描绘的就是这个美丽的地方。相传，在很早以前，哈素海是一个不大的水潭，潭边居住着勤劳勇敢的人们。其中有两个年轻人，一个叫哈力图，一个叫素克。有一天，从外地来了一个叫雄牯的人。雄牯称他在潭边不慎将一只碗掉在潭里，想进潭中把碗捞上来。哈力图和素克在潭里就帮助雄牯捞出了一个盛着半碗清水的碧玉大碗。雄牯带着碗走后，潭水渐渐开始枯竭。哈力图和素克才知道被盗宝人骗了，两人骑马追上了雄牯，雄牯说这碗如果被打碎，这里就会成为湖海，我们三人都活不了。哈力图和素克不为所动，为夺回玉碗，他们不惜牺牲自己，一箭射中了雄牯，雄牯临死前，摔破了碧玉碗。于是，平地下陷，激浪，这里变成了一片汪洋。

当地汉蒙人民为了纪念这两位英雄，把这个湖叫作哈素海。可以说，今天的哈素海，一半人工，一半天成。20 世纪 70 年代，先后建成扬水站、拦水大坝和渔场，成为一个水库，可灌溉周围几万亩良田，形成了独一无二的田湖景观。哈素海也是著名的旅游胜地，湖面烟波浩渺，芦苇丛丛，一派塞北江南景色。

生产特点

土默特左旗哈素海水质未受重金属和其他有毒物质污染，保水性好，湖底经多年积累，杂草丛生，水体中含有丰富的生物资源和微量元素，“2814”项目区渔场水体营养含量全面，为鱼类养殖提供了良好的场所。

哈素海鱼种除原有品种外，投放时选择经当地培育驯化的土著品种黄河鲤，鱼苗来自土默特左旗原水产管理站培育的黄河鲤。哈素海核心水域整个生长期不进行投喂，以天然饵料（包括水中浮游生物及草籽等）为食。哈素海周边鱼池养殖方式要求水深达到 2 m，水源一般为黄河水及大青山沟水和井水，排水方便，池底平坦，并配备增氧机、发电机。鱼种放养前，进行消毒。每隔 10 d 左右加注新水一次，同时进行施肥。投放鱼种要求体质健壮，尽量做到鱼种肥水下塘。投饵坚持“四定”原则，即定质、定量、定时、定位。每天投喂 3 次，中后期 4 次。病害防治坚持以防为主、防治结合的原则，严格按照国家水产养殖标准用药，保护产品质量。9 月下旬开始捕捞上市，亦可在冬季或翌年起捕上市。

授权企业

呼和浩特市昊海渔业发展有限责任公司　张红旗　15148004800

内蒙古挨文水产养殖有限公司　周挨文　15248106173

土默特左旗子硕农业有限公司　郭恕　15184729541

土默特左旗哈素海钱龙生态鱼农民专业合作社　郭钱龙　13947106095

清水河花菇

登记证书编号： AGI02800

登记单位： 清水河县食用菌协会

地域范围

清水河花菇农产品地理标志保护的区域范围为呼和浩特市清水河县宏河镇、城关镇、韭菜庄乡、北堡乡、喇嘛湾镇、老牛湾镇、窑沟乡、五良太乡全县8个乡镇，103个行政村。共有立体菇棚500座，花菇年产量超5 000 t。地理坐标为东经111° 21′ ~ 112° 07′，北纬39° 35′ ~ 40° 35′，东西最宽距离80 km，南北最长距离85 km，面积达2 859 km^2。

品质特色

清水河花菇呈半球形，体形饱满、表皮花白、菌肉白色、肉厚、细密、色泽鲜亮、香味浓郁，口感独特、肉质鲜嫩、芳香萦口、营养丰富、老少适口。内在营养丰富，以100 g花菇为例，含蛋白质2.60% ~ 4.30%，维生素5.20 mg，钠1.60 ~ 2.55 mg，硒1.70 ~ 1.90 μg，粗多糖（以葡萄糖计）0.38 ~ 0.45 g，膳食纤维4.40 ~ 5.30 g。

人文历史

清水河花菇菌棒的培育具有得天独厚的条件。当地农户在政府的帮助下，将20世纪50年代初期部队建设的大规模军需山洞（部队已经搬迁）改造建成了拥有500万棒以上培育能力的食用菌培育基地，占地面积500亩。山洞内常年温度在9 ~ 11 ℃，光度适宜，通风良好，特别适合培育优质、营养、安全的食用菌。

生产特点

清水河县位于内蒙古呼和浩特市最南端，地处中温带，属于半干旱大陆性气候，年平均气温 7.5 ℃，全年平均日照 2 900 h。由于地形复杂，境内地区气候变化差异明显，主要特点为冬长夏短，寒冷干燥，风多雨少。

清水河花菇一般选用中偏高温型品种，如 238、9608、808 等。在潮湿的状态下，菌丝生长的温度范围在 5 ～ 24 ℃，最适宜温度 24 ～ 27 ℃，在气温低于 -20 ℃的高寒山地或高于 4 ℃的低海拔地区，也能安全生存，菌丝不会死亡。在木屑培养基料中，菌丝生长的最适含水量是 60% ～ 70%；在培养基料中适宜的含水量是 32% ～ 40%，在 32% 以下接种成活率不高，在 10% ～ 15% 条件下菌丝生长极差。子实体形成期间培养基料含水量保持在 60% 左右，空气湿度 80% ～ 90% 为宜。为确保栽培花菇获得较好的经济效益，宜在 11 月底至翌年 2 月制作菌棒（一般在春节前结束），这样不但在冬季制棒气温低、气候干燥，杂菌基数少，制棒合格率可达 95% 以上，而且有利于首批出菇赶上顺季或反季节花菇上市的空档，能卖得好价，获得较好的经济效益。

授权企业

清水河县摇铃沟农业科技发展有限公司　蔺凤龙　13948610920

清水河县华丰种养殖专业合作社　吕永伟　15647124249

清水河县三里坪种养殖专业合作社　张计兰　13347126476

清水河县蒙瑞丰种养殖专业合作社　李秀丽　13848121901

武川莜麦

登记证书编号： AGI03287

登记单位： 武川县农业技术推广中心

地域范围

武川莜麦农产品地理标志区域保护范围为呼和浩特市武川县可可以力更镇、西乌兰不浪镇、哈乐镇、二份子乡、哈拉合少乡、得胜沟乡、大青山乡、上秃亥乡、耗赖山乡共9个现辖行政区域。地理坐标为东经110° 35′ ～ 111° 57′，北纬40° 35′ ～ 41° 16′。

品质特色

武川莜麦籽粒品质好、营养价值高，蛋白质含量达14%，全蛋白含量为37%，明显高于小麦、玉米等。而脂肪中的亚油酸含量占不饱和脂肪酸总量的38.5% ～ 45.3%，约为花生油的2倍，含人体必需的8种氨基酸、维生素及钙、铁、磷等矿物质，是最佳食物之一。由莜麦加工成的面粉俗称莜面，武川莜面面粉较白，口感筋道，富含钙磷等微量元素、多种氨基酸和维生素，其含有的亚油酸和脂肪酸对粥样动脉硬化引起的疾病有一定的防治作用。武川莜面的做法有莜面窝窝、莜面鱼鱼、莜面饨饨、莜面饺饺等十几种，现已成为武川独特的风味食品，素有"武川莜面甲天下"的美称。

人文历史

武川县是世界燕麦发源地之一，被誉为中国的"燕麦故乡"。古书中早有记载。在《尔雅·释草》中名为"蘥"，《史记·司马相如传》中称"簛"，《唐本草》中谓之"雀麦"。《本草纲目》记载："燕麦多为野生，因燕雀所食，故名"。此外，《救荒本草》和《农政全书》等古籍中，也都有记述。

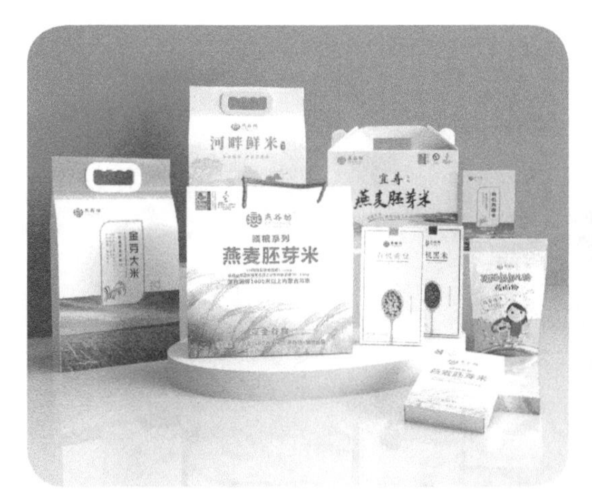

相传，清代康熙皇帝远征噶尔丹，在归化城吃过莜面，给予了很高的评价；清乾隆年间，莜面作为进贡皇帝的食品被送往京城；20 世纪 50 年代，朱德两次来内蒙古视察，都主动要求吃莜面。他说，当年在晋西北转战，曾多次在老乡家的热炕头上吃过莜面，也听说过莜面是“土默川三宝”之一。那又筋又细的莜面，支持过晋察绥陕根据地革命将士的伟大斗争。

生产特点

武川莜麦种植区属中温带大陆性季风气候。冬季漫长严寒，夏季短暂温热，春温骤升，秋温剧降，冬春多大风，降水稀少，盛夏多雨，年温差、日温差大，日照充足，多风沙和寒潮。雨热同季和莜麦生长特点相吻合。由于特殊的地理位置，气候状况及土壤环境的影响，种植出的武川莜麦品质优良，是公认的莜麦黄金生长带。

武川莜麦种植可以选择内农大莜一号、燕科一号、燕科二号、草莜一号、草莜二号等品种。立地条件在海拔 1 600 ~ 1 700 m，土壤类型为栗钙土，质地为壤土和砂壤土。耕层厚度≥ 35 cm，有机质含量≥ 1.1%，土壤 pH 值 7.0 ~ 8.0。与禾本科作物轮作 1 年以上。每年 5 月上中旬进行播种，播种深度 3 ~ 4 cm。每公顷苗≤ 18 万株。施肥过程中，农药、化肥等的使用必须符合国家相关规定，不得污染环境。加工工艺流程为莜麦→清理→清洗→烘炒→磨粉→包装→成品。加工后的面粉浓郁滋气，面粉较白，口感筋道。

授权企业

内蒙古御品香粮油有限责任公司　武灵火　13847181642

武川县山老区农畜产品专业合作社　高政统　15849370111

内蒙古燕谷坊生态发展（集团）有限责任公司　卢敏　13500694322

武川土豆

登记证书编号：AGI03459

登记单位：武川县农业技术推广中心

地域范围

武川土豆农产品地理标志区域范围为呼和浩特市武川县可可以力更镇、西乌兰不浪镇、哈乐镇、二份子乡、哈拉合少乡、得胜沟乡、大青山乡、上秃亥乡、耗赖山乡共9个现辖行政区域。地理坐标为东经110° 35′ ~ 111° 57′，北纬40° 35′ ~ 41° 16′。

品质特色

武川土豆果实块茎椭圆形，块大整齐、薯形较好，表皮光滑、色泽明亮，蒸炖后口感面沙。干物质≥ 16.5%，淀粉≥ 15%，还原糖≤ 0.25%，每百克产品含蛋白质≥ 1.51 g，膳食纤维≥ 1.12 g，维生素C ≥ 22.6 mg，钙≥ 3.55 mg。武川土豆除茎块中含有8% ~ 12%的淀粉外，营养成分包含人体必需的蛋白质、脂肪、糖类、盐类、矿物质和维生素C，尤其是B族维生素含量较高，营养成分和大米蛋白质相互融合，对人体的脾胃消化能起到促进作用。很多专家学者在品尝过武川土豆后，称赞武川土豆为“北方地下苹果”。

人文历史

武川县从明代开始种植土豆，20世纪90年代之前，农户少量种植，产品大多为农民自食自用，只有少部分走入市场，作为冬贮菜之用。进入20世纪90年代，绿色食品风靡全球，美国辛普劳公司考查武川土豆种植情况时，看到农家肥培育的武川土豆，称赞其是真正的绿色食品。自1991年始，武川县委、县政府提出了发展薯业、建设薯龙的战略决策，全县土豆种植、品种引进特别是土豆外销发生了巨大变化，呈现出种植面积不断扩大，品种逐渐增多，市场占有率稳步提高的好势头。2005年，武川土豆经青岛诺安农产品鉴定中心检测，被确定为优质产品，基本达到欧洲标准；2007年，“武川土豆”产地商标成功注册，并成为2008北京奥运会餐饮专供马铃薯。

生产特点

武川土豆产地属中温带大陆性季风气候，日照充足，昼夜温差较大，形成了一种独特的农业生态空间，全县土壤含钾量较丰富，有种植发展土豆的天然优势。

武川土豆选择费乌瑞特、克新1号、夏普蒂、冀张薯8号、冀张薯12号、康尼贝克等早熟品种。立地条件为海拔1 600 ~ 1 700 m，土壤类型为栗钙土，土壤质地为壤土和砂壤土，耕层厚度≥ 35 cm，有机质含量≥ 1.1%，土壤pH值为7.0 ~ 8.0，与非茄科作物轮作1年以上。每年5月上旬播种，播种用薯块≥ 50 g，每个薯块不少于2个芽眼，每公顷播种密度≤ 60 000株。起垄种植垄高15 ~ 30 cm。施肥过程中，农药、化肥等的使用必须符合国家相关规定，不得污染环境。

特殊的地理环境和种植方式造就了武川土豆块大整齐、表皮光滑，蒸炖后口感面沙的品质，土豆也最终成为武川县脱贫致富的“铁杆庄稼”。

授权企业

武川县塞丰马铃薯种业有限责任公司　苏春光　15847180855

武川县迦南种植专业合作社　朱瑞芳　15848381344

正北芪
正北芪

包头市

固阳黄芪

登记证书编号：AGI02121

登记单位：固阳县农牧业研究中心

地域范围

固阳黄芪农产品地理标志保护的区域范围包括包头市固阳县金山镇、西斗铺镇、下湿壕镇、银号镇、怀朔镇、兴顺西镇 6 个乡镇及锦绣街道办事处、金山工业园区，104 个村民委员会、11 个居民委员会及 986 个村民小组，保护面积 5 万亩，保护规模为年产量 3.75 万 t。地理坐标为东经 109° 40′ ~ 110° 41′，北纬 40° 02′ ~ 42° 40′。

品质特色

固阳黄芪呈圆柱形，质坚而绵，条直、均匀、分枝少；外观黄褐色，表面有不规则的纵皱纹或纵沟；根断面外白内黄，粉性足，韧皮部黄白色，有放射状的裂隙；木质部淡黄色似菊花心，约占半径的 2/3。气微弱而特异，味微甜，嚼之有豆腥气。固阳黄芪甲苷含量≥ 0.02%，总灰分含量≤ 5.0%，毛蕊异黄酮≥ 0.02%，黄芪多糖≥ 5%。

人文历史

固阳县生产的黄芪为内蒙古正北芪，清代在《植物实名图考》中记载："黄耆西产地，有数种，山西、蒙古产者佳"，说明到清代，黄芪道地产区已移至山西、内蒙古，与现今黄芪的主产区一致。固阳黄芪的发展经历了四个阶段，在清朝以前是野生阶段；自清朝末年到 20 世纪中叶是从野生向栽培转变阶段；从 20 世纪 60 年代到 80 年代是栽培推广阶段；到 20 世纪 90 年代黄芪由粗放栽培向规范栽培过渡；21 世纪初，国家药品监督管理局颁布《中药材生产质量管理规范》，黄芪种植从传统技术向规范化技术转变。从以产量为主向以质量为主、量质兼顾型转变；从无序分散，小面积种植向以企业为龙头、以经济合同为纽带"公司 + 农户"的基地化种植转变。随之固阳县诞生了以包头正北芪药材有限公司为龙头的几十家中药材公司和合作社。

生产特点

固阳黄芪种植地区属于典性的半干旱大陆性气候，光照充足，雨热同期，有效积温高。受季风环流影响，形成春季干旱多风，夏季短而雨量集中，秋季寒早易冻，冬季漫长而寒冷的气候。光能资源丰富，是全国富光区之一，非常有利于喜凉作物黄芪的生长。

固阳黄芪具有喜冷凉、耐寒、向阳、怕涝的习性，对生长环境有较高要求，种植时宜选取有机质含量高、水分适中的土壤进行种植，播种仍采用传统人工播种方式，种植地块选在向阳坡地、丘陵地，土质应松软透气，实施“三秋”耕作制度（秋耕、秋施肥、秋灌溉），秋季深耕晾晒、深耕大于 40 cm，多施农家肥，3 ~ 4 m^3/ 亩。种植采用横播模式进行种植，延续传统的一年育苗期，两年生长期的模式。

授权企业

固阳县绿之源土特产专业合作社　吕平小　13134894330

固阳县茂翔农牧业专业合作社　刘虹　15148247634

固阳县永茂丰农牧业专业合作社　焦建功　15847793999

固阳县田丰农牧专业合作社　魏建成　13354869997

固阳县道地农产品专业合作社　范文宏　13804779099

内蒙古天养浩恩奇尔中药材科技开发有限公司　吴涛涛　15149314468

内蒙古和邦蒙中医药科技有限公司　段超　15848883777

固阳县蒙芪王农民专业合作社　尚俊　13848272145

固阳马铃薯

登记证书编号：AGI02258

登记单位：固阳县农牧业研究中心

地域范围

固阳马铃薯农产品地理标志保护的区域范围为包头市固阳县所辖金山镇、西斗铺镇、下湿壕镇、银号镇、怀朔镇，兴顺西镇 6 个乡镇及锦绣街道办事处、金山工业园区，104 个村民委员会、11 个居民委员会及 986 个村民小组，保护面积 27 000 hm^2，保护规模为年产量 3.84 万 t。地理坐标为东经 109° 40′ ～ 110° 41′，北纬 40° 02′ ～ 42° 40′。

品质特色

固阳马铃薯因其在独特的自然条件下生长而具备块大、整齐、干物质含量高、表皮光滑、无污染、退化轻、病虫害少等特点。薯块≥ 150 g，蛋白质含量≥ 2.0%，淀粉含量≥ 14%，还原糖含量≤ 0.8%，干物质含量≥ 20%，适用于鲜食。

人文历史

根据《内蒙古自治区农作物种子志》记载，从康熙、乾隆年间，马铃薯传入内蒙古地区，当地人们便开始大面积种植马铃薯。中华人民共和国成立后，当地农业部门改变了以往农民自繁自种的历史，先后引进中薯 18 号、克新 1 号、荷兰薯、冀张薯 12 号、

夏普蒂、青九等优良品种，既提高了马铃薯的产量，又保证了质量。当地人至今还流传着“三顿不吃山药蛋（当地人对马铃薯的称呼），媳妇就不会做饭”的说法，说明当地人日常生活中已经离不开马铃薯了。

生产特点

固阳马铃薯种植区地处蒙古高原，全年气温偏低，温差较大，冬季寒冷干燥，利于杀死土壤中的致病菌；夏季干旱炎热，昼夜温差大，雨热同期，有利于马铃薯的干物质形成。降水量少而集中，无霜期短，蒸发量大，日照充足，有效积温多。日照长、光照足具备种植马铃薯的优越气候环境，这种气候非常适合在冷凉山区及高海拔地带生长的马铃薯的种植。

马铃薯整个生长期吸收钾肥最多，氮肥次之，磷肥最少。而固阳马铃薯种植区耕地以砂壤土和栗钙土为主，土层深厚，结构疏松，有机质、有益矿物含量较高，特别是土壤钾元素含量高。种植区多施农家肥，对氮和磷进行了充分的补充，特别适宜固阳马铃薯生长，加之当地土壤、水源和大气均无污染，是生产优质马铃薯的理想之地。

授权企业

固阳县田丰农牧专业合作社　魏建成　13354869997

内蒙古绿博汇有限公司　贺明伟　15904728688

内蒙古寅甲科技有限公司　齐飞　13115661021

包头市禾田良亩农业科技有限公司　魏建成　13354869997

固阳荞麦

登记证书编号：AGI02382

登记单位：固阳县农牧业研究中心

地域范围

固阳荞麦农产品地理标志保护范围包括包头市固阳县金山镇、西斗铺镇、下湿壕镇、银号镇、怀朔镇、兴顺西镇 6 个乡镇及锦绣街道办事处、金山工业园区，104 个村民委员会、11 个居民委员会及 986 个村民小组，保护面积为 20 000 hm^2，年产量 25.5 万 t。地理坐标为东经 109° 40′ ~ 110° 41′，北纬 40° 02′ ~ 42° 40′。

品质特色

固阳荞麦茎直立，下部不分蘖，多分枝，光滑，淡绿色或红褐色，有时有稀疏的乳头状突起。叶心脏形如三角状，顶端渐尖，基部心形或戟形，全缘。托叶鞘短筒状，顶端斜而截平，早落。花序总状或圆锥状，顶生或腋生。春夏间开小花，花白色，花梗细长。果实为干果，卵形，黄褐色，光滑。固阳荞麦千粒重 ≥ 30 g，含粗淀粉 ≥ 50%、粗纤维 ≥ 1%、水分 ≤ 13%、粗蛋白质 ≥ 10%、铁 ≥ 15 mg/kg。

人文历史

内蒙古是种植荞麦比较早的地区之一。荞麦早在明清时期就已成为内蒙古优势农作物，种植地域广而且种植历史长。固阳县 1970 年之前每年种植荞麦面积为十几万亩。1980 年以后，由于受荞麦大量出口的刺激，种植面积增加到 30 多万亩，个别年份曾突破 40 万亩。20 世纪 90 年代初，固阳县组建荞麦系列联营公司，固阳荞麦步入快速发

展期，年产量在 1.5 万 ~ 2.5 万 t 以上，销量在 1.5 万 t 以上。一半以上销往国外市场，出口到日本、韩国、俄罗斯、西欧等国家和地区，固阳荞麦也因此享誉世界。

1985 年，固阳县委、县政府组织编撰了《固阳县农业区划》，无论是总结前 30 多年的种植历史，还是规划以后的种植前景，都把固阳的种植结构概括为“三麦一薯加油料”，“三麦”即小麦、莜麦和荞麦。由此可见，荞麦一直是固阳的优势作物。在固阳县，有这样一首儿歌：“阴山外，长城长，长城脚下是固阳；红土地，种杂粮，到处都有荞麦香”。从这首朴质的儿歌，就可以看出荞麦在固阳人心目中的位置。

生产特点

固阳荞麦当地种植的品种主要有固阳黑大粒、黎麻道。种植地土壤以砂壤土和栗钙土为主，土壤 pH 值介于 5.5 ~ 6，有机质、有益矿物含量较高，且固阳荞麦种植户多施农家肥，造就了固阳荞麦高产的特性。2018 年，内蒙古自治区农牧业科学院专家组对固阳 150 余亩荞麦新品种蒙 1016-5 栽培技术试验示范田进行了现场测产，经田间实际测产，荞麦新品种新技术沟播亩产 152 kg、新品种沟播亩产 136 kg，分别较当地品种沟播栽培方式增产 35.7% 和 21.4%。同年，固阳作为荞麦重要出口基地，所产固阳荞麦畅销国内，并远销韩国、俄罗斯等国家。

授权企业

内蒙古绿博汇有限公司　贺明伟　15904728688

海岱蒜

登记证书编号：AGI02651

登记单位：包头市东河区农牧业技术服务推广中心

地域范围

海岱蒜农产品地理标志保护地域范围为包头市东河区沙尔沁镇海岱村，保护规模 140 hm^2，年产量 1 155 t。地理坐标为东经 110° 13′ 34″ ~ 110° 15′ 06″，北纬 40° 32′ 39″ ~ 40° 33′ 49″。

品质特色

海岱蒜抗寒、抗旱、抗病，蒜头护皮为紫红色，蒜瓣护皮为紫色，蒜瓣洁白晶莹，蒜肉坚实，食后汁鲜味浓、辣味纯正、香脆可口、残存异味少。蒜头具有不散瓣、抗霉变、抗腐烂、耐贮藏等独特的品质。海岱紫皮蒜富含维生素 C、大蒜素，含钙、铁、锌、硒和多种氨基酸等人体所需的营养元素，具有一定的药用价值，保健功效较高。

人文历史

沙尔沁海岱蒜种植历史悠久，距今有近 300 年历史，据民间传说早在清朝乾隆年间该地区就开始种植大蒜。20 世纪 50 年代初期城市蔬菜实行限量供应时期，东河区沙尔沁地区就是包头市的菜篮子基地。传统的种植习惯、种植经验、特有的种植环境和指定划片种植、保障供给等方面要求，形成了一村一业一品的种植模式，海岱村主要种植供应优质大蒜。查实史料记载，1999 年内蒙古人民出版社出版的《包头郊区志》第五章蔬菜篇第二十六节中就海岱蒜种植历史、品质特色进行了专项描述。2014 年，包头市东河区文创协会副主席寇文庆编著的《沙尔沁史话》中专篇叙述了海岱蒜的种植历史、发展经过，品质特征等，书中记载到“1923 年，包头到北京、天津火车开通之后，便利的交通带动了频繁的商贸交易，沙尔沁海岱蒜流通供应沿线各地，成了各地饮食调料的必备佳品。”

生产特点

海岱蒜产自北纬 40° 包头市蔬菜生产核心区沙尔沁镇海岱村。沙尔沁蔬菜生产核心区北依大青山，南邻黄河畔，黄河一级支流五当沟从沙尔沁镇中心地域穿过，为山前洪冲积扇平原，土壤为砂质黏土，土壤肥沃，地下赋存优质天然矿泉水。核心区因大青山主峰莲花山屹立于北部，遮挡缓解北部寒流的侵袭，形成独特的蔬菜生产小气候，加之光照时间长，昼夜温差大，植株汇集养分多，生产出的蔬菜具有独特的地域风味。海岱村正是位于这个区域的中心，独特的区位优势造就了海岱蒜具有香辣绵长、蒜瓣洁白晶莹、营养丰富的独特风味和品质，且具有保健功效。

授权企业

包头市利丰种养殖农民专业合作社　尚亮明　13848292591

包头市老海岱种养殖农民专业合作社　尚全明　13847253018

固阳羊肉

登记证书编号：AGI02528

登记单位：固阳县农牧业研究中心

地域范围

固阳羊肉农产品地理标志保护范围为包头市固阳县全境，包括金山镇、西斗铺镇、下湿壕镇、银号镇、怀朔镇、兴顺西镇及锦绣街道办事处、金山工业园区，104 个村民委员会、11 个居民委员会及 986 个村民小组，保护规模羊 130 万只，羊肉年产量为 3 万 t。地理坐标为东经 109° 40′ ～ 110° 41′，北纬 40° 02′ ～ 42° 40′。

品质特色

固阳羊是在固阳草场特定的生态条件下，经过多年的养殖、驯化形成的一个独特品种。固阳羊（俗称戈壁羊——蒙古羊分化出来的一个地方品种）的特征：头狭长，鼻梁隆起，耳大下垂，背腰平直，四肢细长健壮，体腹不太粗壮，为紧凑结实型。一般体高 63 cm，体长 96 cm，胸围 83 cm，管围 7.8 cm，体重 43 kg，产毛 1.2 kg，净肉重 14 ～ 30 kg。固阳羊肉肌肉呈红色，有光泽，坚实，有弹性。外表微干，不黏手。蛋白质含量≥ 18%（100 g 计），水分≤ 75%（100 g 计）。

人文历史

固阳羊的养殖历史大致分为三个阶段。第一阶段：游牧到家养转换阶段（先秦至民国时期）。文物出版社出版的《乌兰察布岩画》及山东画报出版社出版的《先秦艺术史》均记载了乌兰察布岩画的一些内容，其中有一部分岩画内容描述了位于固阳草原北方游牧民族放马牧羊的游牧生活图片，这说明至少在先秦时代人们就开始饲养固阳羊了，这是固阳草场最早存在固阳羊养殖的历史证据。第二阶段：

固阳羊规模化养殖发展阶段（民国 21 年至中华人民共和国成立初期）。据《绥远通志稿》记载，民国 21 年固阳地区有绵羊 90 000 只。到 1990 年达 869 025 只，年递增 5.67%，养羊进入规模发展期。经过多年的养殖、驯化，固阳羊已经成为一个独特的品种。第三阶段：固阳羊产业快速发展阶段。1950—1952 年，畜牧业发展很快，到 1952 年末，全县羊发展到 23 万只，年增长率为 23.8%。到 1956 年，羊达到 36 万只。

生产特点

固阳羊产区地势南高北低，向北倾斜，南部为低山丘陵，北部为低缓丘陵，中部为高平原，地势平坦开阔。多样性的地形地貌造就了牧草的多样性，也为羊群在不同的月份有不同的牧场放牧提供了更大的空间。固阳县天然草场面积广阔，天然野生植物黄芪、羊草、芨芨草等优质牧草为固阳羊肉的独特品质创造了良好的自然环境。

固阳羊在饲养中必须严格遵循在固阳草场特定的生态环境，在特殊的气候、土壤、水质、草质条件下，在纯天然、无污染的环境中生长而成。以春夏秋季自由放牧为主，冬季半饲半牧饲养而成，通过以上方式确保固阳羊的品质纯正。

授权企业

包头市草原百盈农牧业发展有限公司　马晋伟　18604728391

固阳县天勤农民专业合作社　刘海英　15149330333

浙江骞翩国际贸易有限公司　于海军　13282922995

土默特羊肉

登记证书编号：AGI02601

登记单位：土默特右旗畜牧业技术推广中心

地域范围

土默特羊肉农产品地理标志保护区域范围为土默特右旗全境，包括现有的5个镇3个乡1个管委会，具体有萨拉齐镇、双龙镇、美岱召镇、沟门镇、将军尧镇、海子乡、明沙淖乡、苏波盖乡、九峰山生态管理委员会，199个村民委员会和1个管委会。土默特羊肉农产品地理标志保护范围内存栏216万只，羊肉年产量为7万t。地理坐标为东经110° 14′ 32″ ~ 111° 07′ 02″，北纬40° 14′ 38″ ~ 40° 51′ 06″。

品质特色

土默特羊肉色泽鲜红或深红，有光泽，肉层厚实紧凑、有弹性，肉质细嫩、肥瘦相间、味美多汁，无膻味、香味浓郁、风味独特。土默特羊肉营养成分高，肉中富含氨基酸、蛋白质、多种微量元素等，其中蛋白质≥18.1 mg/kg，氨基酸≥18.6 mg/kg，锌≥19.9 mg/kg。

人文历史

据考古发现，新石器时期居住在土默特右旗境内的人类已经开始饲养家畜，战国时期畜牧品种已有马、牛、羊等。元明以来，这里已成了蒙古族的驻牧之地，畜牧业大有发展。阿勒坦汗时，仅土默特就有马40万匹，牛羊百万头（只）。在魏晋南北朝时期就描写道："敕勒川，阴山下，天似穹庐，笼盖四野。天苍苍，野茫茫，风吹草低见牛羊"的景象，从那时起，土默特右旗游牧民族在阴山山下便已经拥有大量的羊，并将羊列为生活必需品。到民国 20 年（1931 年），全县共有绵羊 1 万只，山羊 5 000 只。1943 年出版的《萨拉齐县志》记载："县内壤肥土厚者为农地，山岳或荒碛者则为牧地……羊最多，就地屠宰，供食本地兼远销京津"。

生产特点

土默特羊以天然放牧为主，舍饲圈养为辅。多样性的地形地貌造就了草场的多样性和品种丰富的牧草，使得土默特羊群在不同的月份能够到不同的牧场放牧，上山下川，周而复始，造就了土默特羊的强健体格。土默特羊的饲养方式为夏秋季山区草场放牧，冬春季平原草场放牧加补饲。补饲的饲草有苜蓿、羊草、丛生禾草、碱蓬、盐爪爪等；舍饲以作物秸秆、青贮饲料和玉米为主，配合树枝树叶、葵花盘等。一年四季饮水均为山泉水或深井水，水质均达生活饮用水标准。

授权企业

包头市天牧人牧业有限公司　李文涛　15621939696

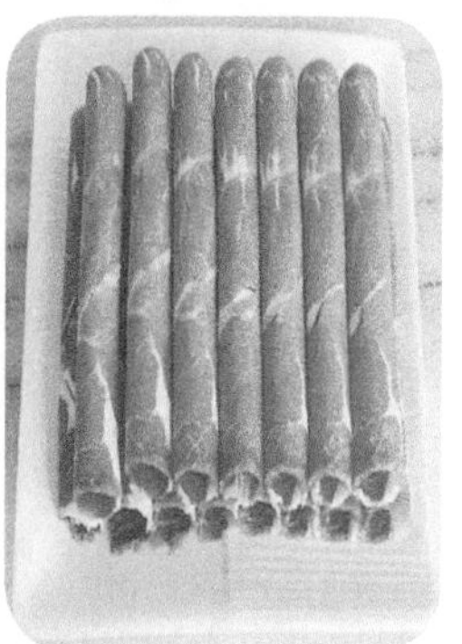

达茂草原羊肉

登记证书编号：AGI03286

登记单位：达茂联合旗农畜产品质量安全检验检测管理站

地域范围

达茂草原羊肉农产品地理标志保护范围为包头市达茂旗全境，包括百灵庙镇、乌克镇、石宝镇、西河乡、小文公乡、巴音花镇、巴音敖包苏木、明安镇、达尔汗苏木、查干哈达苏木、希拉穆仁镇、满都拉镇共计 12 个乡镇（苏木）77 个行政村。保护规模 60 万只，羊肉年产量为 1.2 万 t。地理坐标为东经 109° 16′ ~ 111° 25′，北纬 41° 20′ ~ 42° 40′。

品质特色

达茂草原羊体质结实，骨骼健壮。头形略显狭长，鼻梁隆起，耳大下垂；颈长短适中；胸深，肋骨不够开张，背腰平直，体躯稍长；四肢细长而强健，体腹为紧凑结实型；短脂尾，尾尖卷曲呈“S”形；体躯被毛多为白色，头、颈与四肢多有黑色或褐色斑块。达茂草原羊肉具有肉质细嫩、高蛋白、低脂肪、氨基酸含量丰富、富含铁、胆固醇含量低以及无膻味、味美多汁、鲜香爽口、口感怡人、香味浓郁、风味独特等特点。经测定，每百克达茂草原羊肉含蛋白质≥ 16.3 g，钙≥ 2.28 mg，钾≥ 221 mg，磷≥ 99 mg，

镁≥ 14.8 mg，钠≥ 50.2 mg。因此，达茂草原羊肉味道鲜美、口感好、肥而不腻、香而不膻，多吃可强健体魄，提高免疫力，产品特征较突出。

人文历史

据《绥远通志稿》记载，民国 21 年达尔罕旗有绵羊 90 000 只，茂明安旗有绵羊 19 000 只。中华人民共和国成立后一直呈上升发展，由 1949 年的 111 418 只，至 1990 年达 869 025 只，年均饲养 529 795 只。

生产特点

达茂旗天然草场面积广阔，优势植物以针茅、无芒隐子草、蒙古葱、冷蒿为主。而菊科植物中属牧草比重为最大，如冷蒿的返青草是达茂草原羊早春提壮、产羔期催乳、秋季抓膘的主要牧草。此外还有豆科的锦鸡儿、百合科的葱属牧草在草群亦起较大作用。百合科葱属植物种类有：碱韭（多根葱）、蒙古葱（沙葱）、矮韭、砂韭、细叶韭、黄花葱 6 个品种，它们是使达茂草原羊抓膘，并使羊肉具有特有味道的天然饲料。达茂旗草原天然草场水草丰美，远离污染，得天独厚的地理条件，给达茂草原羊肉的独特品质创造了良好的自然环境。

达茂草原羊是适应性强、生产性能好、遗传性能稳定的地方优良品种，该羊引进了呼伦贝尔短尾羊改良当地蒙古羊，逐步提高了本品种生产性能。经改良后的肉羊品种对外界环境要求不严格，以夏秋季自由放牧为主，冬春季半饲半牧进行饲养而成，以上养殖方式确保了达茂草原羊肉的纯正品质。

授权企业

达茂旗龙鹏农牧业专业合作社　王海龙　13947298027

内蒙古丰域农牧业科技有限责任公司　赵浩然　13847270862

内蒙古三中养殖有限责任公司　曹峥　18173305128

达茂旗茴香农牧业专业合作社　王建波　13847202755

达茂旗乌日根菊拉养殖专业合作社　娜仁其木格　15147265683

内蒙古天边草原农牧业有限公司　杜双林　15049333111

达茂旗林旺现代农牧业有限公司　田宗林　13354873666

内蒙古呼德戈日农牧业有限责任公司　吉雅　18347805777

达茂草原牛肉

登记证书编号：AGI03285

登记单位：达茂联合旗农畜产品质量安全检验检测管理站

地域范围

达茂草原牛农产品地理标志保护范围为包头市达茂旗全境，包括百灵庙镇、乌克镇、石宝镇、西河乡、小文公乡、巴音花镇、巴音敖包苏木、明安镇、达尔汗苏木、查干哈达苏木、希拉穆仁镇、满都拉镇，覆盖12个乡镇（苏木）77个嘎查（村），保护规模牛1万头，牛肉年产量为0.17万t。地理坐标为东经109° 16′ ~ 111° 25′，北纬41° 20′ ~ 42° 40′。

品质特色

达茂草原牛体质结实，骨骼健壮。头短宽而粗重，额稍凹陷；角细长，向上前方弯曲，角形不一，多向内稍弯；被毛长而粗硬，以黄褐色、黑色及黑白花为多；皮肤厚而少弹性；颈短，垂皮小；鬐甲低平，胸部狭深；后躯短窄，尻部倾斜；背腰平直，四肢粗短健壮；乳房匀称且较其他黄牛品种发达，是我国北方优良牛种之一。它具有乳、肉、役多种用途，适应寒冷的气候和草原放牧等条件，且耐粗宜牧，抓膘宜肥，适应性强，抗病力强，肉的品质好，生产潜力大。因草原植被的与众不同，造就了达茂草原牛肉干物质含量高、蛋白高、无膻味、肉嫩醇香、滋补营养等特有品质。每百克达茂草原牛肉含蛋白质≥18.5 g，胆固醇≤46.6 mg，烟酸≥6.8 mg，磷≥130 mg，钾≥281 mg，钠≥38.3 mg，钙≥2.99 mg，镁≥20.1 mg。因此，达茂草原牛肉味道鲜美，口感好，多吃可强健体魄，提高免疫力，产品特征较突出。

人文历史

据1994出版的《达尔罕茂明安联合旗志》记载，民国21年，达尔罕旗有牛20 000头，茂明安旗有牛1 500头。1949—1990年，年均饲养量44 041头。1949—1957年由24 636头发展到62 608头，达最高峰。后因灾害、饲养管理不善及杀卖处理等因素，牛数量连续下降，到1978年有49 951头。从1979年，达尔罕旗实行新的“两定一奖”责任制，牛数量又有较大增长，到1982年达56 224头。1983年后，牛群作价，分散到户。因灾情和饲草料缺乏等原因，数量大降，至1990年仅有牛19 400头。蒙古牛体格较小，头短而粗笨，眼大有神，角长向上前方弯曲，颈短，为典型肉、役、乳兼用型牛。

生产特点

达茂旗草原有荒漠草原、干草原、草原化荒漠和草甸草原4个类型。牧草种类主要为针茅、沙葱、牛草、冷蒿、锦鸡儿，是天然牧草，不施化肥，不施农药，无公害，也无污染，牛四季放牧以采食天然牧草为主。牛在这片草原上生长繁殖膘肥体壮，其肉质鲜嫩可口，含有多种人体必需的氨基酸、蛋白质脂肪、碳水化合物、矿物质及维生素。用于加工达茂草原牛肉的牛均来源于达茂旗草原。

达茂草原牛是适应性强、生产性能好、遗传性能稳定的地方优良品种，同时适度引进西门塔尔良种肉牛改良当地蒙古牛，提纯复壮，逐步提高本品种生产性能。经改良后的品种对外界环境要求不严格，以夏秋季自由放牧为主，冬春季半饲半牧进行饲养而成，以上养殖方式确保了达茂草原牛的纯正品质。

授权企业

达茂旗寶龍农牧业发展有限公司　武德彪　15848804899

内蒙古丰域农牧业科技有限责任公司　赵浩然　13847270862

达茂旗茼香农牧业专业合作社　王建波　13847202755

内蒙古三中养殖有限责任公司　曹峥　18173305128

达茂旗林旺现代农牧业有限公司　田宗林　13354873666

内蒙古呼德戈日农牧业有限责任公司　吉雅　18347805777

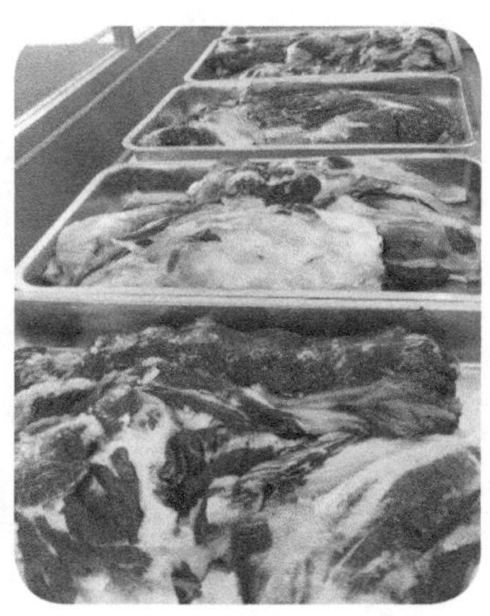
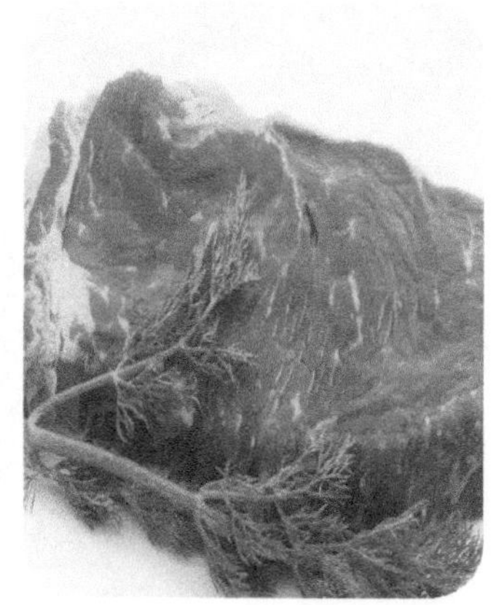

巴彦淖尔市篇

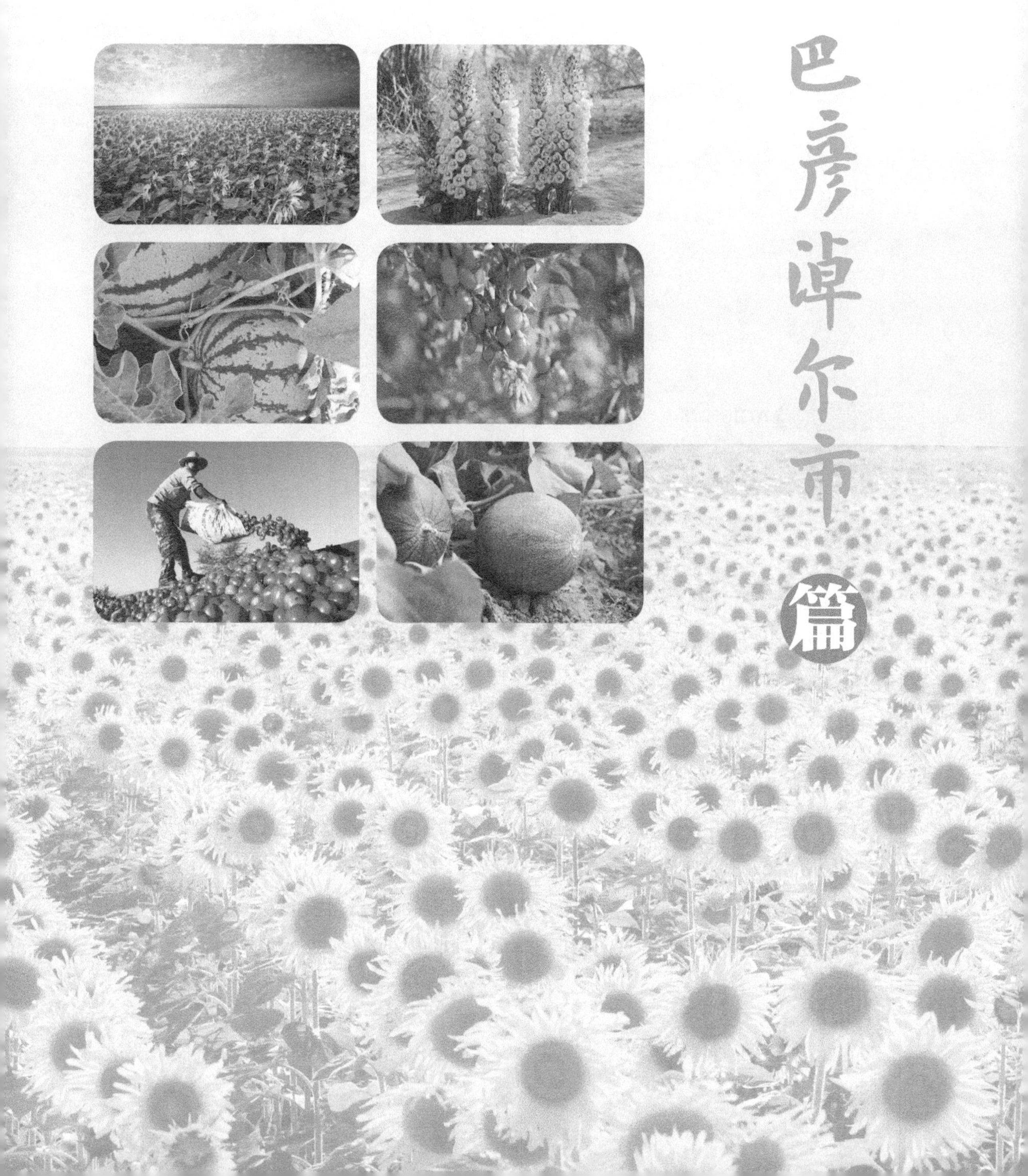

河套番茄

登记证书编号：AGI01273

登记单位：巴彦淖尔市绿色食品发展中心

地域范围

河套番茄农产品地理标志地域保护范围为巴彦淖尔市所辖的乌拉特前旗、乌拉特中旗、乌拉特后旗、五原县、杭锦后旗、磴口县和临河区 7 个旗（县、区），涉及 40 个苏木乡（镇）601 个嘎查（村），地理坐标为东经 105° 12′ ~ 109° 53′，北纬 40° 13′ ~ 42° 28′。

品质特色

河套番茄属茄科，果形椭圆，平均果重 60 g 左右，成熟果为红色，果面光滑，果实肉厚、口感好、酸甜适中、清润鲜美、汁多爽口；果实可以生食、煮食，也可加工成番茄酱、番茄汁或整果罐藏。河套番茄果实营养丰富，番茄红素含量 11.0 ~ 13.0 mg/100 g，可溶性固形物含量 4.5% 左右，产品有促进消化、利尿、抑制多种细菌的作用。

人文历史

20 世纪以前，在河套地区农民一直种植少量番茄供自己食用。河套番茄不仅是蔬菜，还可以当水果直接食用。巴彦淖尔市从 20 世纪 90 年代初开始发展番茄产业，进程缓慢，没有形成规模。到 20 世纪末，番茄产业一直处于小规模开发阶段，番茄种植面积维持在 2 万 ~ 3 万亩。跨入 21 世纪河套番茄产业得到重视和支持，发展迅猛。目前巴彦淖尔市具有世界领先技术的灌装机、日生产 100 t 番茄丁的灌装充填设备和 NG 八层罐头杀菌机，年产番茄酱能力达 50 多万 t，拥有中国唯一生产番茄丁、番茄整粒的外销出口企业。主要有番茄酱、番茄丁、番茄整粒、番茄汁、番茄沙司、辣椒酱、洋葱酱等产品，河套番茄制品远销美国、意大利、德国、英国等 20 多个国家和地区。

生产特点

巴彦淖尔市的主要耕作土壤是灌淤土，其表土层为壤质灌淤层，耕作性好，含钾量高，对农作物糖和淀粉的积累非常有利。黄河流经河套平原，河套灌区由黄河三盛公水利枢纽自流引水灌溉，每年引水量 40 亿 ~ 50 亿 m^3，是亚洲最大的一首制自流引水灌区，也是全国三大灌区之一。由于巴彦淖尔市得天独厚的地理环境条件，中温带大陆性气候，平均海拔 1 102.7 m，具有光能丰富、日照充足、昼夜温差大、降水量少而集中的特点，无霜期 127 ~ 135 d，10 ℃以上的年积温 2 876 ~ 3 221 ℃，平均年降水量 180 cm，独特的气候条件，适宜河套番茄的生长发育。在漫长的生产过程中逐渐形成了与众不同的河套番茄。

河套番茄品种有屯河、石红、佳义八号、石番、金番、3501、6501 系列等，生产过程有严格的操作流程。从开花到成熟所需天数，早熟品种为 40 ~ 50 d，中晚熟品种为 50 ~ 60 d，采收时应根据不同目的确定适宜的采收期，保持原有新鲜番茄的色泽和风味，口感非常好，贮藏和食用非常方便。

授权企业

中粮屯河（杭锦后旗）番茄制品有限公司　杨娜　15847895999

河套向日葵

登记证书编号：AGI01378

登记单位：巴彦淖尔市绿色食品发展中心

地域范围

河套向日葵农产品地理标志地域保护范围为巴彦淖尔市所辖的临河区、乌拉特前旗、乌拉特中旗、乌拉特后旗、杭锦后旗、磴口县、五原县7个旗（县、区），涉及40个苏木乡（镇）601个嘎嗒（村），地理坐标为东经105° 12′ ~ 109° 53′，北纬40° 13′ ~ 42° 28′。

品质特色

河套向日葵植株茎秆高大、粗壮，根系发达，抗倒、耐水、耐肥。籽粒大、圆滑、光亮，色泽统一，饱满性好，空壳少，产量高。每百克籽仁含脂肪41.2 g，油酸6.06 g，亚油酸8.38 g，香脆可口不油腻。压榨的葵花籽油营养丰富，有健康油、延寿油之称。

人文历史

中华人民共和国成立初期河套向日葵在农村曾经零星种植，可作染料，食用少。20世纪70年代前多在屋前屋后地边地堰等零星种植。1972年开始大规模种植，生产水平和生产能力不断提高发展，成为支柱产业之一，是国内外葵花加工大型原料区域。全国葵花总量的一半产自内蒙古，内蒙古葵花70%出自巴彦淖尔市。“中国河套葵花节”

打响了向日葵品牌战略，种植规模400多万亩，年产量超90万t，加工企业有120家，规模企业52家，籽仁出口加工企业85家，年加工籽仁类产品能力达110万t，年销售收入49.8亿元，全市有销售收入百万元以上的油脂加工企业26家，全国唯一的“向日葵主题广场”成功申报吉尼斯世界纪录，建成了中国第一家以向日葵元素为主题的“中国五原向日葵博物馆”，向日葵景观荣获“中国最美田园奖”称号。2020年“内蒙古河套向日葵产业集群”进入农业农村部、财政部开展的优势特色产业集群建设名单。

生产特点

河套向日葵种植应选择了环境、水源、土壤无污染产地；特征为地下水位较低、土层深厚肥沃，土壤疏松，质地为壤土或砂壤土，pH值7.5 ~ 8.0，肥力中等以上，要求至少三年轮作，忌重茬。无霜期127 ~ 135 d，选择在5月5—10日播种。播深：向日葵为双子叶植物，为保证种子顺利出苗，在足墒的情况下，力求浅播，播深在3.5 ~ 5 cm。花期安排在8月下旬，避开结实期降水高峰、降低菌核病发病率，减少危害，有利于授粉灌浆，生产过程有农事活动记录。

授权企业

内蒙古乔家大院蒙乔食品有限责任公司　乔益民　13394851188

巴彦淖尔市三胖蛋食品有限公司　徐建忠　13947809000

内蒙古葵先生食品有限公司　聂长城　15847863333

内蒙古胖农农业科技有限公司　王凯　18147119686

内蒙古李牛牛食品科技股份有限公司　李文　13384787737

巴彦淖尔河套枸杞

登记证书编号：AGI01941

登记单位：巴彦淖尔市绿色食品发展中心

地域范围

巴彦淖尔河套枸杞农产品地理标志地域保护范围为巴彦淖尔市所辖的磴口县、杭锦后旗、五原县、乌拉特前旗、临河区 5 个旗（县、区），涉及 18 个苏木（乡、镇）40 个嘎嗒（村），地理坐标为东经 105° 12′ ~ 109° 53′，北纬 40° 13′ ~ 42° 28′。

品质特色

巴彦淖尔河套枸杞属多分枝灌木植物，高 0.5 ~ 2 m，3 年可结果采摘，果质鲜红或紫红色，颗粒大、肉厚、质柔软、滋润、多糖，有寸杞之称。每百克产品含枸杞多糖 ≥ 2.05 g，β 胡萝卜素 ≥ 2.80 g，且维生素、矿物质等营养含量丰富，是性平、味甘、益精、明目、养肝、滋肾、润肺的中药材原料，品味居全国之首。

人文历史

巴彦淖尔河套枸杞大面积种植有 50 多年的历史，1997 年成为内蒙古枸杞种植示范基地。巴彦淖尔市拥有中国枸杞行业唯一的枸杞出口基地。除普遍野生外，大面积人工栽植枸杞可药用，也可作为蔬菜或绿化用。2001 年先锋乡成立了枸杞营销协会，打造品牌对外销售。2003 年建成全国第一个绿色枸杞生产基地。2005 年成为内蒙古最大的枸杞集散地。2012 年枸杞被第二届中国国际林业产业博览会暨第四届中国义乌国际森林产品博览会评为金奖产品。枸杞栽植形成了几大基地，总面积 90 万亩，年产干果 2 万 t，开发枸杞酒、枸杞饮料、枸杞中药、枸杞茶、枸杞醋、枸杞奶等深加工产品。“王爷地”“游牧一族”品牌为内蒙古自治区著名商标。乌拉特前旗有“中国枸杞之乡”的美誉。昌兴达、天衡制药、王爷地 3 家公司 5 款产品获“天赋河套”品牌授权。

生产特点

枸杞种植应选择地势平坦、排灌方便、耐盐碱活土层深 30 cm 以上的轻壤、中壤或砂壤土，pH 值一般为 7.5 ～ 8.5，含盐量 0.2% 以下的地块。头年秋深翻后浇秋水，第二年春季栽植。品种选择优质、抗逆性强、适应性广、经济性好的优良品种。主栽品种是蒙杞 1 号。6 月中旬至 10 月中旬，果实成熟八九成，果色鲜红，果蒂松动时即可采收。夏果 4 ～ 6 d 采一次，秋果 7 ～ 10 d 采一次，轻采、轻放。制干时将鲜果铺放在果栈上，厚 2 ～ 3 cm，白天晾晒，晚间遮盖防雨及露水，果实未干前不翻动，或将鲜果铺放在果栈上，推入烘干房烘干，脱水至含水率 13.0% 以下，制干后的果实及时脱去果柄和果叶等杂质，装入密封、防潮的包装袋内，使用符合食品卫生标准的干净、无污染的包装。

授权企业

杭锦后旗沙海镇绿川沙海红枸杞农民专业合作社　王军　15947385158

巴彦淖尔河套肉苁蓉

登记证书编号：AGI01942

登记单位：巴彦淖尔市绿色食品发展中心

地域范围

巴彦淖尔河套肉苁蓉农产品地理标志地域保护范围为巴彦淖尔市所辖磴口县、乌拉特后旗、乌拉特前旗 3 个旗（县、区）9 个苏木（乡、镇）25 个嘎嗜（村），地理坐标为东经 105° 12′ ～ 109° 53′，北纬 40° 13′ ～ 42° 28′。

品质特色

巴彦淖尔河套肉苁蓉属多年生寄生草本，高 80 ～ 100 cm。茎肉质肥厚，不分枝。鳞叶黄色，肉质，覆瓦状排列，披针形或线状披针形。是当前世界上濒临灭绝的物种，药用价值极高，含有总黄酮 0.70 ～ 1.35 g/100 g，富含大量氨基酸、胱氨酸、维生素和矿物质等，氨基酸总量 1.00 ～ 1.57 g/100 g，为补药类处方中使用频度最高的补益药物之一。

人文历史

巴彦淖尔市是中国肉苁蓉之乡，自古以来是我国肉苁蓉主产地之一，属道地药材产区带，是内蒙古重要的蒙中药材原产地和主产地，拥有乌兰布和沙漠、乌拉特草原种植

基地，阴山山旱区大佘太镇、明安镇种植药材历史悠久，所产苁蓉品质优良，全国闻名。目前，巴彦淖尔市已形成苁蓉礼品、苁蓉茶、汤炖料、泡酒料、切片料、苁蓉果糕六大系列 80 多个品种产品，自主研发生产的苁蓉茶已获得国家专利，肉苁蓉黄精茶获得第二届中国国际林业产业博览会金奖。“王爷地”“游牧一族”为内蒙古自治区著名商标。昌兴达、天衡制药、王爷地 3 家公司 5 款产品获第二批“天赋河套”品牌授权。

生产特点

造林选择沙质土、半固定沙丘和固定沙丘以及盐碱含量小、阳光充足、雨量少、排水良好、昼夜温差大的平沙地为佳，在流动沙丘迎风坡中下部也可以造林，待沙丘被围封固定后，即可在沙丘顶部造林。品种宜选择适应当地生态条件、抗病、优质、高产、耐贮运和适应市场需求的品种。春秋两季均可采收，以 4—5 月苁蓉未开花前采收为佳。苁蓉吸收融化的冰雪水迅速生长，即可采挖。采收时注意不要破坏苁蓉的生长点及寄主根系，并要覆实土壤，采收后，进行干燥处理。4 kg 新鲜肉苁蓉可制作 1 kg 肉苁蓉鲜干片。整根新鲜的肉苁蓉只有 2/3 含营养价值高的部分可以制作鲜干片。严格对原料把关，做到三不选：一不选开过花的肉苁蓉，二不选短头的肉苁蓉，三不选内蒙古以外地区的肉苁蓉。经过精挑细选制生产出来的肉苁蓉鲜干片功效可比传统的肉苁蓉功效提高 5 倍以上。

授权企业

内蒙古丙辰肉苁蓉种植有限公司　武永胜　18547865333

巴彦淖尔市蓉盛工贸有限公司　安向东　15344286999

乌拉特后旗富泉实业有限责任公司　图门　13947846664

河套蜜瓜

登记证书编号：AGI02257

登记单位：巴彦淖尔市绿色食品发展中心

地域范围

河套蜜瓜农产品地理标志地域保护范围为巴彦淖尔市所辖的乌拉特前旗、乌拉特中旗、乌拉特后旗、五原县、杭锦后旗、磴口县和临河区 7 个旗（县、区），涉及 49 个苏木（乡、镇）457 个嘎查（村）。地理坐标为东经 105° 12′ ~ 109° 53′，北纬 40° 13′ ~ 42° 28′。

品质特色

河套蜜瓜果实为高圆形，成熟时果皮呈金黄色，果面光滑略带环纹，果柄处略突起，果肉为淡绿色、白色、黄红色，肉质细软，汁多，口感甜，可溶性固形物含量 14.0% 以上，有独特浓郁芳香。纤维少而细，果实总维生素 C 含量为 25.6 ~ 31.8 mg/100 g，可溶性总糖 8.01% ~ 10.11%，可溶性固形物 11.2% ~ 14.5%，钾 252.06 ~ 266.16 mg/100 g，钙 65.00 ~ 78.10 mg/kg，铁 4.12 ~ 6.24 mg/kg。

人文历史

河套蜜瓜在20世纪40年代就有种植，最早在巴彦淖尔市磴口县、杭锦后旗种植。据史料记载，河套蜜瓜为1940年时任美国农业部部长华莱士访华时带入，经农民精心栽培，科技人员不断选育，受当地独特的土壤地理环境和独特气候条件影响，杂交繁衍后形成了色、香、味优于母本的优良品种，堪称“瓜中一绝”，品质特佳，含糖量在14%以上。20世纪50年代磴口县大面积种植，当时种植0.2万亩，仅能满足自销，60年代开始扩大，达到0.3万亩，70年代开始销往北京、深圳、香港等地。巴彦淖尔市每年8月18日举办“河套蜜瓜节”；磴口县享有“中国华莱士之乡”的美称，以“天下第一瓜”——华莱士命名的“磴口华莱士节”，自1993年创办以来，至今已举办29届；五原县每年举办“黄河至北蜜瓜节”。

生产特点

河套蜜瓜产地宜选择土层深厚、富含有机质的肥沃土壤，质地宜为壤土或砂壤土。河套蜜瓜优化种植技术要选中等以上肥力，耕层深厚，结构良好，地面平整，渠系配套，能引黄河水（或机井）灌溉，有机质含量高，pH值7.5 ~ 8.0，土壤含盐量在0.4%以下肥力中等以上地块，并且以5年以上未种过瓜类作物的砂壤土或壤土地，茬口以夏茬为佳。品种选择适应当地环境条件，生育期120 d以内，抗病、优质、高产品种。主要品种有甘蜜宝、克奇蜜宝、优蜜宝、银帝、玉金香等。采收适期根据市场及运途远近确定。在当地销售成熟度达九成以上时采收；长途运输成熟度八成时采收。采收时应留3 ~ 4 cm的果柄，单收单贮。

授权企业

内蒙古通汇农业专业合作社　王禄　18811014432

河套西瓜

登记证书编号：AGI02256

登记单位：巴彦淖尔市绿色食品发展中心

地域范围

河套西瓜农产品地理标志地域保护范围为巴彦淖尔市所辖的乌拉特前旗、乌拉特中旗、乌拉特后旗、五原县、杭锦后旗、磴口县和临河区 7 个旗（县、区），涉及 54 个苏木（乡、镇）465 个嘎查（村）。地理坐标为东经 105° 12′ ～ 109° 53′，北纬 40° 13′ ～ 42° 28′。

品质特色

河套西瓜椭圆形，果皮浅绿色，分布有均匀的墨绿色条纹；果皮厚，耐储运；果肉红色，肉质沙脆，汁多，纤维少，籽少；性寒，味甘甜；有清热解暑、生津止渴、利尿除烦的功效，果实总维生素 C 含量 7.16 ~ 9.28 mg/100 g，可溶性总糖 5.00% ~ 7.28%，可溶性固形物 9.00% ~ 12.0%，钾 62.15 ~ 86.75 mg/100 g，钙 80.0 ~ 93.0 mg/kg，铁 2.15 ~ 4.64 g/kg。

人文历史

20 世纪西瓜就是河套地区广泛种植的一种水果，现在是重要经济作物之一。由于得天独厚的地理环境条件，逐渐形成了与众不同的“河套西瓜”。早在傅作义驻绥远初期，他率部进驻河套西段（后套），发动官兵开展大规模屯田运动，在 1941—1945 年抗战期间，傅作义将军对种瓜的老农说：“这瓜，瓜瓤鲜红，瓜籽漆黑，熟得饱满，吃到嘴里犹如流霞入口，蜜水润喉，沙甜爽美，妙不可言呀！”河套西瓜就是在这样的背景下发展起来的。1955 年，合作社成立，西瓜种植规模扩大，20 世纪 70 年代西瓜生产基本上以自食为主，80 年代西瓜作为商品作物得到迅猛发展，从一村一品发展为一镇一品，种植面积现已达 7.35 万亩，年产西瓜 1.48 万 t；销售方式从以前的零散销售发展为集中销售，到现在的规模销售；产品供应从 4 月至 11 月货源不断，畅销自治区内外，知名度和影响力不断扩大。在政府相关部门的共同努力下，成立了千企联营商贸组织——河套西瓜合作社，统一运作品牌。

生产特点

河套西瓜种植宜选择土层深厚，土壤透气性好，pH 值 7.0 ~ 8.0，土壤含盐量在 0.3% 以下，有机质含量在 1% 以上，质地为壤土或砂壤土，与瓜类作物实行 5 年以上轮作的地块。所需气候条件为无霜期 135 d 以上，降水量小，昼夜温差大，整个生育期所需积温在 2 500 ℃以上。品种应选择适应当地生态条件、抗病、优质、高产、风味好、耐贮运和适应市场需求的品种。主要品种有瓜抗王、抗病早冠龙、沙漠风暴、沙漠 1 号等。从开花到成熟所需天数因品种不同而异，早熟品种约 45 ~ 55 d，中晚熟品种约 50 ~ 60 d，采收时应根据不同的目的，确定适宜的采收期，选择空气清新，无污染区定点存放。

授权企业

巴彦淖尔市刘老根农业发展有限公司　刘波涛　15547890333

五原灯笼红香瓜

登记证书编号：AGI01500

登记单位：五原县蔬菜办公室

地域范围

五原灯笼红香瓜农产品地理标志地域保护范围为巴彦淖尔市五原县下辖的隆兴昌镇、胜丰镇、天吉泰镇、新公中镇、复兴镇、塔尔湖镇、银定图镇、套海镇、和胜乡9个苏木（乡、镇）117个行政村，地理坐标为东经107° 35′ 70″ ～ 108° 37′ 50″，北纬40° 46′ 30″ ～ 41° 16′ 45″。

品质特色

五原灯笼红香瓜属葫芦科，是五原县的地方特色品种，因其外形酷似灯笼，故得此名并流传至今。五原灯笼红香瓜平均果重400 g左右，果皮灰绿，皮薄肉厚，香脆爽甜，营养丰富，深受广大消费者青睐。五原灯笼红香瓜果实营养丰富，维生素C含量为22 ～ 32 mg/100 g，钾含量为150 ～ 200 mg/100 g，可溶性固形物含量为8% ～ 14%。

人文历史

五原县位于举世闻名的“八百里河套米粮川”的河套平原，有2 400年的悠久历史和深厚的文化积淀。近代，被当地老百姓称为“人间河神”的地方绅士王同春修渠治水，垦荒置田，首开河套大规模发展农业的先河，使五原成为土地肥沃、气候宜人、水渠纵横、旱涝保收的“塞外江南”。20世纪80年代，五原县就开始种植灯笼红香瓜，因其果皮较薄，不耐贮运，产量较低，当时交通还不太发达，无法长途运输，所以当地农民只能分散种植、就近供应。近年由于五原县政府对县域特色经济的重视，五原县设施农业得到了快速发展，灯笼红香瓜种植形式不断优化，由原来露地种植发展为温室、大中小拱棚、露地相结合的种植方式，种植规模不断扩大。产品供应从4—11月不断，畅销自治区内外，知名度和影响力不断扩大。为了进一步扩大五原县灯笼红香瓜的知名度，五原县举办了“灯笼红香瓜评瓜会暨黄柿子展销会”，极大地调动了农民种植灯笼红香瓜的积极性。如今，灯笼红香瓜已成为广大种植户增收致富的主导产业和五原县的特色农产品。

生产特点

巴彦淖尔市地形主要有乌拉特草原、山地和河套平原，主要耕作土壤是灌淤土，其表土层为壤质灌淤层，耕作性好，含钾量高，对农作物糖和淀粉的积累非常有利。河套灌区由黄河三盛公水利枢纽自流引水灌溉，充足的水资源为五原灯笼红香瓜提供了良好的灌溉条件。五原县光能丰富、日照充足、昼夜温差大、降水量少而集中，年平均气温 7.0 ℃，全年日照时数 3 192.5 h，无霜期 117 ~ 136 d，气候条件适宜五原灯笼红香瓜的生长发育。灯笼红香瓜种植要求土壤条件好，宜选择土质疏松肥沃、无盐碱、土层深厚的砂壤土或轻壤土。品种选择当地多年生产的乡土品种，经过提纯复壮，培育出抗病、优质、高产、果形优美、风味好、耐贮运和适应市场需求的品种。生产过程严格按照地方标准《五原灯笼红香瓜种植技术规程》执行。五原灯笼红香瓜从定植到成熟需要 90 ~ 100 d，采收时应根据成熟程度，确定适宜的采收期。

授权企业

五原县郡原新型农牧业农民专业合作社（庙壕村）　畅春艮　13384789357

五原县胜丰镇新红村晏安和桥香蜜瓜农民专业合作社　张建军　13154782866

五原县胜丰镇新丰村庙壕香蜜瓜农民专业合作社　辛计小　13394852681

内蒙古黄金纬度食品有限责任公司　王聚甫　18804781888

五原县古郡田园农民专业合作社　韩福胜　13847860699

五原县古郡蔬菜产业联盟专业合作社　张新平　18947898361

五原县浩宏农民专业合作社　邬巧玲　13314784313

五原县利光农民专业合作社　张利忠　13948981671

五原县振旭农业发展有限公司　王恽　18647819246

五原黄柿子

登记证书编号：AGI01501

登记单位：五原县蔬菜办公室

地域范围

五原黄柿子农产品地理标志地域保护范围为巴彦淖尔市五原县下辖的隆兴昌镇、胜丰镇、天吉泰镇、新公中镇、复兴镇、塔尔湖镇、银定图镇、套海镇和胜乡 9 个苏木（乡、镇）117 个行政村，地理坐标为东经 107° 35′ 70″ ～ 108° 37′ 50″ ，北纬 40° 46′ 30″ ～ 41° 16′ 45″ 。

品质特色

五原黄柿子属茄科，是五原县的地方特色番茄品种，该品种平均果重 200 ～ 250 g，颜色金黄，个大肉厚，含水量少，沙甜可口，营养丰富，深受广大消费者青睐。五原黄柿子营养丰富，经检测，维生素 C 含量 20 ～ 30 mg/100 g，可溶性固形物含量为 2% ～ 6%，总酸含量为 0.4% ～ 0.65%。

人文历史

据《内蒙古自治区农作物种子志》记载，五原县从 20 世纪 60—70 年代开始种植黄柿子，种植品种是多年流传下来的乡土品种。近几年随着经济的发展和人民生活水平的提高，黄柿子逐渐在消费者中建立了一定的影响力。近年来，通过采取提高棚室质量、示范推广先进栽培管理技术等措施，种植效益稳步增加，菜农种植积极性空前高涨，产品的知名度和影响力不断扩大，黄柿子已成为五原县特色农产品。

生产特点

河套灌区由黄河三盛公水利枢纽自流引水灌溉，是亚洲最大的一首制自流引水灌区，充足的水资源为五原黄柿子提供了良好的灌溉条件，五原县属中温带大陆性气候，具有光能丰富、日照充足、昼夜温差大、降水量少而集中的特点。年平均气温 7.0 ℃，全年日照时数 3 192.5 h，无霜期 117 ~ 136 d，独特的气候条件，适宜黄柿子的生长。五原黄柿子的种植要求土壤条件好，选择土层深厚、pH 值 7.0 ~ 8.0、富含有机质的肥沃土壤。品种宜选择当地多年生产的乡土品种，经过提纯复壮，培育出的抗病、优质、高产、果形优美、风味好、耐贮运和适应市场需求的品种。生产过程严格按照地方标准《五原黄柿子种植技术规程》执行，从定植到成熟需要 100 ~ 120 d，采收时应根据成熟程度，确定适宜的采收期。

授权企业

五原县郡原新型农牧业农民专业合作社　畅春艮　13384789357

五原县胜丰镇新红村晏安和桥香蜜瓜农民专业合作社　张建军　13154782866

五原县胜丰镇新丰村庙壕香蜜瓜农民专业合作社　辛计小　13394852681

内蒙古黄金纬度食品有限责任公司　王聚甫　18804781888

五原县古郡田园农民专业合作社　韩福胜　13847860699

五原县古郡蔬菜产业联盟专业合作社　张新平　18947898361

五原县浩宏农民专业合作社　邬巧玲　13314784313

五原县雷大哥农民专业合作社　潘建宇　18947897764

五原县敕勒川生态农业合作社　庄恒　13190619266

五原县利光农民专业合作社　张利忠　13948981671

内蒙古奕复奕兴科技有限公司　李晓梅　19904788795

内蒙古民隆商贸有限责任公司　沈毅宝　13354787999

五原县振旭农业发展有限公司　王恽　18647819246

内蒙古寂寞的番茄餐饮管理有限公司　赵娜　18247836555

如意工业园区寂寞的番茄火锅店　张飞　15044887111

新城区寂寞的番茄火锅店　张飞　15044887111

呼和浩特赛罕区寂寞的番茄火锅店　张飞　15044887111

五原小麦

登记证书编号：AGI01502

登记单位：五原县农业技术推广中心

地域范围

五原小麦农产品地理标志地域保护范围为巴彦淖尔市五原县下辖的隆兴昌镇、胜丰镇、天吉泰镇、新公中镇、复兴镇、塔尔湖镇、银定图镇、套海镇、和胜乡9个苏木（乡、镇）117个行政村，地理坐标为东经107°35′70″～108°37′50″，北纬40°46′30″～41°16′45″。

品质特色

五原小麦的主栽品种为永良4号，是河套灌区的特色品种，该小麦品种籽粒饱满，容重高，蛋白质含量高，面筋值高，加工成的面粉适应面广，做出的饺子、面条色泽好，透亮，玻璃质表现明显，食用品质好，筋道，滑爽，黏弹性好，营养丰富，深受广大消费者青睐。五原小麦口感好，营养丰富，经检测，其碳水化合物含量为68.4%～70.2%，蛋白质含量为14%～18%，面筋质含量为27%～33%，蛋白质含量和湿面筋质含量分别比全国平均水平高1.4%和3.3%。

人文历史

五原县位于举世闻名的“八百里河套米粮川”的河套平原，有悠久历史和深厚的文化积淀。据记载，五原县在新石器时代已有麦类作物的种植。五原县是全国商品粮基地之一，也是重要的绿色农畜产品生产基地。1983年，内蒙古自治区人民政府作出决定，把包括五原县在内的15个旗县有计划、有步骤地建设成为稳产高产的商品粮基地。近年来，由于五原县政府对县域特色经济的重视及人们生活水平的提高，五原小麦知名度和影响力不断扩大，生产的高端面粉产品作为馈赠亲友的礼品远近闻名，五原县生产的优质面粉畅销全国20多个省（区、市）。

生产特点

巴彦淖尔市地形主要有乌拉特草原、山地和河套平原，主要耕作土壤是灌淤土，其表土层为壤质灌淤层，耕作性好，含钾量高，对作物糖和淀粉的积累非常有利。河套灌区由黄河三盛公水利枢纽自流引水灌溉，是亚洲最大的一首制自流引水灌区，充足的水资源为小麦提供了良好的灌溉条件。五原县属中温带大陆性气候，具有光能丰富、日照充足、昼夜温差大、降水少而集中的特点，年平均气温 7.0℃，全年日照时数 3 192.5 h，无霜期 117 ~ 136 d，独特的气候条件，适宜小麦的生长。五原小麦种植产地选择土层深厚、pH 值 7.0 ~ 8.0、富含有机质的肥沃土壤。品种选择永良 4 号，生产过程严格按照《五原小麦种植技术规程》执行。五原小麦从出苗到成熟需要 90 ~ 110 d，收获时应根据成熟程度，确定适宜的收获期。

授权企业

五原县塞鑫面业有限责任公司　史岱奇　15148846686

五原县新民食品有限责任公司　王爱云　13947806399

内蒙古益达面粉有限责任公司　沈源　18547875657

五原县红高粱农民专业合作社　张继刚　15547847134

五原县三宝面业有限责任公司　张安礼　18947804444

内蒙古黄金纬度食品有限责任公司　王聚甫　18804781888

五原县富强面业有限责任公司　苏兰荣　13848488012

五原县古郡蔬菜产业联盟专业合作社　张新平　18947898361

内蒙古套田粮面业有限公司　王旺全　15694788288

内蒙古朔方麦香有限公司　王振光　13624881666

内蒙古天赋套雪面业有限公司　刘建军　13214882555

三道桥西瓜

登记证书编号：AGI02173

登记单位：杭锦后旗绿色食品发展中心

地域范围

三道桥西瓜农产品地理标志地域保护范围为巴彦淖尔市杭锦后旗三道桥镇、二道桥镇、陕坝镇、蒙海镇、沙海镇、双庙镇6个乡（镇）75个行政村，地理坐标为东经106° 34′ ~ 107° 24′，北纬40° 26′ ~ 41° 13′。

品质特色

三道桥西瓜长椭圆形，外皮浅绿色，分布有均匀的墨绿色条纹，果皮厚，耐储运；果肉红色，肉质沙脆、汁多，纤维少，籽少；口感细腻、爽口。西瓜性寒，味甘甜；可溶性固形物含量≥12.0%，维生素C含量≥5.5 mg/100 g，钙含量≥22.0 mg/kg，铁含量≥2.30 mg/kg，钾含量≥750.0 mg/kg。

人文历史

杭锦后旗是全国著名商品粮基地，3万亩耕地全域优质灌溉。1942年傅作义在河套

地区实行新县制，置米仓县政府设在三道桥镇，1953年改称杭锦后旗。杭锦后旗三道桥文化充分吸纳农耕文化、草原文化、边塞文化、黄河文化精华。宋代高承在《事物纪原》中记载“中国初无西瓜，洪忠宣使金，贬递阴山，得食之，其大如斗，绝甘冷，可治暑疾”。抗日战争时期美国人带来一种名叫“地克森皇后”的西瓜，和当地自留种混合种植，人们笼统称之为“混蔓瓜”。三道桥和平村81岁的农技推广员前辈吴志祥回忆，本地老户种植西瓜主要是采取以物换物的方式出售。1952年开始在和平村附近种植西瓜，一直延续到1954年互助组时期张成功因种植技术突出获农业部嘉奖。1953年河套地区在农业合作化道路上出现了八面大旗，其中就有原米仓县和平乡张成功的“和平农业生产合作社”。1955年种植规模扩大。进入新世纪，三道桥西瓜得到迅猛发展，西瓜供不应求，成为远近闻名的知名品牌，成为农民致富的特色产业，产品远销到北京、天津、呼和浩特、包头等地。

生产特点

三道桥西瓜产地土壤宜选择土层深厚、土壤透气性好、pH值7.0 ~ 8.0、富含有机质的肥沃砂壤土。气候条件宜为无霜期135 d以上，降水量小，昼夜温差大。品种应选择适应当地生态条件、抗病、优质、高产、风味好、耐贮运和适应市场需求的品种。主要品种有西农八号、抗病早冠龙、重茬早霸等。西瓜从开花到成熟，早熟品种45 ~ 55 d，中晚熟品种50 ~ 60 d，采收时应根据不同的目的，确定适宜的采收期，选择空气清新，无污染区定点存放。贮存时宜在通风，阴凉，清洁的地方，防止挤压损伤，防日晒、雨淋、有毒有害物质的污染。

授权企业

杭锦后旗和平瓜菜农民专业合作社　边俊峰　15848765100

杭锦后旗甜瓜

登记证书编号：AGI02174

登记单位：杭锦后旗绿色食品发展中心

地域范围

杭锦后旗甜瓜农产品地理标志地域保护范围为巴彦淖尔市杭锦后旗所辖的陕坝镇、三道桥镇、二道桥镇、头道桥镇、沙海镇、双庙镇、蛮会镇、团结镇、蒙海镇共 9 个乡（镇）1 个太阳庙农场 115 个行政村，地理坐标为东经 106° 34′ ~ 107° 24′，北纬 40° 26′ ~ 41° 13′。

品质特色

产品外观椭圆形，网纹分布均匀；果皮薄，耐储运；果肉浅绿或橘红色，果肉厚，种腔小；口感好，肉质细嫩、酥脆，香气浓郁，甘甜爽口，含有微量元素钙、铁、钾以及大量的水分和维生素 C，具有生津止渴，除烦热，宁心神等作用。可溶性固形物含量≥ 14%，维生素 C 含量≥ 23.0 mg/100 g，钙含量≥ 28.0 mg/kg，铁含量≥ 3.0 mg/kg，钾含量≥ 2 500.0 mg/kg。

人文历史

“杭锦”系突厥语，意为“车子”，1925 年归临河设治局管辖，1929 年归临河县第三区、第四区管辖，1942 年，傅作义在河套地区实行新县制，设置米仓县，1953 年改称杭锦后旗。杭锦后旗土地平坦，土壤肥沃，引黄河水自流灌溉，是全国著名的商品粮基地。1941 年傅作义带领部队在后套所挖的渠道纵横，后被人们誉为鱼米之乡。杭锦后旗甜瓜就是在这样的人文、自然环境、地域历史背景下发展起来的。在当地被称为“河套金瓜”。1968 年开始种植甜瓜，品种从磴口引进。由于政府重视、农民种植技术水平提高、便利的交通和市场需求的扩大，杭锦后旗甜瓜已成为广大种植户增收致富的主导产业和特色农产品。从一村一品发展为一镇一品，种植面积达 5.0 万亩，年产 10 万 t，年产值 2 亿元。杭锦后旗甜瓜已成为远近闻名的知名品牌，成为农民致富的特色产业，产品远销到北京、天津、呼和浩特、包头等地。

生产特点

杭锦后旗甜瓜种植宜选择土层深厚、土壤透气性好、pH 值 7.0 ~ 8.0、富含有机质的肥沃砂壤土；气候条件宜为无霜期 135 d 以上，降水量小，昼夜温差大，年有效积温在 3 000 ℃以上；品种宜选择适应当地生态条件、抗病、优质、高产、风味好、耐贮运和适应市场需求的品种。主要品种有甘蜜宝、克奇蜜宝、优蜜宝、银帝、玉金香等。严格按照《杭锦后旗甜瓜标准化栽培技术规程》进行操作。甜瓜从开花到成熟所需天数，早熟品种为 45 ~ 55 d，中晚熟品种为 50 ~ 60 d，采收时应根据不同的目的，确定适宜的采收期，应选择空气清新，无污染区定点存放。

授权企业

杭锦后旗和平瓜菜农民专业合作社　边俊峰　15848765100

黑柳子白梨脆甜瓜

登记证书编号：AGI01902

登记单位：乌拉特前旗农牧业综合行政执法大队

地域范围

黑柳子白梨脆甜瓜农产品地理标志地域保护范围为巴彦淖尔市乌拉特前旗所辖的乌拉山镇、白彦花镇、新安镇、大佘太镇、西小召镇、小佘太镇、先锋镇、明安镇、苏独仑镇、额尔登布拉格苏木、沙德盖苏木 11 个苏木（乡、镇）93 个行政村。地理坐标为东经 108° 11′ ~ 109° 54′，北纬 40° 28′ ~ 41° 16′。

品质特色

果形端正，呈纺锤形，果皮光滑，着色均匀，皮薄肉厚，果皮呈灰绿色，果肉外层绿色，内层为橘色；成熟时黄白色，果肩有轻微绿晕。果肉白色、瓤黄色，瓜瓤含水较少，果肉与瓜瓤易于分离；口感甜脆，浓香味。含糖量 18%，蛋白质 0.4%，碳水化合物 6.2%，每百克甜瓜瓤内含钙 29 mg、胡萝卜素 0.03 mg、硫铵素 0.02 mg、抗坏血酸 13 mg，还含有可以将不溶性蛋白质转变成可溶性蛋白质的转化酶；甜瓜含脂肪油 27%，其中有亚油酸、油酸、棕榈酸、甘油酸、卵磷脂等；含球蛋白及谷蛋白约 5.78%，含乳糖、葡萄糖、树胶、树脂等；瓜蒂含甜瓜素及葫芦素 B、葫芦素 E 等结晶性苦味质。

人文历史

据黑柳子当地老年人说：相传清末民初有一群“走西口”的晋商，途经黑柳子时被香气吸引，来到一片田地，发现田地里长满颜色雪白，形状如梨的果实，摘下一颗闻了闻咬了一口，感觉清脆香甜、沁人心脾，顺口说一句“白梨儿真脆”，后来人们口口相传，

就把这种甜瓜叫作“白梨脆甜瓜”。有据可考的是，黑柳子种植甜瓜至少有50多年的历史了，《内蒙古自治区农作物种子志》记载，黑柳子从20世纪60年代开始种植白梨脆甜瓜，1990年引进试种薄皮甜瓜新品种，1994年大面积种植，2016年“黑柳子白梨脆甜瓜”申报为农产品地理标志，2020年入选全国名特优新农产品名录。2021年举办的“特色果蔬提质增效生产技术示范推广暨黑柳子白梨脆单品发布会”通过网红主播现场直播带货，产品大多销往了呼包鄂、上海、江苏、陕西、山东等20个省份的120多个地区。

生产特点

乌拉特前旗黑柳子白梨脆甜瓜主产区为蓿亥滩和中滩，土壤pH值6.7 ~ 7.8，土壤肥力状况中等，有机质含量1.9 ~ 38.5 g/kg，耕地面积16.331万亩。堡子湾一带为乌拉山洪积扇边沿地带，海拔1 032 m，其余大部分为黄河灌区，海拔1 007 ~ 1 013 m。耕作土壤是灌淤土，其表土层为壤质灌淤土，土壤盐碱成分较高、速效钾含量高，不仅能促进甜瓜生育、提早成熟，还能增加糖分，独特的自然生态环境使黑柳子白梨脆甜瓜瓜香四溢、皮薄肉厚、香甜脆嫩、多汁爽口。品种宜选择抗病、优质高产、抗逆性强、适应性广、商品性好的乌拉特前旗地方性品种。生产过程必须执行《黑柳子白梨脆甜瓜生产操作技术规程》。产品收获：黑柳子白梨脆甜瓜果实发育25 ~ 30 d后，果柄基部茸毛脱落，脐部变软，脐部有本品种特有的浓厚香味时，表明果实已经成熟，即可采摘上市，时间一般为6月上旬。采下的白梨脆甜瓜要置于无污染环境。

授权企业

内蒙古垚泰丰农林牧科技发展有限公司　韩振华　15849481802

巴彦淖尔市凯福鑫农业科技发展有限公司　廉福鑫　13848480202

明安黄芪

登记证书编号：AGI03099

登记单位：乌拉特前旗农牧业综合行政执法局

地域范围

明安黄芪农产品地理标志地域保护范围为巴彦淖尔市乌拉特前旗所辖明安镇、小佘太镇、大佘太镇，3个苏木（乡、镇）24个行政村。地理坐标为东经108° 56′ ~ 109° 54′ ，北纬40° 48′ ~ 41° 16′ 。

品质特色

明安黄芪茎直立，多分枝，高30 cm左右，茎上被疏松白色短茸毛。奇数羽状复叶，互生；叶柄基部有披针形托叶，长6 mm左右；小叶25 ~ 37片，小叶宽卵圆形，长4 ~ 9 mm，先端稍钝，有短尖，基部楔形，全缘，两面有白色长茸毛。总状花序腋生，有花10 ~ 25朵，苞片线状披针形；花冠黄色蝶形，雄蕊10个；二体，子房有柄。荚果半卵圆形，果皮膜质，膨胀，光滑无毛。主根较直、偏短，圆柱状，末端为爪形。根体紧致，水润后较柔软。直径多在0.5 ~ 1.2 cm，主根长20 ~ 40 cm，外皮土黄色，断面韧皮部白玉色，肉质紧致，木质部淡黄色，有清晰的“菊花心”和“金井玉栏”。明安黄芪根色微黄或褐，皮黄肉白，药材粉性大，豆腥气足，口尝微甜。黄芪甲苷（$C_{41}H_{68}O_{14}$）含量为0.045% ~ 0.056%，毛蕊异黄酮葡萄糖苷（$C_{22}H_{22}O_{10}$）含量为0.059% ~ 0.096%，浸出物含量为24.5% ~ 41.0%。

人文历史

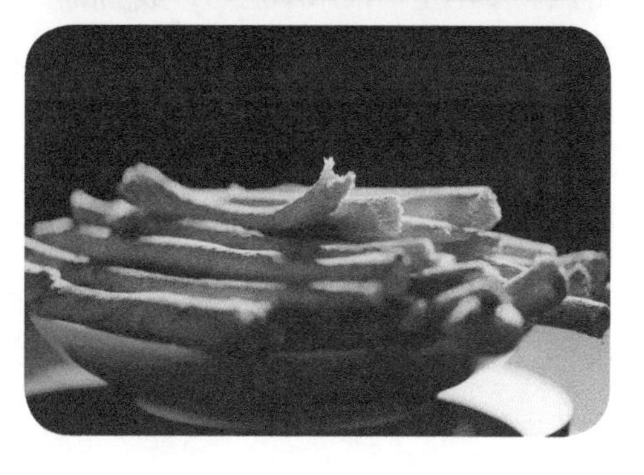

据《乌拉特前旗志》记载，旗境野生药材有 300 余种，黄芪产量最高。1958 年成立乌拉特前旗医药公司开展地产中药材收购业务。1972 年药材品种增多成立制药厂，1974 年明安镇开始种植黄芪，1976 年苏独仑办起中草药种植场，1979 年进行立插种植黄芪，1984 年将种植方式改为平放式马犁耕种，1998 年尝试育苗种，2016 年黄芪基地种植有机黄芪。2017 年大佘太镇试种黄芪仿野生蒙中药材，检验结果高出《中华人民共和国药典》规定含量一倍多。北京同仁堂与明安黄芪生产合作社签订常年供货合同。2018 年仿野生蒙中药材种植打造出“一药一村、一药一镇”产业化特色。

生产特点

明安黄芪产地为山区、丘陵，干旱与半湿润交错带，土层深厚，富含有机质，地势平坦，土质疏松，透水透气性良好的草原栗钙土、风沙土、黄绵土，pH 值小于 7.9。大田生产可在川水地、坡旱地种植，忌连作。品种选择蒙古黄芪，肥料选择生长区放养羊的发酵羊粪 + 地表原生野草秆 + 生物有机肥。无须过度施肥。允许使用经充分腐熟达到无害化卫生标准农家肥。田间管理减少人为干预，禁用化学制剂，保留自然杂草与昆虫。病虫害防治应采取综合防治策略。明安黄芪移栽后 1 年采收，10 月中下旬至封冻前为最佳采收期。通风向阳处晾晒至柔软不易折断时，捋顺，忌用水洗，晒至七到八成干后扎成直径 10 ～ 20 cm 的小把，堆闷 1 ～ 2 d 再晒至全干贮藏或出售。

授权企业

乌拉特前旗茂盛业农贸专业合作社　贾利军　13088499819

内蒙古天衡制药有限公司　贾长松　15047272603

新华韭菜

登记证书编号：AGI02653

登记单位：巴彦淖尔市临河区绿色食品发展中心

地域范围

新华韭菜农产品地理标志地域保护范围为临河区新华镇所辖29个行政村2个农场。地理坐标为东经107° 22′ ~ 107° 44′，北纬40° 59′ ~ 41° 17′。

品质特色

韭菜有补肾，健胃，提神，止汗固涩等功效。中医里把韭菜称为“洗肠草”。新华韭菜种植品种以黑马莲、黄马莲、平顶山2号为主，产品有叶宽、茎粗、肉嫩、味鲜等特点。多年生宿根草本植物，成品高度30 ~ 50 cm，叶宽0.5 ~ 0.8 cm，叶片宽厚，叶鞘粗壮，品质柔嫩，香味浓郁，叶色浓绿，叶面鲜亮。富含多种营养成分，纤维少而细。每百克产品含维生素C ≥ 18 mg，蛋白质≥ 1.50 mg，钙≥ 25 mg，磷≥ 42 mg。

人文历史

据《临河县志》记载：“中国之富源在西北，西北之富源在河套，河套之上游在临河”。传说汉世祖光武皇帝刘秀在一次战斗中兵败，军队溃散，四处逃亡，策马狂奔，

跑了一天一夜，来到一人家叩门要饭。主人给了三碗野菜，刘秀说它既然是无名野菜，今天它救了我的命，就叫它“救菜”吧，于是就有了韭菜之称。《临河年鉴》（1992—1998 年卷）记载，新华镇全镇保护地韭菜达到 0.43 万亩。以韭菜为主的大棚蔬菜全部施用农家肥。1998 年被认证为绿色食品。新华镇有“蔬菜之村”美称。20 世纪 50 年代因种植大白菜而闻名，80 年代种植大棚韭菜。临河区建设三大中心集镇之一，是国家六部委确定的重点镇和全国 672 个文明村镇之一。该镇是闻名全国的绿色食品韭菜生产基地，种植面积 1.0 万亩，韭菜种植已经成为该村农民增收的一项支柱产业。

生产特点

新华韭菜种植宜选择土层深厚、富含有机质的肥沃土壤，质地为壤土或砂壤土，耕层深厚，结构良好，地面平整，渠系配套，pH 值 5.5 ~ 6.5，土壤含盐量在 0.4% 以下，且前茬未施用高毒、高残留农药的肥力中等以上的地块。品种宜选择适应当地环境条件，生长期具有抗病、优质、高产品种。产品收获应根据市场及运途远近，确定采收适期。生产全过程建立田间生产档案，要求在种植过程中，对使用的农药、化肥的名称、剂型规格、使用方法、使用时间、每次用量、全年使用次数、末次使用时间等进行详细记录。

授权企业

内蒙古巴彦淖尔市一畦春食品有限公司　李荣华　13847878567

河套巴美肉羊

登记证书编号：AGI01275

登记单位：巴彦淖尔市绿色食品发展中心

地域范围

河套巴美肉羊农产品地理标志地域保护范围为巴彦淖尔市所辖的乌拉特前旗、乌拉特中旗、乌拉特后旗、五原县、杭锦后旗和临河区 6 个旗（县、区），涉及 38 个苏木（乡、镇）113 个行政村，地理坐标为东经 105° 12′ ~ 109° 53′，北纬 40° 13′ ~ 42° 28′。

品质特色

河套巴美肉羊为肉毛兼用品种，无角，体格较大，体质结实，结构匀称，胸部宽而深，背腰平直，四肢结实、相对较长，肌肉丰满，肉用体型明显，呈圆筒形，具有早熟性。被毛同质白色，闭合良好，密度适中，细度均匀，以 64 支为主，头部至两眼连线、前肢至腕关节、后肢至飞节均覆盖有细毛。羊肉蛋白质含量为 20.2% 左右，钙含量 61.6 mg/kg，铁含量 24.6 mg/kg，磷含量 38 mg/kg，所含脂肪酸比例适宜，有较高营养价值。

人文历史

河套巴美肉羊是多个品种杂交的产物。在20世纪60年代初，当地政府就有计划地引进林肯、盖茨、罗姆尼等半细毛羊对当地蒙古羊进行杂交改良。1978年又引进新疆细毛羊、强毛型奥美羊，通过人工授精技术开展大面积杂交，形成了一定数量的毛肉兼用细杂羊。1992年采用德美羊级进杂交，形成了一定数量的接近肉用羊理想型标准群体。经过60多年杂交改良，形成了适合舍饲圈养、耐粗饲、抗逆性强、适应性好、羔羊肥育增重快、性成熟早，特别是对巴彦淖尔农区自然环境具有良好适应性的巴美肉羊品种。2007年经过国家畜禽遗传资源委员会审定，农业部第878号公告对河套巴美肉羊予以正式命名和公告。“巴美肉羊高繁新品系选育与优质种羊推广利用”获得2020年内蒙古自治区农牧业丰收奖二等奖。为加强巴美肉羊本品种选育和提纯复壮，完善巴美肉羊品种体型外貌标准，提高综合生产性能，进一步提升地方优势特色核心种源自给率，巴彦淖尔市绿色食品发展中心开展了“引进德美种羊导血提升巴美肉羊种质资源综合性能试验示范”课题的研究，进行地方特色肉羊种源育种攻关，保障优质肉羊繁育基地建设，提高种羊供给能力和水平。

生产特点

巴彦淖尔市北部有乌拉特草原，是天然草牧场，南部为河套平原，是全国著名的商品粮基地，也是内蒙古地区重要的农畜产品基地。巴彦淖尔市水源充沛，有黄河流经，是亚洲最大的一首制自流引水灌区，已形成7级灌溉体系，灌溉便利。河套巴美肉羊主要采用舍饲、半舍饲饲养，并实施以养促种、为养而种、种养结合，形成粮多—草多—畜多—肥多—收入多的种养结合良性循环，促进了生态农业的发展。根据羊对温度、光照的要求，结合巴彦淖尔市冬春严寒多风的特点，羊圈应采用半棚式塑料暖棚。养殖过程中种公羊、基础母羊、羔羊应分群饲养。羊舍内要备足饲槽、饮水槽及活动场，并定期消毒，保持舍内通风、光照、地面干燥。春秋两季进行羊痘、羊三联疫苗注射；育肥羊要按品种、年龄、体质分别组群。

授权企业

内蒙古草原鑫河食品有限公司　郝依凡　18104785555

巴彦淖尔二狼山白绒山羊

登记证书编号：AGI02264

登记单位：巴彦淖尔市绿色食品发展中心

地域范围

巴彦淖尔二狼山白绒山羊农产品地理标志保护地域是所辖乌拉特前旗、乌拉特中旗、乌拉特后旗、磴口县 4 个旗县，涉及 28 个苏木（乡、镇）245 个嘎查（村）、6 个种畜场。地理坐标为东经 105° 12′ ～ 109° 53′ ，北纬 40° 13′ ～ 42° 28′ 。

品质特色

巴彦淖尔二狼山白绒山羊体质结实，结构均衡，体格较大。头短，眼大有神。形状为三角形，面部平直，耳大向侧面伸展，公母羊均有角，公羊角大，向后上外呈半螺旋状伸展，母羊角细小呈倒“八”字形，角颜色呈灰色。颈长短宽窄适中，无肉垂。背腰平直，尻斜，胸部宽深，肋部外张。四肢坚实有力，蹄质结实，尾短且上翘。营养物质含量为蛋白质 19.00 ～ 22.0 g/100 g，脂肪 10.0% ～ 14.4%，水分 20.0% ～ 28.4%，钙 130 ～ 142.34 mg/kg，铁 40.00 ～ 49.50 mg/kg，锌 30 ～ 38.00 mg/kg。

人文历史

巴彦淖尔二狼山白绒山羊由清朝延续至今一直以天然草原放牧为主，冬春进行少量补饲天然牧草，植被主要以“戈壁”为主，“戈壁”系蒙古语，意思为小半灌木中的红

砂和珍珠等，是草原向荒漠过渡的极端生态类型——草原化荒漠类型。在 300 多年放牧生活中，该羊锻炼了其耐性，能够适应寒冷的气候和粗放的饲养管理方式，形成了粗放条件下的最佳生产力，成为遗传多样性宝库中重要基因资源。2013 年自治区出台保护白绒山羊实施方案，将二狼山白绒山羊列入保种工程，2014 年乌拉特后旗正式启动了第一轮保种工程，每年举办的种公羊评选活动备受关注。二狼山白绒山羊所产绒以其纤维细长（细度在 15 μm 以下，长度在 4.21 ～ 5.15 cm），拉力大，净绒率高（50% 以上），颜色正白等优点，曾获意大利柴格那国际金奖，素有“纤维宝石”和“软黄金”的美誉。绒山羊养殖户与纺织企业联手建立保种场，禁止在主产区引入外血，种质资源保护与品种繁育的氛围浓厚。

生产特点

性成熟年龄：公羊、母羊在生后 7 ～ 8 月龄性成熟。初配年龄公羊 1.5 ～ 2.5 岁，母羊　1.5 岁，一个配种季节每只公羊配母羊数 45 只，发情季节为 7—10 月，配冬羔 7—8 月开始，配春羔 10 月开始。产羔率 103% ～ 105%，成活率 92.2%。农区试行舍饲圈养，主产区实行季节性放牧结合半舍饲圈养。羔羊在断乳前实行完全圈养，断乳后待能出牧时，单独放牧和运动，长大后逐渐与大羊同群放牧。成年羊根据当地的草场、地形和气候条件全年划分为冬春半舍饲圈养和夏秋季节划区轮牧。在草场条件好的地区，可采取全年放牧。

授权企业

内蒙古绿野食品有限责任公司　朱勇　18904788884

内蒙古米真国际贸易有限公司　李臻　13947386898

内蒙古中科正标生物科技有限公司　李效宇　16648800888

乌拉特后旗戈壁红驼

登记证书编号：AGI02263

登记单位：乌拉特后旗绿色食品发展中心

地域范围

乌拉特后旗戈壁红驼农产品地理标志地域保护范围为巴彦淖尔市乌拉特后旗获各琦苏木、巴音前达门苏木、潮格温都尔镇、呼和温都尔镇、巴音宝力格镇、乌盖苏木等 6 个苏木（乡、镇）25 个嘎查（村）。地理坐标为东经 105° 10′ ～ 109° 50′，北纬 40° 40′ ～ 42° 43′。

品质特色

骆驼躯体高大，外形为“W”字形。躯短肢长、尻短颈长、背短腰长，颈是“乙”字形大弯曲，头小，颈粗长，后腹上卷，行走时将头高高抬起，上唇分裂。头顶生有簇毛，驼峰肥大丰满，四肢粗壮，蹄宽而扁；有双行长眼睫毛和耳内毛抵抗沙尘；缝隙状鼻孔在发生沙尘暴时能够关闭。蹄大如盘，适于沙地行走。尾细长，有丛毛。单峰驼毛发很短，体格较瘦弱；双峰驼肩高 1.6 ～ 1.8 m，成年骆驼身高 1.85 ～ 2.15 m。成年公驼可达 3.2 ～ 3.5 m；体重 450 ～ 680 kg，体毛多为紫红色。驼绒是上好的纺织原料；驼肉是低脂高蛋白食品，富含蛋白质、脂肪、钙、磷、铁及维生素 A、维生素 B_1、维生素 B_2 和烟酸等。驼肉脂肪含量 65%，胆固醇很低，驼乳中富含不饱和脂肪酸、铁、B 族维生素和维生素 C 等多种有益于人体健康的营养成分，驼皮、驼骨是制革原料和骨雕、化工原料。

人文历史

蒙古族养驼至少已有800年历史。《蒙古秘史》中西汉前后匈奴在内蒙古高原放牧的“橐驼”就是骆驼。乌拉特后旗戈壁红驼驯养史有200多年。明代以后中国气候转寒草场退化加剧，加之高强度“烧荒”破坏生态，戈壁红驼悄然出现在逐渐荒漠化的乌拉特后旗茫茫戈壁草原。戈壁牧人非常珍惜崇拜骆驼，将骆驼视为珍稀动物，奉为“苍天赐予的神兽”“苍天神羔”。1988年获“安美桥第二届国际驼绒奖”。2003年建设300峰存栏量良种繁育基地，设立国家级畜禽遗传资源保护区。2004年成立乌拉特戈壁红驼协会。2005年开始发展驼球比赛民族体育竞技项目，举办国际驼球比赛，被誉为“中国驼球摇篮”。2009年被命名“驼球之乡”。2013年国际双峰驼学会颁发“奖励命名养殖戈壁红驼品种资源作出卓越贡献乌拉特戈壁红驼之乡——乌拉特后旗”证书；俄罗斯颁发“奖励巩固和发展戈壁红驼饲养保护特别贡献”证书。2017年戈壁红驼艺术馆建成。2019年建成骆驼养殖基地和驼乳制品生产、加工、销售体系，“乌拉特后旗戈壁红驼”被认定为中国非物质农业文化遗产。

生产特点

骆驼身上全是宝，有肉、乳、皮、毛、役等多种用途，就连骆驼的粪便也被研究利用。挤驼奶从3月母驼产羔之后开始；驼乳成分接近牛奶，黏而稠，脂肪球小，易被人和幼畜消化吸收，驼奶蛋白质、脂肪、干物质含量比牛奶高，且味咸保质期长，乳糖含量少，营养丰富，更符合人类的营养需要，可用作医疗保健食用。驼奶挤下来可以直接饮用。5月中下旬开始剪驼毛，乌拉特后旗戈壁红驼驼毛具有纤维长、绒丝细、产量高等特点。冬季是宰杀、食用骆驼的季节。

授权企业

内蒙古绿野食品有限责任公司　朱勇　18904788884

内蒙古英格苏生物科技有限公司　李建军　13314784888

河套黄河鲤鱼

登记证书编号：AGI02265

登记单位：巴彦淖尔市绿色食品发展中心

地域范围

河套黄河鲤鱼农产品地理标志地域保护范围为巴彦淖尔市所辖的乌拉特前旗、乌拉特中旗、乌拉特后旗、五原县、杭锦后旗、磴口县和临河区 7 个旗（县、区），涉及 24 个苏木（乡、镇）132 个嘎喳（村）。地理坐标为东经 105° 12′ ~ 109° 53′，北纬 40° 13′ ~ 42° 28′。

品质特色

河套黄河鲤鱼其体梭形，身体侧扁而腹部圆，口呈马蹄形，须 2 对。背鳍基部较长，背鳍和臀鳍均有一根粗壮带锯齿的硬刺，硬刺后缘呈锯齿状。体侧金黄色，背部稍暗，腹部色淡而较白，尾鳍下叶橙红色。除位于体下部和腹部的鳞片外，其他鳞片的后部有由许多小黑点组成的新月形斑。蛋白质含量为 18.00 ~ 20.50 g/100 g，脂肪 0.9% ~ 2.8%，水分 70.00% ~ 76.3%，钙 545.53 ~ 596.53 mg/kg，铁 10.60 ~ 14.66 mg/kg，锌 40.6 ~ 50.6 mg/kg。

人文历史

远古时期河套曾是一片汪洋。黄河流经磴口县、杭锦后旗、临河区、五原县、乌拉特前旗，境内湖泊资源丰富，水库密布，有大小湖泊300多个，明末清初河套水草繁茂，鲤鱼进入河汊和渠道、大片草滩的水湾中，得河套鲤鱼，俗称鲤拐子、鲤子，能在低温及溶氧下生存，性活泼善跳跃。河套人有吃开河鱼的习俗，每年春汛季，黄河渔村车水马龙，一饱口福的人络绎不绝。20世纪50年代一批渔民到乌梁素海、牧羊海捕鱼为生，1956年发展成乌梁素海渔场、牧羊海渔场。到1960年乌梁素海出产的黄河鲤鱼在国内外市场享有盛名。1959年五原县进行黄河鲤鱼人工繁殖。1982年南鱼人工繁殖成功，从此巴彦淖尔市的南鱼苗种开始走上自繁、自育、自养道路。2017年巴彦淖尔市磴口县被农业部认定为渔业健康养殖示范县，以乌梁素海、纳林湖等“国家水利风景区”为重点，挖掘河套鲤鱼文化，将鲤鱼养殖发展为集旅游、观赏、游钓、美食、度假于一体的新兴产业。

生产特点

河套黄河鲤鱼按照养殖场所不同，分为池塘养殖、水库养殖、天然湖泊养殖。养殖产地选择水源充足、水质清新、排灌方便、生态环境良好，交通便利，自然环境僻静，周围应没有对产地环境构成威胁的污染源。周边无污染，基地整洁，通风向阳，养殖水面大小、水体温度、透明度等要符合河套黄河鲤鱼的生活习性。底质以泥质或沙质底为好，无工业废弃物和生活垃圾，无大型植物碎屑和动物尸体。主要品种有黄河鲤、福瑞鲤等品种。采用池塘精养与水库、湖泊水域养殖的方式。养殖过程中合理搭配混养其他鱼类、合适养殖密度，合理捕捞，使湖泊和水库中的鱼类群体在种类、数量、年龄等结构上与水体的饵料资源相适应。根据鱼类生长情况和结合市场需求，利用地曳网诱捕技术，适时均衡上市。

授权企业

巴彦淖尔市纳林湖农林水产科技有限公司　韦春江　18847811999

鄂尔多斯市篇

鄂尔多斯红葱

登记证书编号：AGI03100

登记单位：鄂尔多斯市红葱协会

地域范围

鄂尔多斯红葱农产品地理标志保护的地域范围是鄂尔多斯市东胜区、达拉特旗、准格尔旗、鄂托克前旗、鄂托克旗、杭锦旗、乌审旗、伊金霍洛旗。覆盖 41 个镇，8 个乡（苏木），3 个街道办事处。地理坐标为东经 106° 42′ 40″ ~ 111° 27′ 20″，北纬 37° 35′ 24″ ~ 40° 51′ 40″。

品质特色

鄂尔多斯红葱与其他葱类型味相似，叶长圆锥形、深绿色、中空，成熟后被红褐色外皮包裹，呈长形，质地组织紧密、鲜嫩，口感浓香、辛辣。每百克产品中含蛋白质 1.8 ~ 2.9 g，膳食纤维 2.7 ~ 3.4 g，铁 3.4 ~ 5.7 mg，维生素 C3.7 ~ 4.6 mg。

人文历史

葱的品种有十几种，如叶黄鲜嫩的羊角葱，叶绿清甜的小葱，形美辛香的改良葱……但都没有红葱辛辣有味。红葱因表皮呈红色而得名。鄂尔多斯人爱吃红葱，农民也爱种红葱。金秋十月，无论是城市还是农村，人们总要忙忙碌碌地储备红葱，以便冬、春食用。这时，人们就会看到，一辆辆拉运红葱的汽车奔驰在公路上，或运到机关单位，或调往外地。农贸市场上出售红葱的叫卖声，也不绝于耳。城镇居民买到红葱后，便把它一束一束地扎起来，齐刷刷地码在墙根下或放到房檐上，让温煦的阳光慢慢地把它的表皮晒干，然后保存起来。红葱虽不怕冻，但冬天应减少对它的移动次数。否则破坏了葱的结构，便不好食用。俗话说："白葱炒菜，红葱做馅"。红葱的细胞里，含有大量的挥发性精油，叫葱蒜辣素，其味香辣，所以包饺子、做包子、吃馅饼，只要把它放进去，就会起到去腥解膻、改善滋味、促进食欲的作用。

生产特点

鄂尔多斯红葱的种植过程：采下鄂尔多斯红葱成熟的气生鳞茎或分株葱种，去除畸形、有病及破损种苗，选直径≥ 0.8 cm 的红葱作种用。通常选择 1 年以上轮作土地，每公顷施腐熟有机肥 5 000 kg 或磷酸钙 300 kg 混合堆沤，肥料与土充分混匀，忌重茬、蒜地和韭菜地，6 月中上旬开始定植。土壤整细，开沟行栽，行距约 30 ~ 40 cm，株距约 15 cm，每穴种 3 ~ 5 株，深度以埋住假茎 5 ~ 7 cm 为宜。整个生长周期，中耕除草 3 ~ 4 次，培土 2 ~ 3 次，培土间隔时间约为 15 ~ 20 d，葱白高约 6 ~ 7 cm 时培土 1 次。

收获和贮藏：每年的 10 月上旬、中旬为采收期，存储温度在 -6 ~ 7 ℃为佳，13 ℃以上储存时易受虫害、易变质，收获后晾晒于冷凉干燥处或低于 0 ℃以下保存，储存周期为 6 个月左右。

授权企业

内蒙古天籁农牧业有限公司　李文吉　13847132084

内蒙古红沙生物科技有限公司　林彦　18048277178

鄂尔多斯细毛羊

登记证书编号：AGI00067

登记单位：内蒙古乌审旗农牧业产业化办公室

地域范围

乌审旗是鄂尔多斯细毛羊的主产区，主要分布在鄂尔多斯市乌审旗6个苏木（镇），包括嘎鲁图镇、乌审召镇、图克镇、乌兰陶勒盖镇、无定河镇和苏力德苏木。地理坐标为东经108° 17′ ~ 109° 41′，北纬37° 38′ ~ 39° 23′。

品质特色

鄂尔多斯细毛羊属毛、皮、肉兼优型品种。羊毛细度均匀，有明显的正常弯曲，呈白色。成年公羊毛长11 cm，产毛10.9 kg，成年母羊毛长9.36 cm，产毛5.75 kg，羊毛细度以66支为主，净毛率50.9%。羊皮具有厚度好、弹性强、柔软性好等特点，是皮革制品的最佳原料。羊肉具有香味浓郁、鲜嫩多汁、无膻味、肥而不腻、色泽鲜美、肉层厚实紧凑、口感好等特点。

人文历史

20世纪50年代乌审旗就开始进行鄂尔多斯细毛羊的培育改良工作，1985年被内蒙古自治区人民政府正式命名为鄂尔多斯细毛羊。农业农村部将乌审旗列为“鄂尔多斯细

毛羊生产基地”。20 世纪 80 年代乌审旗确定了鄂尔多斯细毛羊走“毛肉双向型”培育方向，引进澳洲美利奴羊进行导血，建立澳美型细毛羊种羊培育场。1993 年经专家测试鉴定，新育成的鄂尔多斯细毛羊种羊在毛、肉生产性能等方面均达到了全国先进水平。到 20 世纪 90 年代末毛肉双向高产型鄂尔多斯细毛羊趋于成熟。2006 年鄂尔多斯市政府启动了“鄂尔多斯选育提高工程”，对鄂尔多斯细毛羊进行改良提高。2015 年乌审旗人民政府又把“鄂尔多斯细毛羊良种化率达 100%、‘十三五’末饲养量达 150 万只”，列入乌审旗国民经济发展“十三五”总体规划，为鄂尔多斯细毛羊产业科学发展明确了方向。

生产特点

鄂尔多斯细毛羊产区主要以天然带状草地为主，人工种植牧草主要有草木樨、沙打旺、紫花苜蓿、杨柴等优良品种，草原生态环境优良。黄河二级支流无定河流经乌审旗全境，其他季节性河流有纳林河、海流图河、白河等，境内有 70 多个湖泊，较大的有 16 个，农田、草场、牧场主要利用地下水资源灌溉。属温带极端大陆性气候，降水少，干旱多风且蒸发强，日照充足，无霜期短，无霜期平均为 140 ~ 150 d，年平均气温为 7.1 ℃，平均年降水量为 355.1 mm。鄂尔多斯细毛羊主要实行舍饲与放牧相结合的饲养方式，并根据季节性特点，灵活选择饲养方式，在冬春枯草季节以舍饲育肥为主。

授权企业

内蒙古伟业生态农牧业综合开发有限公司　王俊怀　17747747771

阿尔巴斯白绒山羊

登记证书编号：AGI00068

登记单位：内蒙古鄂托克旗阿尔巴斯绒山羊协会

地域范围

阿尔巴斯白绒山羊主要分布在鄂尔多斯市鄂托克旗 6 个苏木（镇），包括蒙西镇、棋盘井镇、阿尔巴斯苏木、乌兰镇、木凯淖镇和苏米图苏木，其中阿尔巴斯苏木是阿尔巴斯白绒山羊中心产区。地理坐标为东经 106° 41′ ~ 108° 54′，北纬 38° 18′ ~ 40° 11′。

品质特色

阿尔巴斯白绒山羊体质结实，结构匀称，背腰平直，后躯稍高，体长略大于体高，四肢端正有力，蹄质坚实。面部清秀，鼻梁微凹，眼大有神，两耳向两侧展开或半垂，有前额和下颌须，公母羊均有角，向后、上、外方向伸展呈倒“八”字形，尾短而小，向上翘立。全身被毛均为白色，光泽良好，分内外两层，外层为长粗毛，内层为细绒毛。绒山羊的主要产品是山羊绒和羊肉。阿尔巴斯白绒山羊毛长一般在 8 ~ 28 cm，绒毛长不低于 4 cm，细度 14 ~ 16 μm，净绒率为 60% 以上。山羊绒光泽明亮而柔软，手感光滑细腻。纤维强力和弹性好，含有微量易于脱落的碎皮屑。阿尔巴斯白绒山羊肉肌肉色泽鲜红或深红，有光泽，脂肪呈乳白色，肌纤维致密、坚实、有弹性、指压后的凹陷立即恢复。冻羊肉外表微干或有风干膜、不黏手。羊肉蛋白质含量为 21.3 g/100 g，多不饱和脂肪酸占总脂肪酸百分比为 12.04%，亚油酸占总脂肪酸百分比为 9.42%，胆固醇含量为 31.5 mg/100 g，组氨酸含量为 770 mg/100 g。

人文历史

阿尔巴斯白绒山羊是举世公认的珍贵畜种，是经过长期的自然选择和人工选育而形成的地方良种，是一流的绒肉兼用型品种，为内蒙古白绒山羊中优秀的群体。所产山羊绒因纤维细长、手感柔软、拉力大、光泽好、颜色正白、含异色毛少而享有“纤维钻石”和“软黄金”的美誉，曾获意大利“柴格纳”奖。凭借品质上乘的内蒙古白绒山羊绒，以鄂尔多斯集团为代表的一大批名牌企业，从高原走向了全国、走向了世界，成为了民族工业和地方经济的一大亮点。阿尔巴斯白绒山羊已被列入我国首批发布的动物遗传资源保护名录一级保护品种。

生产特点

鄂托克旗地处鄂尔多斯高原西部，属荒漠半荒漠地区，阿尔巴斯白绒山羊分布区主要有都斯图河和黄河过境两大水系，地下水资源丰富。产区为典型的大陆性气候，干旱少雨，风大沙多，使其具备了很强的抗逆性和极其广泛的采食性。阿尔巴斯白绒山羊的养殖坚持自繁自养，选养健康良种的公羊和母羊自行繁殖。以牧草为主要饲料，根据草场的不同情况，以及羊的年龄、性别、数量进行组群放牧，合理利用草场。在牧草枯死、营养下降或放牧采食不足的季节进行补饲。

授权企业

内蒙古亿维白绒山羊有限责任公司　王娜　15947656910

鄂托克阿尔巴斯山羊肉

登记证书编号：AGI01379

登记单位：鄂托克旗农牧业产业化综合服务中心

地域范围

鄂托克阿尔巴斯山羊肉农产品地理标志地域保护范围为鄂尔多斯市鄂托克旗全境，包括乌兰镇、棋盘井镇、蒙西镇、木凯淖镇、阿尔巴斯苏木和苏米图苏木 6 个苏木（镇），涉及 75 个嘎查的 367 个牧业小组，保护区总面积 3 150 万亩，地理坐标为东经 106° 41′ ~ 108° 54′，北纬 38° 18′ ~ 40° 11′。

品质特色

鄂托克阿尔巴斯山羊肉具有肉质鲜嫩多汁、香味浓郁、肥而不腻、肉层厚实紧凑，色、香、味俱全，牧民称之为“自带佐料”；具有高蛋白质、低脂肪、富含铁、胆固醇含量低、无膻味、风味独特等特点。其蛋白质含量高于 19%，脂肪含量只有 4.0% ~ 4.5%，是独具特色的极品山羊肉。

人文历史

鄂托克阿尔巴斯山羊品种历史久远，属古老的亚洲山羊的一支。上溯至新石器时代，鄂托克草原上的游牧民族就开始放养阿尔巴斯山羊，它是经过当地广大农牧民长期的饲养选育及自然进化而形成的珍稀地方优良畜种，因其最早发源于鄂托克旗阿尔巴斯苏木，故称为阿尔巴斯山羊。鄂托克阿尔巴斯山羊是世界一流的肉绒兼优型珍稀品种，其绒毛轻如云、白如雪、细如丝，在国际市场上被誉为“纤维宝石”“软黄金”，其品质被全球公认为是最好的，曾荣获意大利“柴格纳”奖。

生产特点

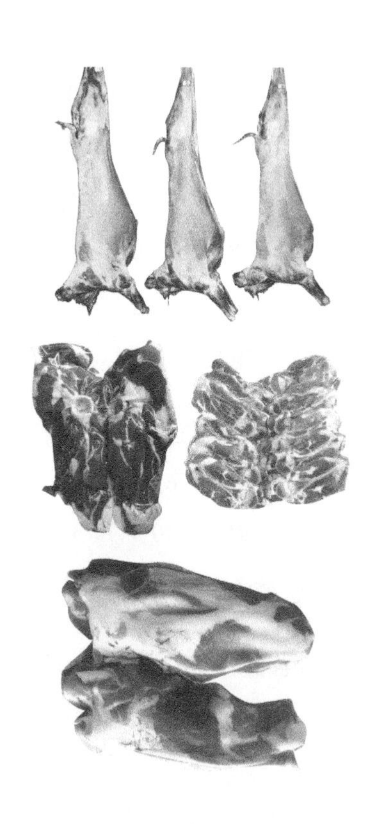

鄂托克旗地形复杂多样，地势东高西低，属荒漠半荒漠地区，平均海拔 1 300 m，地形复杂多样。土壤类型主要是风沙土和草甸栗钙土，土质较好，较适宜牧草的生长。养殖区内有都斯图河和黄河水系经过，地下水资源丰富，多为氯化钠类型或硫酸盐类型，矿化度 1 ~ 3 g/L，水质清澈无污染。鄂托克阿尔巴斯山羊养殖区域属于典型的温带半干旱草原气候，干旱少雨，年平均气温 3.9 ~ 6.8 ℃，无霜期 120 ~ 160 d，年降水量 40 ~ 400 mm，4—9 月为牧草生长期，光热资源良好。据资料分析表明，世界上的山羊基本是生活在北纬 35° ~ 55° 范围内，鄂托克旗位于北纬 38° ~ 40° ，非常适合阿尔巴斯山羊的繁殖发展。当地牧草草种优良，草原植被由旱生和广旱生植物群落组成，以多年生牧草和半灌木为主，有藏锦鸡儿、狭叶锦鸡儿、油蒿、冷蒿、叶茅、羊草、隐子草、沙竹、四合木、芨芨草等牧草，共有草种百余种，并有山葱等山羊喜食的植物。一些葱韭类牧草胱氨酸含量很高，是羊肉味美鲜嫩的重要因素。鄂托克阿尔巴斯山羊在无任何污染的环境中自然放牧，选育出了耐寒、耐粗、宜牧、肉质精良的品种，保持了纯天然的草原风味。

授权企业

鄂托克旗文旅产业投资公司（牧之源） 孔垂侠 13789473335

鄂尔多斯市蒙根商贸有限公司 乌汉图 15047312423

鄂托克旗查布其农牧民专业合作社 乌尼鄂尔 13150850333

鄂尔多斯市三羊牧业科技有限公司 王娜 15947656910

鄂托克旗苏米图基层供销合作社 塔拉 13947706789

鄂托克旗艾格种养殖农牧民专业合作社 阿拉腾布拉格 13654774807

鄂尔多斯市嘉远生态开发有限责任公司 王凯 13904777956

内蒙古牧优食品有限公司 裴金文 13947374489

内蒙古草绿农业科技发展有限责任公司 李宏政 15504720711

杭锦旗塔拉沟山羊肉

登记证书编号：AGI01945

登记单位：杭锦旗羚丰农牧业发展协会

地域范围

杭锦旗塔拉沟山羊肉农产品地理标志农产品保护范围为鄂尔多斯市西部7个乡镇（苏木）76个嘎查。地理坐标为东经106° 34′ 49.3″ ～ 109° 04′ 21.9″，北纬39° 22′ 7.8″ ～ 40° 47′ 37.5″。

品质特色

杭锦旗塔拉沟山羊体质结实，体躯结构良好，体高、十字部高相近，胸宽而深，呈长方形。四肢端正，蹄质坚硬。公羊、母羊都有角，个别无角，角形一致，向后、向外弯曲。被毛白色，闭合良好，密度适中，细度均匀。每百克杭锦旗塔拉沟山羊肉含胱氨酸0.15 ～ 0.3 g，磷134 ～ 195 mg，钾270 ～ 500 mg，钠45 ～ 60 mg，镁22 ～ 26 mg，硒3 ～ 6.9 μg，钙3 ～ 7 mg，蛋白质20 ～ 26 g，脂肪6 ～ 8 g，氨基酸总量15 ～ 18.5 g。

人文历史

杭锦旗塔拉沟是从1954年开始初级合作社化，到1962年入社牧户达到60% ～ 80%。1957年实行“母畜入社评分入股，按股分红”实现了牧业合作化。1959年推行“百母百仔”。伊克昭盟委下达《关于开展百母百仔运动的规定》。12月8日中共内蒙古委员会下达《内蒙古党委关于开展“百母百仔”运动指示》。1960年首次实现“百母百仔”，《内蒙古日报》《人民日报》赞誉“百母百仔”运动，指标制度一直沿用到1979年。鄂尔多斯市西北部绵羊改良最早始于1962年，引入宁夏中卫山羊50只，1972年引入阿尔巴斯白山羊80只，1980年开始，陆续引入辽宁盖县白绒山羊，1990年累计

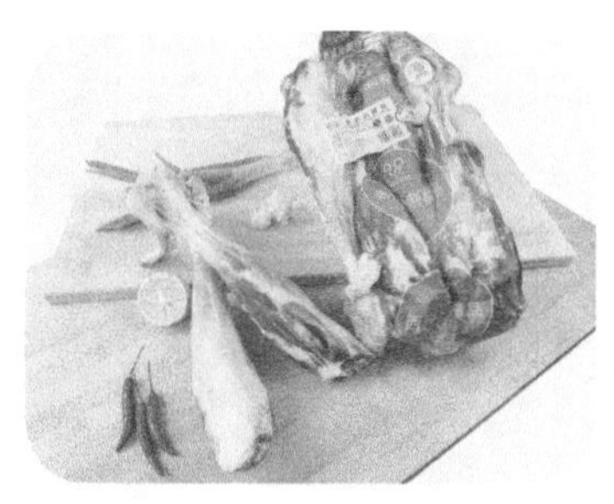

达1 500只，其中，母羊250只。建立6处山羊育种站，分布在杭锦旗境内部分苏木、乡。1990年，引入阿尔巴斯白山羊180只。2009年创建知名品牌的发展战略，2011年本土品牌被更多人熟知后，荣获“鄂尔多斯市知名商标”称号。

生产特点

杭锦旗塔拉沟羊的中心产区划定为杭锦旗独贵塔拉镇、塔然高勒管委会。杭锦旗塔拉沟羊适合干旱半干旱草原放牧加补饲条件下生长。冬春季节早晚补饲，提高怀孕母羊的营养需要和繁殖率，羔羊生产后3 ~ 4个月龄可断乳，补饲或短期育肥出栏。经过多年杂交改良选育而成的杭锦旗塔拉沟羊。杭锦旗塔拉沟羊适应性强、生长发育快、繁育率高、耐粗饲、适应性强、产肉性能高、肉质好，属养殖效益高的优质肉毛兼用品种。6月龄以上羯羊活重35 kg以上，6月龄以上母羊活重30 kg以上，18月龄羯羊活重70 kg以上，18月龄母羊活重50 kg以上。

授权企业

杭锦旗羚丰养殖专业合作社　王兰柱　15047780926

杭锦旗惠源养殖有限责任公司　高继军　15049456986

鄂尔多斯市万全种养殖有限责任公司　王有成　15326991037

杭锦旗兴牧养殖专业合作社　李占雄　15947595884

欣茂养殖专业合作社　王明　13904773849

杭锦旗金谷养殖场　谷岳坪　13847764788

鄂尔多斯市额尔定图畜牧专业合作社　额尔定图　13354779198

杭锦旗科嘉鑫养殖专业社　杜振荣　13848677467

东胜区羚丰牛羊肉经销店　徐扣　13847770476

风水梁獭兔

登记证书编号：AGI01948

登记单位：达拉特旗农畜产品质量安全检验检测中心

地域范围

风水梁獭兔农产品地理标志地域范围为鄂尔多斯市达拉特旗所辖白泥井镇和吉格斯太镇。地理坐标为东经 109° 10′ ～ 110° 45′ ，北纬 40° 00′ ～ 40° 30′ 。

品质特色

风水梁獭兔肌肉呈均匀鲜红色，脂肪呈白色或微黄色；肉质紧密、有坚实感；具有冻獭兔肉正常气味、无异味；煮沸后肉汤基本澄清透明；无肉眼可见异物。兔肉与其他畜禽肉相比，其营养成分具有四高四低特点（即高蛋白质、高赖氨酸、高卵磷脂、高消化率；低脂肪、低胆固醇、低尿酸、低热量），蛋白质含量 21.% ～ 24.5%、脂肪含量 2% ～ 8%，含有丰富的钙、铁等微量元素。肉质细嫩，易消化吸收，消化率达 85%。

人文历史

风水梁原名风干圪梁，位于达拉特旗白泥井镇中部，为一片荒漠。2005 年风水梁把獭兔养殖业确立为其主导产业，无偿为每户入住移民提供住房、兔舍、沼气池等基础设施，对养殖户实行保设施、保种兔、保饲料、保防疫、保销售的“五保”措施，让养殖户没有后顾之忧。2012 年风水梁獭兔通过了有机食品认证，2013 年初具规模的獭兔养殖产业让数以千计的农牧民脱贫致富。这里已经成为沙漠中的绿洲、全国闻名的新农村示范园区。目前，该村 2 314 户从事獭兔养殖，户均出栏 2 000 多只，养殖户年收入可达 6 万~ 8 万元，大户可达 10 万元以上。风水梁獭兔产业链已经基本形成，冷库、屠宰厂、饲料厂、兔肉食品深加工厂、皮草服饰加工厂等都已投入运营，年销售额达 40 多亿元。2014 年完成了有机食品认证三年过渡期，产品品质得到了保障，效益大幅提升，风水梁獭兔走上了以产业促发展的高速路。

生产特点

产地选择达拉特旗所辖白泥井镇、吉格斯太镇两个镇。獭兔生产、加工过程全部依据国家标准编制的内蒙古东达生物科技有限公司企业标准《速冻獭兔肉》（Q/NDDS 0001S—2012）规定执行。风水梁獭兔选种用体形好、被毛好、无疾病、采食正常的公兔、母兔。饲喂要定时定量，以采食全价颗粒饲料为主，更换饲料时要做饲料过渡，补充料为鲜苜蓿、煮黄豆、萝卜。按兔龄划分为仔兔、幼兔、青年兔、种公兔、种母兔进行分批管理。饲养员在平时的饲养过程中，要与兔场专业防疫人员共同做到“三查”“五看”“八注意”的《三五八疫情监测法》，按免疫程序有目的、有计划地对兔群应用药物进行预防和治疗，饲养员、兔舍、兔笼及用具应按消毒程序进行消毒。

授权企业

内蒙古东达生物科技有限公司　李耀峰　15949496880

乌审马

登记证书编号：AGI02803

登记单位：乌审旗红土地魅力草原农畜产品推广协会

地域范围

乌兰陶勒盖镇位于鄂尔多斯市乌审旗中东部，下辖 8 个嘎查（村、社区），分别为巴音敖包嘎查、巴音高勒嘎查、巴音希利嘎查、红旗村、胜利村、跃进村、前进村、查干塔拉社区；东西长 47 km，南北宽 40 km，总面积 1 389 km^2。地理坐标为东经 108° 50′ 07″ ~ 109° 26′ 11″，北纬 38° 30′ 29″ ~ 38° 56′ 48″。

品质特色

乌审马体质干燥，体格较小，肩稍长，尻较宽，蹄广而薄。母马在哺育期间可产奶 300 ~ 400 kg，奶质优良。成年公马平均体高、体长、胸围和管围分别为：123.9 cm、125.7 cm、145.7 cm、16.3 cm，成年母马分别为：120.5 cm、125.9 cm、140.8 cm、15.6 cm。马奶蛋白质含量 2.0% ~ 4.0%，乳糖 5.0% ~ 8.6%，脂肪 1.6% ~ 3.5%，有丰富的氨基酸及丰富的维生素 A、维生素 B_1、维生素 B_2、维生素 B_6、维生素 B_{12}、维生素 C、维生素 E、维生素 F、维生素 P、维生素 H、叶酸等，马奶成分相似于人乳。酸马奶含酵母很多，每千克中的含量相当于 30 ~ 50 g 医疗用酵母，所以能增进食欲、活化胰腺机能、促进消化。

人文历史

乌审马作为蒙古马四大品种之一，历史悠久，耐粗饲又能适应当地荒漠草原环境，抗病力强、短小精干、清秀机敏、戈壁沙地行走如飞。乌审旗是成吉思汗温都根察干神马诞生地，解放战争时期乌审旗西部牧民曾赠送延安一批战马，毛泽东骑的白马就是乌审马。乌审旗农牧民生活中形成了钉马掌、烙马印、马鬃加工、马具制作、马奶节等具有区域特色的活动，营造了底蕴深厚的马背文化氛围，呈现出多彩多样的乌审马文化。截至 2020 年，乌审马数量已发展到 3 800 多匹，种群正在壮大。

生产特点

乌审马产地在北纬 38° 的毛乌素沙漠腹地——乌兰陶勒盖镇内，该地草原茂盛，水源丰富，乌审马群以每匹种公马所管控的马匹数量为基本单位，大概由 15 ～ 20 匹育龄母马和 20 ～ 30 匹小岁子马和骟马组成，种公马最佳交配年龄为 5 ～ 9 岁，交配年龄能持续到 15 岁。母马的发情受胎期为每年的 6—8 月，孕期为 11 个月，平均 333 d 左右。养殖方式有散养和圈养两种，根据植被的结构、长势，草料的储备供应，季节等情况变换。夏秋季节野外散放多，迅速长膘，冬春季节圈养和散放结合，合理保膘。适时舔啃天然盐、碱补充矿物质。储备干草料是在秋天处暑节气刚过后野草还没有枯黄之前收割捆干。雨水季节乌审马喜欢在水滩里吃草，俗有“水马旱羊”之说。自我调理与自愈能力很强，很少患病，也会因为过度骑乘、出汗后着凉、饮食失调等原因患病或受内外损伤。经验老到的牧马人很会把握季节时令和乌审马生理习惯，及时调理预防和治疗。

授权企业

乌审旗文贡塔拉养殖专业合作社　苏雅拉满都呼　13847720036

乌审草原红牛

登记证书编号：AGI02262

登记单位：内蒙古乌审旗农牧业产业化办公室

地域范围

乌审草原红牛地域保护范围位于鄂尔多斯市乌审旗所辖的无定河镇、苏力德苏木、嘎鲁图镇、乌兰陶勒盖镇、乌审召镇、图克镇，共计6个苏木镇、61个嘎查村、409个社。地理坐标为东经108° 17′ 36″ ～ 109° 40′ 22″ ，北纬37° 38′ 54″ ～ 39° 23′ 50″ 。

品质特色

乌审草原红牛被毛为枣红色或红色，腹下或乳房有小片白斑。体格中等，头较轻，大多数有角，角多伸向前外方，呈倒“八”字形，略向内弯曲。胸宽深，背腰平直，四肢端正，蹄质结实，平均体重150 kg。每百克肉中含蛋白质18 ～ 24 g，脂肪2 ～ 8 g，

磷 120 ~ 230 mg，钾 240 ~ 390 mg，钠 40 ~ 60 mg，16 种氨基酸总量 10 ~ 24 g，不饱和脂肪酸中油酸 C1∶1n9c 含量较高。

人文历史

乌审旗是少数民族地区，民族以蒙古族为主体，汉族占大多数，民族历史文化底蕴深厚，是中国革命运动“独贵龙”运动的发源地之一。乌审草原红牛是以当地蒙古牛为母本，以英国短角牛品种为父本，应用杂交育种技术培育出的特有的新品种肉牛。2017 年，乌审草原红牛年出栏为 4 万头。

生产特点

乌审草原红牛的产地位于乌审旗毛乌素沙地和草原，空气清新，水草丰美，周围无明显及潜在的污染源，有清洁水源供乌审草原红牛饮用。生产加工所用乌审草原红牛吸收了父本牛的特点，性情温驯，体质强健，早熟易肥，肉质肥美，又具有蒙古牛适应性强、耐粗饲、耐寒、抗病力强、易于放牧等优良特点。养殖过程中以自然放牧为主，可在牧场贮备干草及青贮饲料以备在雨、雪等自然条件不允许外出放牧时进行补饲。冬春季管理：冬春季牧区寒冷，畜群主要采食牧场的干草，要建设规范的棚舍进行防寒。放牧时要适当晚出早归，充分利用中午时间增加牛的采食量。

授权企业

内蒙古伟业生态农牧业综合开发有限公司

王俊怀　17747747771

乌审旗皇香猪

登记证书编号：AGI01947

登记单位：内蒙古乌审旗农牧业产业化办公室

地域范围

乌审旗皇香猪地域保护范围位于鄂尔多斯市乌审旗苏力德苏木、无定河镇、嘎鲁图镇、乌兰陶勒盖镇、乌审召镇、图克镇等6个苏木（镇）61个嘎查（村）。地理坐标为东经108° 17′ 36″ ～ 109° 40′ 22″，北纬37° 38′ 54″ ～ 39° 23′ 50″。

品质特色

乌审皇香猪体格较大，被毛黑白相间，头部直长，额部有皱纹，两耳较大前倾或稍下垂，颈肩部结合良好，背腰平直，中躯较长，腹较大，腿臀丰满，肢蹄结实，乳头平均7对，分布均匀。外形体格较大、腿长、嘴大、耳朵大，奔跑能力明显强于其他猪，肌肉发达，能很好地适应北方夏季高温和冬季寒冷的气候条件。乌审旗皇香猪肉味道鲜美、口感细腻每百克猪肉中含蛋白质18 ～ 19 g，磷180 ～ 190 mg，钾290 ～ 300 mg，钠40 ～ 50 mg，铁0.6 ～ 0.7 mg，钙4 ～ 5 mg，锌2 ～ 3 mg，硒5 ～ 6 μg，不饱和脂肪酸9 ～ 10 g。

人文历史

传说东晋十六国时期，匈奴族首领赫连勃勃在水草丰美的毛乌素无定河畔建立了大夏国国都——统万城（今乌审旗无定河镇境内），统治者从周边各地征调牛、羊、猪供城内民众贸易和食用，很大一部分是从鄂尔多斯乌审旗征调的。清朝康熙年间，康熙皇帝西征噶尔丹叛乱，吃了当地的猪肉，认为“香”，养猪户就把所养猪叫成“皇香猪”。1965 年时任内蒙古自治区人民政府主席的乌兰夫来到乌审旗视察，品尝乌审旗特产猪肉后称赞有加。1966 年时任国务院副总理陈毅陪同马里贵宾参观乌审旗，称这是“塞外江南”独一无二的美味佳肴。席间，陈毅副总理对乌审旗生态建设有感而发，当场赋诗一首，对乌审旗的生态建设成果评价极高。

生产特点

乌审皇香猪产地位于鄂尔多斯高原向黄土高原过渡的洼地中，内蒙古最南端，地处毛乌素沙地腹部，九曲黄河三面环抱，温带大陆性季风气候，独特的水、土、光照、气候等自然资源适合农畜产品的生产。品种选择 20 世纪 70 年代前河套大耳猪种系，从 70 年代后开始改良杂交，公猪品种以本地黑猪（河套大耳猪血统）与杜洛克杂交，形成了自成体系的乌审皇香猪。乌审皇香猪养殖以乌审旗当地绿色食品原料标准化生产基地的玉米、紫花苜蓿、马铃薯为主料，自配饲料进行养殖，猪饲料中紫花苜蓿的比例达到了 17% ~ 23%。采取舍饲圈养，多数农牧户采取的是草地、沙地、林地散养和舍饲圈养相结合的方式。现已建立特有的良种繁育体系，在全旗 6 个苏木镇均建有父母代种猪繁育场。

授权企业

鄂尔多斯市双康农牧业开发有限责任公司　陈静霞　15934982468

鄂托克螺旋藻

登记证书编号：AGI00766

登记单位：鄂托克旗螺旋藻行业协会

地域范围

鄂托克旗螺旋藻农产品地理标志地域保护范围为鄂尔多斯市鄂托克旗螺旋藻产业园区，产业园区位于鄂托克旗哈马太嘎查境内，地理坐标为东经 108° 01′ 25″ ~ 108° 01′ 34″ ，北纬 39° 05′ 11″ ~ 39° 09′ 06″ 。

品质特色

鄂托克螺旋藻是一类低等植物，属于蓝藻门颤藻科。蓝藻的细胞结构原始，且非常简单，是地球上最早出现的光合作用生物，距今已有 35 亿年。鄂托克旗螺旋藻生长于水体中，呈蓝绿色或墨绿色，在显微镜下可见其形态为螺旋丝状，故而得名。鄂托克螺旋藻是优秀的纯天然蛋白质食品源，蛋白质含量高达 60% ~ 70%，且含有丰富的叶绿素与大量的 γ - 亚麻酸。鄂托克旗螺旋藻含有特有的藻蓝蛋白和螺旋藻多糖，并富含维生素 B_1、维生素 B_2、维生素 B_6、维生素 B_{12}、维生素 E、维生素 K 等，以及锌、铁、钾、钙、镁、磷、硒、碘等。螺旋藻中脂肪含量只有 5%，且不含胆固醇，可使人在补充蛋白质时避免摄入过多热量，具有很高的营养价值和药用保健功效。

人文历史

1996 年内蒙古农业大学教授乔辰带领螺旋藻课题组对鄂尔多斯沙区碱湖进行考察，在鄂托克旗的察汗淖尔碱湖发现天然钝顶螺旋藻。2003 年鄂托克旗依托资源优势，本

土企业自主发展方式积极发展螺旋藻产业。2009 年依托鄂托克旗得天独厚的地理位置、天然碱资源和优质水源等优势，当地着手规划建设螺旋藻产业园区，打造“中国藻都”。经过发展螺旋藻产业产能已达到全国生产能力的一半左右，形成了产业规模优势。

生产特点

鄂托克螺旋藻养殖园区自然环境属于典型的大陆性气候，干旱少雨，风大沙多，夏季炎热干燥，冬季寒冷，年日光照时数在 2 900 ~ 3 200 h，年平均气温 3.9 ~ 6.8 ℃，无霜期 120 ~ 160 d，年降水量 40 ~ 400 mm，光、热资源良好，紫外线强烈，气候生态适宜螺旋藻生产。螺旋藻的养殖生产分为养殖投料、放液、收藻、洗藻、藻泥烘干、筛粉、包装等 7 个环节。养殖投料使用符合生活饮用标准的水，选用合格的小苏打及农用肥料养殖投料；大棚养殖藻液经 3 ~ 5 d 生长成熟后便可放液收藻；洗藻泥次数依据季节确定，使总碱含量小于 0.1%，藻粉灰分含量控制在 7% 以下，藻泥存放时间不超过 2 h，以确保烘干藻粉细菌不超标。藻泥烘干使螺旋藻粉含水控制在 8% 以下，产品颜色为深墨绿色；筛粉要做到人与物料分离，包装用内膜袋直接通至筛粉口。

授权企业

鄂尔多斯市加力螺旋藻业有限责任公司　张宏伟　18647748666

鄂托克旗康晟藻业有限责任公司　高奋明　13847786999

鄂尔多斯市绿蚨源生物科技有限公司　宝俊刚　15894918754

内蒙古再回首生物工程有限公司　苏勇宁　13904777162

内蒙古蓝一生物科技有限公司　张德智　13905181274

内蒙古怡健蓝藻有限责任公司　张德智　13905181274

鄂尔多斯市新宇力藻业有限公司　韩晓勇　18947793939

鄂尔多斯黄河鲤鱼

登记证书编号：AGI01503

登记单位：鄂尔多斯市水产管理站

地域范围

鄂尔多斯黄河鲤鱼保护地域是鄂尔多斯市的达拉特旗、杭锦旗、准格尔旗和鄂托克旗黄河沿岸地区（以下简称黄河四旗），总面积 419 154.73 hm^2。地理坐标为东经 106° 41′ ~ 110° 27′，北纬 38° 18′ ~ 40° 52′。

品质特色

鄂尔多斯黄河鲤鱼体态丰满，体形纺锤状，扁长而肥，头小尾短，背脊高宽，腹部肥大。鳞大，背部鳞色呈淡黄褐色，体侧鳞色金黄。刚出水时，胸、腹、臀、尾各鳍均呈金黄色和橘红色。鲜鱼样品中水分含量 78.3% ~ 82.2%，蛋白质 17.1% ~ 17.5%，脂肪 1.5% ~ 2.5%，钠 37.4 ~ 77.8 mg/100 g，钙 11.8 ~ 34.7 mg/100g，铜 0.48 ~ 0.77 mg/kg，锌 9.2 ~ 15.2 mg/kg，铁 0.81 ~ 1.2 mg/100 g，锰 0.01 ~ 0.03 mg/100 g。其蛋白质的利用率高达 90% 以上，且鱼肉松软，易消化吸收。

人文历史

据《伊克昭盟志》记载，在中华人民共和国成立前，伊克昭盟（鄂尔多斯市的旧称）有些零散的渔业捕捞，局限在杭锦旗、达拉特旗和准格尔旗，这些地方靠近河畔的农家有捕食黄河鲤鱼的习惯。“打鱼划划渡口船，海海漫漫达拉滩”，就是对这种捕捞生产的反映。黄河鲤鱼在历史上曾作为贡品上贡朝廷。辽代自圣宗帝起，直至天祚皇帝，年年千里迢迢，自宫而出，群臣簇拥，嫔妃随行，于黄河岸边安营扎寨，就春寒料峭之风，凿冰取鱼，祭天、祭地、祭祖先，举行“头鱼宴”。

生产特点

鄂尔多斯市现有池塘面积约 3 109 hm^2。养殖用水主要是黄河水，少量为地下水补给。黄河内蒙古鄂尔多斯段水为弱碱性水质。鄂尔多斯市属于典型的温带大陆性气候，日照丰富，四季分明，无霜期短，降水少且时空分布极为不均，蒸发量大，年日照时数为 2 716 ～ 3 194 h，平均年降水量 348.3 mm，降水多集中于 7—9 月，占全年降水量的 70% 左右，无霜期 130 ～ 160 d。黄河鲤鱼对生活环境适应性强，食性粗犷，在天然条件下以虾、虫、螺、蚌、水草、藻类为饵，喜于水草丛中，流速缓慢的松软河底游动，常栖息水底，很少上浮。有生殖洄游习性，4—8 月游于河滩浅水处产卵，受精卵黏附于水草上，3 ～ 5 日孵化，生长较快，且雌鲤生长速度快于雄鲤。人工饲养黄河鲤鱼的池塘以长方形为主，池子方向一般以东西向为好，既增加池塘受光面积，提高水温，同时又增大池水受风面积，有利于池水增氧。池底应平坦，略向排水方向倾斜，池塘的进、排水系统要完善，具备防漏、防逃、过滤等设施。

授权企业

鄂尔多斯市黄河古道渔苇业有限责任公司　杨云华　13327063821

乌审旗隆达水产养殖有限责任公司　王虎头　13947736000

鄂尔多斯黄河鲶鱼

登记证书编号：AGI01504

登记单位：鄂尔多斯市水产管理站

地域范围

鄂尔多斯黄河鲶鱼农产品地理标志保护地域为鄂尔多斯市的达拉特旗、杭锦旗、准格尔旗、鄂托克旗沿黄河地区（以下简称黄河四旗）。地理坐标为东经 106° 41′ ~ 110° 27′，北纬 38° 18′ ~ 40° 52′。

品质特色

鄂尔多斯黄河鲶鱼鱼体修长，体前部较宽，后部侧扁；头大而圆，吻纵偏，眼小；颌须、颏须各 1 对，颌须特长，向后延伸超过胸鳍后缘，颏须短；鼻孔两对，前鼻孔

呈管状，后鼻孔为裂缝状，前后两对鼻孔相隔较远；口裂较浅，中上位；背部黄褐色，体侧色浅，有不规则灰褐色斑纹，腹部灰白色；犁骨齿带为2条；背鳍条数在78根以上；背鳍小，无硬棘，第二根鳍条最长。蛋白质含量13.5% ~ 14.6%，脂肪含量1.8% ~ 2.5%，并含有钠、钙、铜、锌、铁、锰等，以味美、肉多刺少、肉质细嫩著称。

人文历史

阴历五月，正值豌豆开花时节，鲶鱼最肥，鄂尔多斯市有“五月鲶鱼活人参”之说，多年来黄河鲶鱼价格一直居高不下；黄河鲶鱼还兼有一定的药用价值，主治水肿、乳汁不足。鲶鱼身上最香美的部分是尾巴，人们常说：“鲶鱼尾巴鲤鱼头”。每年3—4月，境内黄河流域冰雪消融的开河时节，人们把捕到的鱼称为“开河鱼”，那时黄河鲶鱼更是身价倍增，每千克鱼价达200元以上。

生产特点

鄂尔多斯市黄河四旗地域总面积419 154.73 hm^2，现有面积池塘约3 109 hm^2。养殖用水是黄河水，少量地下水补给，弱碱性水质。鄂尔多斯黄河鲶鱼属广温性鱼类，有耐低温的特性，生活水温范围0 ~ 32 ℃，适宜生长水温为12 ~ 28 ℃，最适生长水温20 ~ 28 ℃。鄂尔多斯黄河鲶鱼在pH值7.0 ~ 9.4，总含盐量为1‰ ~ 10‰的水体中均能够正常地生活、生长，有较强的抗盐碱性能。天然条件下，以小鱼、虾、河蚌和水生昆虫等水生动物为主要食物，经人工驯化后可摄食人工配合饲料。人工饲养鄂尔多斯黄河鲶鱼的池塘池形以长方形为主，池子方向一般以东西向为好，既增加池塘受光面积，提高水温，同时增大池水受风面积，有利于池水增氧。池底应平坦，略向排水方向倾斜，池塘的进水、排水系统要完善，具备防漏、防逃、过滤等设施。

授权企业

鄂尔多斯市黄河古道渔苇业有限责任公司　杨云华　13327063821

乌审旗隆达水产养殖有限责任公司　王虎头　13947736000

巴图湾甲鱼

登记证书编号：AGI01949

登记单位：内蒙古乌审旗农牧业产业化办公室

地域范围

巴图湾水库位于鄂尔多斯市乌审旗境内，无定河镇巴图湾村西约 200 m 处，距旗政府所在地嘎鲁图镇 90 km。水库地处毛乌素沙漠南部边缘，黄河一级支流无定河的上游 181.9 km 处，水库水域面积 9.2 km^2，库容量 1 亿 m^3。地理坐标为东经 108° 38′ 38″ ~ 108° 46′ 45″ ，北纬 37° 53′ 46″ ~ 37° 58′ 34″ 。

品质特色

据数次产品质量检测报告显示，巴图湾甲鱼与普通甲鱼内在品质不同的是巴图湾甲鱼提高机体免疫的功能更胜一筹。巴图湾甲鱼中含铁质、叶酸等元素较普通甲鱼高，能旺盛造血功能，有助于提高运动员的耐力和消除疲劳。每百克甲鱼肉中含蛋白质 12 ~ 16 g，钾 160 ~ 220 mg，钠 90 ~ 150 mg，铁 1.6 ~ 3.5 mg，硒 10 ~ 20 μg，磷 80 ~ 200 mg，钙 20 ~ 80 mg，不饱和脂肪酸总量 0.1 ~ 0.8 g。

人文历史

传说天洪地荒时期，巴图湾一带河湖广布，草青树绿，甲鱼祖祖辈辈在这里栖息。一天，海龙王去巴图湾游玩，因误食野果中毒，呕吐不止，恰巧迎面走来一位道人，道人边用酒葫芦喝酒，边向龙王问话。龙王正在责骂野果，骂到激动处瞬间张开大嘴，吐出一条波涛汹涌的大河，向野果冲去。野果哆嗦着，威逼上百个巨大的双头甲鱼去抵挡洪水。甲鱼力不从心，号啕大哭。道人拿出神网，把甲鱼从水里抢救出来。甲鱼为酬谢救命恩人，把自己当作补品，供人们食用。乾隆皇帝听说巴图湾的甲鱼受过道人的造化，趁去陕西榆林巡游之机，特意来到巴图湾摆了一桌甲鱼宴。从此，个儿大、肥香、益寿的巴图湾甲鱼便名声远扬。

生产特点

巴图湾甲鱼生长于巴图湾水库中。每年分春秋两次放养，以秋放为主，秋放鱼种量为总放养量的 70%。有条件时可采用轮捕方法。设专人每天巡视水库四周，观察水质，水位变化及鱼类活动情况。保证鱼类健康生长。每年春季放养的甲鱼种秋季可以起捕，秋季放养的甲鱼种翌年夏秋季可起捕。捕甲鱼方法，除笼捕法和网捕法外，还购进网箔和底层诱捕网具。达到随时起网随时有甲鱼，什么时间价格高什么时间大量起捕的状态，捕大留小，可提高经济效益。

授权企业

内蒙古巴图湾渔业有限责任公司　王贤君　13948672051

巴图湾鲤鱼

登记证书编号：AGI01950

登记单位：内蒙古乌审旗农牧业产业化办公室

地域范围

巴图湾水库位于鄂尔多斯市乌审旗境内，无定河镇巴图湾村西约 200 m 处，距旗政府所在地嘎鲁图镇 90 km。水库地处毛乌素沙漠南部边缘，黄河一级支流无定河的上游 181.9 km 处，水库水域面积 9.2 km^2，库容量 1 亿 m^3。地理坐标为东经 108° 38′ 38″ ~ 108° 46′ 45″ ，北纬 37° 53′ 46″ ~ 37° 58′ 34″ 。

品质特色

巴图湾鲤鱼在外观、颜色、风味、口感、营养成分等方面均异于当地及周边地区同类鱼种，肉质细嫩鲜美。每百克鱼肉中含蛋白质 17.8 ~ 19 g，钾 300 ~ 460 mg，钠 51 ~ 60 mg，铁 0.6 ~ 0.8 mg，硒 400 ~ 500 μg，磷 160 ~ 250 mg，钙 12 ~ 15 mg。

人文历史

巴图湾水库位于乌审旗无定河镇，萨拉乌苏河从西北蜿蜒而来，在这里轻轻一拐，形成了两个连接的湖湾，可延伸 40 km，有鲤鱼、草鱼、鲢鱼、大银鱼、白条鱼等多种鱼类。1965 年时任内蒙古自治区人民政府主席乌兰夫来乌审旗视察，品尝巴图湾鲤鱼后称赞巴图湾鲤鱼在现在和将来都是内蒙古人民的一笔宝贵财富。1966 年时任国务院副总理陈毅陪同马里贵宾参观乌审旗，贵宾们一致评价这是本地独一无二的美味佳肴。

生产特点

巴图湾鲤鱼的养殖区位于著名的毛乌素沙地无定河流域的巴图湾水库，水源清新、水面宽，活水养鱼，水源及水库周围都没有任何工矿企业、农业及生活污染源。水体透明度为 100 ~ 150 cm，pH 值 7.5 ~ 8.5，水体溶氧量 7.54 mg/L，正常水位平均水深 14 ~ 24 m，枯水期水深 10 m 左右。品种为巴图湾水库内盛产的天然鲤鱼等鱼种。选择水流平缓，库汊口子小，底部平坦、离坝墙较近的两岸坚实而又平坦的沙坡安装拦网。两岸设计两道拦网，拉网长 200 m，宽 14 m，拉网用尼龙材料做成，拉网上有 50 cm 的柱形泡沫浮子。拉网下设有水泥坠子，保证鱼苗及鱼跑不出水库。实行人工投放鱼苗和自然生态养殖的方式，根据季节调节水温，提高成活率。装运活鱼用水的水质符合《无公害食品　淡水养殖用水水质》（NY5051—2017）标准。没有售出的商品鱼在定置网的网箱中或放入活水网箱中暂养或冷库中存放。

授权企业

内蒙古巴图湾渔业有限责任公司　王贤君　13948672051

乌海市

乌海葡萄

登记证书编号：AGI00003

登记单位：乌海市植保植检站

地域范围

乌海葡萄农产品地理标志地域保护范围包括乌海市整个辖区。乌海市位于内蒙古西南部，地处黄河流域，东接鄂尔多斯高原，西靠贺兰山的余脉——五虎山，北起乌兰布和沙漠的东南边缘，南至银川平原，辖区共有 5 个涉农镇（办事处）。地理坐标为东经 106° 36′ ~ 107° 06′，北纬 39° 15′ ~ 39° 52′。

品质特色

乌海葡萄可溶性固形物含量高，最高值可达 28.4%，平均值为 21.4%，大部分产品可溶性固形物含量超过我国现行标准葡萄营养品质数据库平均值。乌海葡萄总糖含量高，最高值可达 23.25%，平均值为 17.06%。乌海葡萄总酸含量适中，平均值为 0.52%，酸含量分布范围较为平均；固酸比较高，平均值为 44；维生素 C 含量符合一般葡萄代表值；花青素含量丰富，尤其紫黑色葡萄的花青素含量居水果前列。乌海酿酒葡萄多酚含量较高，鲜食葡萄多酚含量较低，所以，鲜食品种涩味相对少，食用口感更佳。

人文历史

1950 年，一家姓马的农户在乌海移植成活第一株葡萄之后，乌海与葡萄结缘，葡萄开始进入居民庭院栽培；20 世纪 60 年代初，一批立志献身大漠戈壁农林事业的青年人揣摩着这方水土的“脾性”，把目光集中在葡萄上，把葡萄迁出庭院大面积种植；1976 年乌海建市，市委向全市人民提出大面积种植葡萄的口号，并从吐鲁番引进优质苗木，建成 60 亩无核白葡萄园，希望把乌海建成塞上吐鲁番，葡萄城的梦想开始实施；1985 年市委作出《关于加速发展葡萄种植业建立葡萄商品生产基地若干问题的决定》，与此同时，成立了乌海市葡萄商品生产基地指挥部，研究总结出了适宜乌海地区和其他西北干旱荒漠地区规范化的葡萄速生丰产技术，使得葡萄走出庭院成为乌海市种植事业的一次跨越，到 1990 年，全市建成葡萄基地 8 000 余亩，为乌海葡萄的发展奠定了坚实的基础；2000 年乌海市把葡萄产业正式列入乌海市国民经济“十五”规划，不断出台鼓励葡萄产业发展的优惠政策，葡萄产业取得了长足发展，种植面积达到 3 万多亩，“葡萄之乡”已成为乌海市六大名片之一。目前，全市从事葡萄种植、加工、流通、保鲜的企业和专业合作社达 60 多家，建成了以汉森、阳光田宇、吉奥尼和云飞等为代表的一批沙漠原生态葡萄酒庄，葡萄产业带动了葡萄园、葡萄酒庄、葡萄酒博物馆等以葡萄为主题的旅游文化产业的发展，形成了差异化、个性化、集群化的葡萄种植与葡萄酒生产、特色文化旅游相结合的产业新模式。目前，乌海市已建成以葡萄为主的农业休闲观光园 30 多

处，汉森酒庄、阳光田宇国际酒庄分别被评为国家 3A、4A 级旅游景区，年接待游客 20 多万人次。

生产特点

乌海地区因黄河流经而分成河东、河西两部分，土壤大部分为灰漠土、棕钙土，含有丰富的有机质和矿物质。乌海市河流均属于黄河水系。黄河是乌海市农业用水的主要水源，黄河在灌水期的水温为 14 ~ 22 ℃，矿化度 1 g/L，农业种植灌溉便利。乌海市地处大陆深处，是显著的大陆性气候，日照时间长，太阳辐射强，昼夜温差大，气候干燥，风沙大，年平均气温 9.0 ~ 9.2 ℃，无霜期 156 ~ 165 d，对葡萄的种植极为有利。乌海葡萄的种植对土壤有特殊要求，以砂壤土、壤土为宜，对渗漏较重，持水率差的砾质土

要进行改良。适宜种植品种有阳光玫瑰、玫瑰香、红地球、森田尼等，生长过程中进行修剪、施肥、灌溉。酿酒葡萄滴定总酸含量达到 6 ~ 7 g/L 时采摘，一般选晴天采收，果实采后及时装车，在 12 h 内运至酒厂压榨，以保持果实新鲜及酿造要求。

授权企业

乌海市云飞农业种养科技有限公司　魏通　13644731511

内蒙古吉奥尼葡萄酒业有限责任公司　石波　18047349977

乌海市绿农永胜农民专业合作社　郭永胜　13847334194

乌海市蒙根花农牧业科技开发有限公司　付满　18247358123

内蒙古森泰农业有限责任公司　董芸　15304737658

乌海市田野农业科技有限责任公司　张建梅　13847350321

内蒙古阳光田宇农业科技发展有限责任公司　李明雪　15389731207

阿拉善盟

额济纳蜜瓜

登记证书编号：AGI02172

登记单位：额济纳旗农业技术推广中心

地域范围

额济纳蜜瓜农产品地理标志保护区域范围为阿拉善盟额济纳旗所辖达来呼布镇、东风镇、哈日布日格德音乌拉镇、赛汉陶来苏木、马鬃山苏木、苏泊淖尔苏木、巴彦陶来苏木、温图高勒苏木，共计 8 个苏木（镇）19 个嘎查（村）。地理坐标为东经 97° 10′ 23″ ~ 103° 07′ 15″，北纬 39° 52′ 20″ ~ 42° 47′ 20″。

品质特色

额济纳蜜瓜个大、形美，瓜肉色如晶玉，外形呈长卵圆形，单果重 2 ~ 3 kg，皮色为绿色、金黄色，果柄处布有粗网纹，瓜肉甘美肥厚，细脆爽口，质细多汁，果肉脆甜，香甜可口，黏口黏手，内含可溶性总糖≥ 12.0%，蛋白质≥ 1.0%，维生素 C ≥ 25 mg/100 g，粗纤维 >0.15%，钙 >24.6 mg/kg，铁 >3.12 mg/kg，锌 >1.24 mg/kg。

人文历史

额济纳蜜瓜从 20 世纪 90 年代开始种植，已有 20 多年的种植历史。特殊的地理、气候条件、土壤资源以及优质的地下水，为哈密瓜的发展提供了得天独厚的条件，种植出的哈密瓜含糖量高，口感清爽脆甜，食用品质好，在市场上很受欢迎，是经济效益较高的作物。2015 年，额济纳旗完成了 12 000 亩无公害蜜瓜基地的认证，实现了年产无公害蜜瓜 2.5 万 t 的目标，拓宽了蜜瓜产业链，为今后蜜瓜产业的进一步发展奠定了坚实的基础。2017 年，阿拉善盟额济纳旗蜜瓜总生产面积超 4 000 hm^2，年总产量超 11 万 t。

生产特点

土壤选择：选择中等以上肥力土壤，以壤土或砂壤土为好，土层应深厚肥沃、保水保肥、排水良好。土壤有机质含量 >1.0%，总盐含量 <0.5%，土壤酸碱度 pH 值 7 ~ 8。品种选择：宜选择品种产量高、品质优、抗逆性较强、商品性好、适应市场要求、适合额济纳旗自然气候条件的优良品种，为确保额济纳蜜瓜优质、高产、高效益，要对哈密瓜的整个生育期做好系统的管理工作，重点在施肥、浇水。采收：采收的果实中心糖度应达到 15% 以上，全网纹时进行采收，采收时应留果柄而且是丁字把，然后人工每次两个，一手一个抱出瓜田。精细采收分级和处理，减免机械伤，入库前贮藏场所消毒，控制适宜的贮藏温度和较低的相对湿度。每个密瓜种植地块都有记录，其内容包括：投入品来源、农家肥无害化处理情况、种子品种、耕地深翻及伏晒情况和时间、种植时间以及中耕除草等田间管理和收获时间。

授权企业

额济纳旗邮乐一家农业科技有限公司　刘勇　18604834518

阿拉善沙葱

登记证书编号：AGI02176

登记单位：阿拉善盟农业技术推广中心

地域范围

阿拉善沙葱保护范围为阿拉善盟全域，包括阿拉善左旗、阿拉善右旗、额济纳旗共22个苏木（镇），137个嘎查（村）。地理坐标为东经97° 10′ ~ 106° 52′，北纬37° 21′ ~ 42° 47′。

品质特色

沙葱植株直立簇状，叶片细长圆柱状，叶色浓绿，叶表覆一层灰白色薄膜；叶鞘白色，圆筒状。叶片含纤维素极少，干旱条件下叶片纤维素多，食用性变差。沙葱中铜含量为1.1 ~ 2.4 mg/100g，铁含量为8.7 ~ 16 mg/kg，锌含量为1.4 ~ 2.2 mg/kg；所含的17种氨基酸中，谷氨酸含量最高，其次是天门冬氨酸，必需氨基酸占总氨基酸的百分比为40.45%，达到模式谱标准值（联合国粮食及农业组织/世界卫生组织/1973年修订）的理想蛋白质模式。

人文历史

阿拉善左旗自古就是沙葱的故乡。2014年，阿拉善左旗政府实施《阿拉善盟沙生资源植物产业研发与产业化发展总体规划》。2015年以来，在阿拉善左旗政府有关部

门的引导下，沙葱反季节温棚种植、露地种植、拱棚种植形成了一定规模。产品满足了该地市场需求，温棚和露地种植沙葱鲜品近销银川、兰州等周边地区，远销至包头、呼和浩特、北京、上海等大中城市。

生产特点

阿拉善沙葱生于荒漠、沙地，人工种植沙葱产地要求为日照充足，光热资源丰富，无霜期长，沙土疏松，沙层深厚，有良好的透气性和持水持肥性能的沙土地。人工种植沙葱品种宜选择阿拉善左旗当地的野生沙葱品种。保留野生沙葱的生长习性和品质，不打农药、不施化肥，生产环境无污染。人工种植温棚冬季 12 月开始生产至翌年 5 月结束。大田生产从春季 4 月开始至 10 月结束，生产周期为半年。采用直播法栽培，开沟播或穴播均可，播前浇足水待土壤墒情适宜，沙土用手捏指缝间无滴水现象，松开后手掌湿润时即可播种。播种深度 1 ~ 2 cm，穴播株行距 15 cm × 20 cm，沙葱耐瘠薄能力强，但人工驯化栽培沙葱旺盛生长时期养分需要量大。结合浇水施入一定量有机肥，根据实验结果，施肥量以每次施腐熟的羊粪 0.5 ~ 1 kg/m^2 为宜。采收时应使用锋利的小刀，从地面以上 1 cm 处进行收割，由于沙葱特别鲜嫩，采收时严禁践踏植株，采收同时进行整理，去除黄叶、杂草，包装好后必须在 2 d 之内出售。

授权企业

阿拉善左旗腾格里绿滩生态牧民专业合作社　阿如瀚　15104838018

阿拉善肉苁蓉

登记证书编号：AGI00874

登记单位：阿拉善左旗苁蓉行业协会

地域范围

阿拉善肉苁蓉农产品地理标志地域保护范围包括阿拉善左旗、阿拉善右旗、额济纳旗3个行政区域，涉及巴彦浩特镇、额肯呼都格镇、达来呼布镇等23个苏木（镇）。地理坐标为东经97° 10′ ~ 106° 52′，北纬37° 21′ ~ 42° 47′，保护区域总面积27万km^2。

品质特色

阿拉善肉苁蓉高40 ~ 160 cm，茎不分枝或自基部分2 ~ 4枝，下部直径可达5 ~ 15 cm，向上渐变细，直径2 ~ 5 cm。叶宽卵形或三角状卵形，长0.5 ~ 1.5 cm，宽1 ~ 2 cm，生于茎下部的叶较密，上部的叶较稀疏并变狭，披针形或狭披针形，长2 ~ 4 cm，宽0.5 ~ 1 cm，两面无毛。朔果卵球形，长1.5 ~ 2.7 cm，直径1.3 ~ 1.4 cm，顶端具宿存花柱，2瓣开裂。种子卵圆形或近卵形，长0.6 ~ 1.0 mm，外面网状，有光泽。花期5—6月，果期6—8月。断面棕褐色，有淡棕色点状维管束，排列成波状环纹。总氨基酸含量4.8%以上，粗糖含量2%以上。

人文历史

阿拉善盟是肉苁蓉的最大产地，拥有“世界苁蓉之乡 ”的美誉。《本草拾遗》中曾记载：“肉苁蓉三钱，三煎一制，热饮服之，阳物终身不衰”。肉苁蓉极其稀有，濒临灭绝，产量稀少，当地百姓称其为“活黄金”，民间流传“宁要苁蓉一筐，不要金玉满床”谚语，它与人参、鹿茸一起被列为中国三大补药。2003年人工种植肉苁蓉1.6万亩。2006年在曼德拉苏木实施人工种植苁蓉基地建设项目，围栏封育梭梭15 000亩。2007年启动实施沙林呼都格10万亩人工肉苁蓉繁育基地。2009年利用1万亩梭梭灌木林区人工接种肉苁蓉。2010 年天然梭梭林区优选 11 000 亩梭梭。2013 年内蒙古阿拉善被授予“中国肉苁蓉之乡”称号。

生产特点

阿拉善盟地形类型丰富，土壤受地貌及生物气候条件影响，具有明显的地带性分布特征，分布有灰钙土、灰漠土、灰棕漠土。境内有黄河和额济纳河流经，水源较为充足。阿拉善盟地处内陆，是典型的大陆性气候，气候条件恶劣，干旱少雨，风大沙多，冬寒夏热，四季气候特征明显，昼夜温差大，年均气温 6.0 ~ 8.5 ℃，无霜期 130 ~ 165 d，雨季多集中在 7—9 月，适宜阿拉善肉苁蓉的生长。阿拉善肉苁蓉生产地宜选光照充足，昼夜温差大，排灌条件良好的平缓沙地或低缓沙丘地。可利用天然梭梭林较为集中的沙丘地进行围栏，浇水施肥保护并抚壮寄主。春天或秋天播种最佳，第二年苗床内有部分肉苁蓉寄生，少数出土生长，大部分在播种后 2 ~ 4 年内出土，开花结实。沙漠里风沙大，寄主根经常被风吹露，要注意培土，或用树枝围在寄主附近防风。为提高结实率，肉苁蓉 5 月开花时进行套袋或人工授粉。

授权企业

内蒙古宏魁生物药业有限公司　张楠　18704837070

阿拉善盟蒙蓉商贸有限责任公司　郭俊峰　13384837057

内蒙古大元本草生物科技有限公司　陈鹏飞　15849137187

内蒙古曼德拉生物科技有限公司　张文华　18248300168

阿拉善盟尚容源生物科技股份有限公司　周晓龙　18648332957

额济纳旗源漠生物科技有限公司　李清瑜　15048871777

内蒙古沙漠肉苁蓉有限公司　陈侠雕　18804875225

阿拉善盟浩润生态农业有限责任公司　龚开国　13948038003

内蒙古坦萨科技有限公司　周志涛　18295526009

内蒙古华洪生态科技有限公司　潘晓明　13911629786

阿拉善盟艳蓉电子商务有限公司　李宏业　13948016954

内蒙古宏魁苁蓉产业股份有限公司　辛敏涛　15104830666

内蒙古阿拉善驼乡酒业责任有限公司　胡瀚升　15561185678

阿拉善盟大漠魂生物科技有限公司　曾祥俊　13948061110

阿拉善锁阳

登记证书编号：AGI00596

登记单位：阿拉善左旗苁蓉行业协会

地域范围

阿拉善锁阳农产品地理标志地域保护范围包括阿拉善左旗、阿拉善右旗、额济纳旗3个行政区域，涉及巴彦浩特镇、额肯呼都格镇、达来呼布镇等23个苏木（镇）。地理坐标为东经97° 10′ ～ 106° 52′，北纬37° 21′ ～ 42° 47′，保护区域总面积27万 km^2。

品质特色

阿拉善锁阳属根寄生多年生肉质草本，全株红棕色，无叶绿素；茎圆柱形，肉质，分枝或不分枝，具螺旋状排列的脱落性鳞片叶；花杂性，极小，由多数雄花、雌花与两性花密集形成顶生的肉穗花序，花序中散生鳞片状叶；花被片通常为4 ～ 6，少数1 ～ 3或7 ～ 8；雄花具1雄蕊和1蜜腺；雌花具2雌蕊，子房下位，1室，内具1顶生悬垂的胚珠；两性花具1雄蕊和1雌蕊；果为小坚果状，种子具胚乳。阿拉善锁阳表面棕色或棕褐色，粗糙，具明显纵沟及不规则凹陷，有的残存三角形的黑棕色鳞片；体重，质硬，难折断，断面浅棕色或棕褐色，有黄色三角状维管束。阿拉善锁阳营养丰富，氨基酸含量不低于8.5%，总黄酮含量55%以上。

人文历史

锁阳发展历史悠久，在先秦就有相关的文字记载，汉代的时候开始作为药物使用。《本草纲目》描述锁阳“甘、温、无毒。大补阴气，益精血，利大便。润燥养筋，治痿弱”。它分布在新疆、甘肃、青海、宁夏及内蒙古等地，是有很多用途的中药材。阿拉善锁阳种植面积为0.9万亩，年产量达200 t，有“锁阳王”的美誉。

生产特点

阿拉善盟地形南高北低，平均海拔 900 ~ 1 400 m，地貌类型有沙漠戈壁、山地、低山丘陵、湖盆、起伏滩地等，土壤受地貌及生物气候条件影响，具有明显的地带性分布特征。因地处亚洲大陆腹地，为内陆高原，远离海洋，周围群山环抱，形成了典型的大陆性气候，气候条件恶劣，干旱少雨，风大沙多，昼夜温差大，年均气温 6.0 ~ 8.5℃，无霜期 130 ~ 165 d，年日照时数达 2 600 ~ 3 500 h。锁阳属多年生肉质寄生草本，寄生在白刺属植物的根部，寄主根系庞大，主侧根很发达，主根可深入沙土 2 m 以下，侧根一般趋于水平走向，四周延伸达 10 m 以上，地上部分枝很多，耐沙埋能力极强。寄主根上着生的锁阳芽体生命力很强，只要不铲断寄生根，不伤芽体，及时填埋采挖坑，可以连年生长。锁阳在完成一个生命发育周期的过程中，整个植株大部分时间都潜埋于地下，只有在开花时生于茎顶部的花穗才伸出地面，进行有性繁殖。种子成熟后地下茎枯朽腐烂，植株死亡，完成一个生命周期。

授权企业

内蒙古宏魁生物药业有限公司　张楠　18704837070

阿拉善盟蒙蓉商贸有限责任公司　郭俊峰　13384837057

内蒙古大元本草生物科技有限公司　陈鹏飞　15849137187

内蒙古曼德拉生物科技有限公司　张文华　18248300168

阿拉善盟尚容源生物科技股份有限公司　周晓龙　18648332957

额济纳旗源漠生物科技有限公司　李清瑜　15048871777

内蒙古坦萨科技有限公司　周志涛　18295526009

内蒙古华洪生态科技有限公司　潘晓明　13911629786

内蒙古宏魁苁蓉产业股份有限公司　高昕　16604836966

内蒙古阿拉善驼乡酒业责任有限公司　胡瀚升　15561185678

阿拉善盟大漠魂生物科技有限公司　曾祥俊　13948061110

阿拉善双峰驼

登记证书编号：AGI00546

登记单位：阿拉善白绒山羊协会

地域范围

阿拉善双峰驼农产品地理标志地域保护范围包括阿拉善左旗、阿拉善右旗、额济纳旗3个行政区域，具体包括巴彦浩特镇、额肯呼都格镇、达来呼布镇等23个苏木（镇）。地理坐标为东经97° 10′ ～106° 52′ ，北纬37° 21′ ～42° 47′ ，总面积27万km^2。

品质特色

阿拉善双峰驼体质结实，肌肉发达，头高昂过体，颈长呈“乙”字形弯曲，体形高方，胸宽背短腰长，膘满时双峰挺立丰满，筋腱明显，蹄大而圆。毛色多为杏黄色或红棕色。分为沙漠型驼、戈壁型驼两种生态类型。阿拉善双峰驼役用性能良好，是乘、挽、驮的良好役畜。驼肉为含动物性蛋白质较高的瘦肉型肉类，肌纤维虽较粗，但无异味，由于骆驼脂肪沉积，绝大部分在两峰和腹腔两侧，皮下脂肪很少，肌纤维间脂肪也少。每百克驼肉含水分76.1 g，蛋白质>20.8 g，脂肪2.2 g左右。肉益气血，壮筋骨，润肌肤，主治恶疮；驼峰味甘性温无毒，具有润燥、祛风、活血、消肿的功效。

人文历史

阿拉善双峰骆驼作为一个原始品种，骆驼总数曾占中国骆驼总数的2/3，为阿拉善赢得了“中国驼乡”的赞誉。阿拉善双峰驼是荒漠地区特有的畜种资源，适应性强、耐干旱、耐风沙、耐酷暑严寒、耐粗饲特性。蒙古族人民养驼习俗源远流长，在双峰驼产区最具代表性的风俗是阿拉善蒙古族祭驼，一般在寺庙集中举行。不仅把骆驼用于生产、生活中，而且把骆驼引入了竞技比赛——蒙古族赛驼。在祭祀敖包、举办庙会、举行那达慕等群体活动时开展赛驼，传承延续。阿拉善双峰驼集产绒毛、产肉、产奶、役用等多种经济用途于一体，部分牧民完全依靠养驼为生，骆驼是重要的生产资料和生活资料，在边防巡逻、民族文化、体育竞技和特色旅游等方面均有重要作用。

生产特点

阿拉善境内有黄河、额济纳河流经，并分布有大小不等的湖盆500多个，被称为沙漠绿洲，是良好的牧场，该地气候为内陆高原典型的大陆性气候，条件恶劣，干旱少雨，风大沙多，冬寒夏热。骆驼围栏饲养以放牧和半放牧为主，一般精饲料补饲量少，在草质不佳和孕驼较瘦弱时，给予少量精饲料。骆驼饮水量相当大，干渴的时候，骆驼能一次饮水130 L。骆驼从饲料中摄取的水分量因季节、牧草及牧场的不同而异。骆驼在只采食干饲料、秸秆和精料的情况下，缺水10 d身体健康也不会受到影响。秋季放牧时，骆驼每天的饮水量为4.5 L，在春季每天增至13 L；在山谷牧场中，骆驼每天从牧草上能获得24 L水；从10月到翌年5月，植物中水分含量高，这时骆驼饮水量较少。

授权企业

阿拉善沙漠王绒毛有限责任公司　聂顺元　13804738541

阿拉善左旗莱芙尔绒毛有限责任公司　李鹏杰　13514838666

阿拉善左旗漠圣斋肉品加工有限公司　黄发忠　13948839817

阿左旗大漠魂特产商贸有限责任公司　曾祥俊　13948061110

阿拉善盟吴文龙清真食品有限公司　吴帅　15624834999

阿右旗塔木素骆驼实业有限责任公司　范军　13948002121

阿拉善盟金戈壁驼奶农牧业专业合作社　图布新吉日格勒　15248803331

额济纳旗尼特其乐生态种养殖专业合作社　刘勇　18604834518

内蒙古苍天牧歌生物科技有限公司　杨君　13804736458

内蒙古驼乡生物科技发展有限责任公司　玲娜　18668435893

浙江省桐乡市寻雁服饰有限公司　周政　18668346666

内蒙古铭柯特产有限公司　徐世峰　18804838816

内蒙古圣沙生物科技有限公司　王凯惠　18548303888

阿拉善右旗神驼乳业科技有限公司　王海东　18386057727

阿拉善白绒山羊

登记证书编号：AGI00547

登记单位：阿拉善白绒山羊协会

地域范围

阿拉善白绒山羊农产品地理标志地域保护范围包括阿拉善左旗、阿拉善右旗、额济纳旗3个行政区域，具体涉及巴彦浩特镇、额肯呼都格镇、达来呼布镇等23个苏木（镇）。地理坐标为东经97° 10′ ～ 106° 52′ ，北纬37° 21′ ～ 42° 47′ 。

品质特色

阿拉善白绒山羊体躯匀称，骨骼结实，四肢强健有力，公母羊均有角，额部有半弯形粗毛，须长颈粗，体形长方，被毛纯白，内外两层，外层为有髓粗毛，长10 ～ 30 cm，内层为无髓绒毛，自然厚度4 ～ 5 cm，绒毛与粗毛混生，腰毛较短。抗旱抗病能力强、耐粗饲、耐盐碱、耐酷暑严寒，肉质香味浓郁、鲜嫩多汁、无膻味、肥而不腻、色泽鲜美、肉层厚实紧凑。鲜羊肉外表微干或有风干膜、不黏手，肌肉色泽鲜红或深红、有光泽、脂肪呈乳白色，肌纤维致密、坚实、有弹性，指压后的凹陷能立即恢复。鲜羊肉中蛋白质含量高于16%，脂肪含量在3%左右。

人文历史

阿拉善当地牧民从事山羊业生产活动已有300多年历史。阿拉善白绒山羊属克什米尔绒山羊的一支，是在特定生态条件下经长期自然选择和人工培育形成的地方良种，1988年被内蒙古自治区政府命名为内蒙古白绒山羊——阿拉善型，是内蒙古白绒山羊

三大类型之一，属绒肉兼用型，以其绒毛细柔、光泽好等特性驰名中外，曾荣获意大利“柴格那”绒毛奖和中国第二届农业博览会金奖。历史上曾被赐名为“软黄金”，定为朝廷贡品。阿拉善蒙古族冬季服饰、被褥、毛毡、面袋、绳子等生活生产用品多以阿拉善白绒山羊绒制成，因此产生了花色品种多样的绒毛制品及服饰文化。

生产特点

阿拉善盟地处亚洲大陆腹地，为内陆高原，远离海洋，周围群山环抱，形成了典型的大陆性气候，气候条件恶劣，干旱少雨、风大沙多，四季气候特征明显，昼夜温差大，年平均气温 6.0 ~ 8.5 ℃，无霜期 130 ~ 165 d，年日照时数达 2 600 ~ 3 500 h。由于受东南季风影响，雨季多集中在 7—9 月，年降水量从东南部的 200 mm 以上，向西北部递减至 40 mm 以下；而年蒸发量由东南部的 2 400 mm 向西北部递增到 4 200 mm。在这种典型的荒漠草原地理环境中经过自然选择和演化，形成了独特的阿拉善白绒山羊种质类型。阿拉善白绒山羊是我国珍贵畜产品遗传资源保护品种，其养殖繁育严格遵守阿拉善盟行政公署《关于严禁阿拉善白绒山羊引入外血的通知》，严禁引入外地绒山羊进行杂交。饲养方式按照地方标准《阿拉善白绒山羊养殖技术规范》执行。

授权企业

阿拉善左旗嘉利绒毛有限责任公司　杨德清　13948009349

内蒙古蒙绒实业股份有限公司　王四厚　13947491860

内蒙古正能量羊绒产品开发有限公司　沈炼　15295238002

阿拉善左旗莱芙尔绒毛有限责任公司　李民全　13514838666

阿拉善盟豪绒综合专业合作社联合总社　王武德　13934733458

阿拉善蒙古羊

登记证书编号：AGI02802

登记单位：阿拉善盟农业技术推广中心

地域范围

阿拉善蒙古羊农产品地理标志分布范围为阿拉善盟境内，阿拉善左旗、阿拉善右旗、额济纳旗共22个苏木（镇），137个嘎查（村）。地理坐标为东经97° 10′ ~ 106° 52′，北纬37° 21′ ~ 42° 47′。

品质特色

阿拉善蒙古羊被毛为白色，头、颈、眼圈、嘴与四肢多为有色毛。体质结实，骨骼健壮，肌肉丰满，体躯呈长方形。头形略显狭长，额宽平，眼大而突出，鼻梁隆起，耳大且下垂。部分公羊有螺旋形角，少数母羊有小角，角色均为褐色。颈长短适中，胸深，背腰平直，肋骨开张欠佳，体躯稍长，尻稍斜。四肢细长而强健有力，蹄质坚硬。脂尾呈圆形或椭圆形，肥厚而充实，尾尖卷曲呈“S”形。羊肉质鲜嫩，易消化吸收；脂肪、胆固醇含量较低，每百克羊肉含胆固醇40 ~ 50 mg，蛋白质13 ~ 16 g，铁1.5 ~ 2.0 mg，锌1.3 ~ 1.8 mg。

人文历史

阿拉善当地牧民从事羊业生产活动已有300多年历史。阿拉善蒙古羊是在阿拉善特定生态条件经长期自然选择和人工培育形成的地方良种。传统那达慕盛会上的表演和活动有：搓毛绳、骟羊、种公羊评比等内容。传统的祭羊活动是一种集宗教信仰、传统生产、人文思想于一体的民间活动，分为祭公羊和祭母羊。羊肉是当地传统饮食文化的重要组成部分，当地牧民喜爱将羊奶制成酸奶、奶酪、酥油、奶皮、奶茶、奶酒等食用。

生产特点

阿拉善蒙古羊为古老绵羊品种，体质结实、抗逆性强，耐粗饲、宜放牧、适应性强，但其肉、毛产量偏低。受杂交改良的影响，群体数量下降，2017年末存栏40万只，生产方向以肉用为主。羔羊常与成年羊合群放牧。蒙古羊采用传统的粗放方式，没有固定的、标准的养殖圈舍和规范的饲养技术，管理粗放、简单，在饲草缺乏的季节应适当给予精料补饲。采用自然交配和人工辅助交配。

授权企业

额济纳旗金胡杨食品有限公司　张旭　18748315676

阿拉善右旗吉祥五珍养殖牧民专业合作社　布仁孟和　13664836313

额济纳旗尼特其乐生态种养殖专业合作社　刘勇　18604834518

内蒙古苍天牧歌生物科技有限公司　杨君　13804736458

内蒙古阿拉善游牧天地牧业发展有限公司　冯杰　18604716657

阿拉善右旗孟根肉业有限责任公司　孟和吉日格勒　13804736261

阿拉善蒙古牛

登记证书编号：AGI02801

登记单位：阿拉善白绒山羊协会

地域范围

阿拉善蒙古牛农产品地理标志保护范围为阿拉善盟境内，包括阿拉善左旗、阿拉善右旗、额济纳旗共22个苏木（镇），137个嘎查（村）。地理坐标为东经97° 10′ ~ 106° 52′ ，北纬37° 21′ ~ 42° 47′ 。

品质特色

阿拉善蒙古牛是适应性强、生产性能高、遗传性能稳定的地方良种，头短宽，角向上弯曲，颈长适中，颈肉垂发达，鬐甲低，腹大而圆，背腰较平直，尻斜，前躯发育较后躯好，四肢短壮，蹄质结实。平均体高110 cm左右，体重150 kg左右。阿拉善蒙古牛牛肉高蛋白、低脂肪，富含多种氨基酸和矿物质元素，消化吸收率高，蛋白质含量为18 ~ 22 g/100 g，铁含量为12 ~ 18 mg/kg，锌含量为35 ~ 45 mg/kg。

人文历史

阿拉善蒙古牛是蒙古牛的一个重要群体，也是现在我国各地蒙古牛群体中最大的一个。它们长期生活在海拔 800 ~ 1 500 m，平均气温 6 ~ 8 ℃的高原。该地域干旱少雨，地下水源缺乏，年降水量 40 ~ 110 mm，相对湿度为 34% 左右，土壤大多偏碱性，植被稀疏，属于典型的荒漠草原。正是由于沙漠地区形成的天然屏障，阿拉善蒙古牛长期生存在相对独立的自然环境中，很少有外来品种牛进行杂交，始终保持着纯正的血统和优良的环境适应特性。阿拉善蒙古牛不仅在保护阿拉善荒漠草原生态平衡中发挥着重要作用，也是我国原始优良畜种中最珍贵的肉牛遗传资源之一。

生产特点

阿拉善蒙古牛是经过自然选择及人工培育而形成的独具特色的地方品种，具有适应性强、抗风沙、耐旱耐寒、耐粗饲和粗放管理、肉质优等特点。阿拉善蒙古牛采用传统的粗放方式，没有固定的、标准的养殖圈舍和规范的饲养技术，管理粗放、简单。采用自然交配和人工辅助交配两种方式，对外界环境要求不严格，人工驯化成活率高，在饲草缺乏的季节应适当给予精料补饲，省时省工。每年春秋季节进行口蹄疫等新型传染病的疫苗注射和驱虫等日常防治。产后自身净化，只有胎衣不下或 25 d 左右仍有恶露排出的，采用清理子宫及子宫放药措施。

授权企业

阿拉善左旗超格图呼热苏木禄森生态农民专业合社　祁成明　18248308787

额济纳旗金胡杨食品有限公司　张旭　18748315676